"十二五"职业教育国家规划教材

经全国职业教育教材审定委员会审定

CAD/CAM技术应用
（CAXA）

U0177581

主　编	关雄飞		
副主编	王丽洁	张　倩	
参　编	岳秋琴	杜　杰	张辛喜
	白钰枝	呼刚义	张燕荣
	董永亨		
主　审	王荪馨		

机械工业出版社

CHINA MACHINE PRESS

本书是"十二五"职业教育国家规划教材，是根据教育部最新公布的数控技术专业教学标准编写的。全书以CAXA 2013软件（数控铣、数控车）的实体造型、二维工程图绘制与数控加工等功能为核心内容，结合多年教学与生产实践经验，突出实际应用，强调技巧性和启发性，以有效的方式提高学生的学习效果。

本书讲练结合，图文并茂，选材精典，具有很好的启发和引导作用。全书共分为6章，内容包括CAXA制造工程师2013r2概述、线框造型、CAXA曲面造型、特征实体造型、数控加工自动编程和CAXA数控车2013应用技术。

本书可作为职业院校数控技术专业及相关专业教材，也可供从事相关专业的工程技术人员参考。

为便于教学，本书配有相关教学资源，选择本书作为教材的老师可登录www.cmpedu.com网站，注册、免费下载。

图书在版编目（CIP）数据

CAD/CAM技术应用. CAXA/关雄飞主编. —北京：机械工业出版社，2015.10（2024.6重印）

"十二五"职业教育国家规划教材

ISBN 978-7-111-51880-8

Ⅰ.①C… Ⅱ.①关… Ⅲ.①计算机辅助设计-职业教育-教材②计算机辅助制造-职业教育-教材 Ⅳ.①TP391.7

中国版本图书馆CIP数据核字（2015）第247808号

机械工业出版社（北京市百万庄大街22号 邮政编码100037）
策划编辑：汪光灿 责任编辑：黎 艳 版式设计：霍永明
责任校对：刘秀芝 封面设计：张 静 责任印制：常天培
天津嘉恒印务有限公司印刷
2024年6月第1版第9次印刷
184mm×260mm·19.75印张·484千字
标准书号：ISBN 978-7-111-51880-8
定价：58.00元

电话服务 网络服务
客服电话：010-88361066 机 工 官 网：www.cmpbook.com
　　　　　010-88379833 机 工 官 博：weibo.com/cmp1952
　　　　　010-68326294 金 书 网：www.golden-book.com
封底无防伪标均为盗版 机工教育服务网：www.cmpedu.com

前　言

本书是由全国机械职业教育教学指导委员会和机械工业出版社联合组织编写的"十二五"职业教育国家规划教材，是根据教育部最新公布的数控技术专业教学标准编写的。

制造自动化技术是先进制造技术中的重要组成部分，其核心技术是数控加工技术。CAD/CAM 技术的推广和应用，为数控加工技术带来了全新的思维模式和解决方案，随着国内各类加工制造企业对先进制造技术及数控设备应用的日益普及，CAD/CAM 技术应用的重要性日益凸显，应用水平也迅速地提高，这对各类职业技术院校提出了更高的要求。为了适应我国高等职业技术教育改革与发展，以及应用型技术人才培养的需要，我们总结了多年的教学与实践经验，编写了这本教材。

CAXA 制造工程师 2013 软件（数控铣、数控车）是由北京数码大方科技股份有限公司自主研发的 CAD/CAM 一体化数控加工编程软件，目前已广泛应用于塑模、锻模、汽车覆盖件拉深模、压铸型等复杂模具的生产，以及汽车、电子、兵器、航空、航天等行业的精密零件加工。该软件是人力资源和社会保障部"数控工艺员"职业资格培训指定软件，还是全国数控技能大赛指定软件之一，在历届全国数控技能大赛中，绝大多数参赛选手均使用CAXA 制造工程师软件，因此，在各类职业技术院校中此软件的应用非常普遍。

本书有以下特色：

1. 内容由易到难，由简到繁，再到综合应用。

2. 概念清晰，强调扎实基本功的同时，又将理论与应用实例相结合，特别适合中职教育边讲边练的教学特色。

3. 通过大量的典型综合实例，将学生所学过的相关技术理论知识有机地联系起来并应用于实际训练中，有利于学生综合应用能力以及生产实践技能的培养。

本书由关雄飞任主编并统稿。参与编写人员及分工如下：关雄飞编写第 4 章、第 5 章；王丽洁编写了第 1 章、第 3 章；张辛喜编写了第 2 章；张倩编写了第 6 章；呼刚义参编了第 1章；杜杰参编了第 2 章、岳秋琴参编了第 3 章、白钰枝参编了第 6 章。本书由王荪馨任主审。本书的习题册由张倩主编，张燕荣、王荪馨、董永亨、呼刚义参加编写。本书经全国职业教育教材审定委员会审定，评审专家对本书提出了宝贵的建议，在此对他们表示衷心的感谢！在本书编写过程中得到了学校合作单位——陕西法士特齿轮股份有限公司张卫东高级工程师、西安航天动力机械厂宋鑫高级工程师的指导，在此一并表示衷心感谢！

本书编者关雄飞、王丽洁、张辛喜、张倩、呼刚义、杜杰、王荪馨、张燕荣、董永亨均为西安理工大学高等技术学院教师，岳秋琴为重庆电子工程职业技术学院教师，白钰枝为西安航空职业技术学院教师。

由于编者水平有限，书中难免有缺点或错误之处，恳请读者批评指正。

编　者

目 录

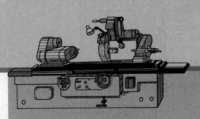

第1章

CAXA制造工程师
2013r2概述

学习目标

本章主要介绍 CAXA 制造工程师 2013r2 软件的主要功能及特点，初步认识软件的操作界面以及各种菜单、工具条项目的组成，掌握软件的基本操作（如：进入、退出、打开文件、保存文件、新建文件等）。

1.1 界面介绍

界面是交互式 CAD/CAM 软件与用户进行信息交流的中介。系统通过界面反映当前信息状态及将要执行的操作，用户按照界面提供的信息做出判断，并经由输入设备进行下一步的操作。CAXA 制造工程师的用户界面，和其他 Windows 风格的软件一样，各种应用功能通过菜单和工具条驱动；状态栏指导用户进行操作并提示当前状态和所处位置；特征/轨迹树记录了历史操作和相互关系；绘图区显示各种功能操作的结果；同时，绘图区和特征/轨迹树为用户提供了数据的交互功能，如图 1-1 所示。CAXA 制造

图 1-1 CAXA 制造工程师 2013r2 软件的操作界面

工程师 2013r2 工具条中每一个按钮都对应一个菜单命令，单击按钮和单击菜单命令的操作是同效的。

1.1.1　绘图区

　　绘图区是进行绘图设计的工作区域，如图 1-1 所示的空白区域。它们位于屏幕的中心，并占据了屏幕的大部分面积。在绘图区的中央设置了一个三维直角坐标系，该坐标系称为世界坐标系。它的坐标原点为（0.0000，0.0000，0.0000）。在操作过程中的所有坐标均以此坐标系的原点为基准。

1.1.2　主菜单

　　主菜单位于界面最上方，单击菜单条中的任意一个菜单项，都会弹出一个下拉式菜单，鼠标指向某一个菜单项会弹出其子菜单，如图 1-2 所示。主菜单包括文件、编辑、显示、造型、加工、通信、工具、设置和帮助菜单项。

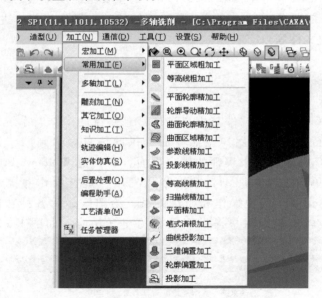

图 1-2　主菜单与子菜单

1.1.3　立即菜单

　　立即菜单描述了该项命令执行的各种情况和使用条件。根据当前的作图要求，正确地选择某一选项，即可得到准确的响应。例如，选择"直线"按钮，便出现画直线的立即菜单，在立即菜单中，用鼠标选取其中的某一项（例如"两点线"），便会在下方出现一个选项菜单或者改变该项的内容，如图 1-3 所示。

1.1.4　快捷菜单

　　鼠标指针处于不同的位置或选中不同的对象，单击鼠标右键会弹出不同的快捷菜单。熟练使用快捷菜单，可以提高绘图速度。

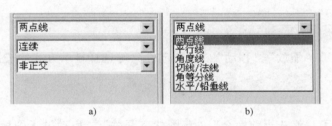

图 1-3　直线立即菜单

　　例如，用鼠标选中零件上表面一条中心线（变为红色），单击鼠标右键，则显示出一快捷菜单，如图 1-4 所示。

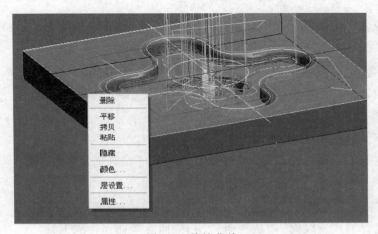

图 1-4　快捷菜单

1.1.5　对话框

　　某些菜单选项要求用户以对话的形式予以回答，单击这些菜单时，系统会弹出一个对话框，如图 1-5 所示，用户可根据当前操作做出响应。

1.1.6　工具条

　　在工具条中，可以通过鼠标左键单击相应的按钮进行操作。工具条可以自定义，界面上的工具条包括：标准工具、显示工具、状态工具、曲线工具、几何变换、线面编辑、曲面工具和特征工具等。

1. 标准工具

标准工具包含了标准的"打开文件""打印文件"等 Windows 按钮，也有制造工程师特有的"线面可见""层设置""拾取过滤设置""当前颜色"等按钮。

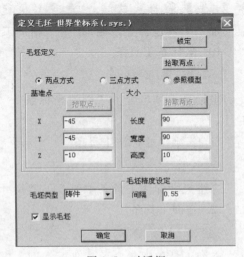

图 1-5　对话框

2. 显示工具

显示工具包含了"缩放""移动""视向定位"等选择显示方式的按钮。

3. 状态工具

状态工具包含了"终止当前命令""草图状态开关""启动电子图板""数据接口"等按钮。

4. 曲线工具

曲线工具包含了"直线""圆弧""公式曲线"等丰富的曲线绘制工具。

5. 几何变换

几何变换包含了"平移""镜像""旋转""阵列"等几何变换工具。

6. 线面编辑

线面编辑包含了"曲线的裁剪""过渡""拉伸""曲面的裁剪""缝合"等编辑工具。

7. 曲面工具

曲面工具包含了"直纹面""旋转面""扫描面"等曲面生成工具。

8. 特征工具

特征工具包含了"拉伸""导动""过渡""阵列"等丰富的特征造型工具。

9. 加工工具

加工工具包含了"粗加工""精加工""补加工""多轴加工"等40多种加工工具。

10. 坐标系工具条

坐标系工具包含了"创建坐标系""激活坐标系""删除坐标系""隐藏坐标系"等工具。

11. 三维尺寸标注工具条

三维尺寸标注工具条中包含了"尺寸标注""尺寸编辑"等工具。

12. 查询工具条

查询工具条中包含了"坐标查询""距离查询""角度查询""属性查询"等工具。

1.2　常用键含义

1. 鼠标键

单击鼠标左键可以用来激活菜单、确定位置点、拾取元素等；单击鼠标右键用来确认拾取、结束操作和终止命令。

例如，要运行画直线功能应先把鼠标指针移动到"直线"图标上，然后单击鼠标左键，激活画直线功能，这时在命令提示区出现下一步操作的提示；把鼠标指针移动到绘图区内，单击鼠标左键，输入一个位置点，再根据提示输入第二个位置点，就生成了一条直线。

又如，在删除几何元素时，当拾取完毕要删除的元素，单击鼠标右键就可以结束拾取，被拾取到的元素就被删除掉了。

文中单（左）击一般指按鼠标左键，右击为按鼠标右键。

2. 回车键和数值键

回车键和数值键在系统要求输入点时，可以激活一个坐标输入条，在输入条中可以输入坐标值。如果坐标值以@开始，表示是相对于前一个输入点的相对坐标；在某些情况下也可以输入字符串。

3. 空格键

空格键可以配合系统的当前操作，产生不同的快捷菜单。例如，当系统要求输入点时，按空格键弹出"点工具"菜单，如图1-6所示。

图 1-6　点工具菜单

> **≫ 注意**
> 1）当使用空格键进行类型设置，在拾取操作完成后，建议重新按空格键，选中弹出菜单中的第一个选项（默认选项），让其回到系统的默认状态下，以便下一步的选取。
> 2）用窗口拾取元素时，若是由左上角向右下角拉开窗口，窗口要包容整个元素对象，才能被拾取到；若是从右下角向左上角拉时，只要元素对象的一部分在窗口内，就可以拾取到。

4. 功能热键

为了方便操作，系统还提供了一些功能热键，在相应的菜单项后表示出来，用户可以根据自己的习惯记忆并使用。例如：直接按〈F2〉键可以进行"绘制草图"操作，如图1-7所示。另外，还有〈F3〉~〈F9〉键前面已经介绍，不再重述。

方向键（↑、↓、←、→）：显示平移，可以使图形在屏幕上、下、左、右移动。

Shift + 方向键：显示旋转，可以使图形在屏幕上旋转。

Ctrl + （↑、↓）：显示放大或缩小。

Shift + 鼠标左键：显示旋转。

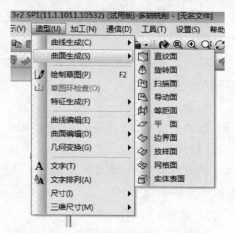

图 1-7　菜单项与功能热键

Shift + 鼠标右键：显示缩放。

Shift + 鼠标（左键 + 右击）：显示平移。

按住鼠标中键，并拖动：显示旋转。

1.3　显示效果

1. 线架显示

将零部件采用线架的显示效果进行显示，如图 1-8 所示。

【操作】

单击"显示"→"显示变换"→"线架显示"，或者直接单击 按钮。

线架显示时，可以直接拾取被曲面挡住的另一个曲面（这里的曲面不包括实体表面）。

2. 消隐显示

将零部件采用消隐的显示效果进行显示，如图 1-9 所示。本功能只对实体的消隐显示起作用。对线架造型和曲面造型消隐显示不起作用。

【操作】

单击"显示"→"显示变换"→"消隐显示"，或者直接单击 按钮。

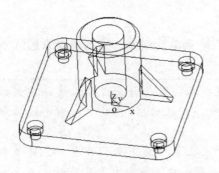

图 1-8　底座线架显示

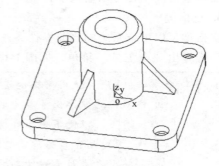

图 1-9　底座消隐显示

3. 真实感显示

零部件采用真实感的显示效果进行显示，如图 1-10 所示。

【操作】

单击"显示"→"显示变换"→"真实感显示"，或者直接单击 按钮。

4. 显示上一页

取消当前显示，返回显示变换前的状态。

【操作】

单击"查看"→"显示变换"→"显示上一页"，或者直接单击 按钮。

图 1-10　底座真实感显示

5. 显示下一页

返回下一次显示的状态（同显示上一页配套使用）。

【操作】

单击"查看"→"显示变换"→"显示下一页"，或者直接单击 按钮。

1.4　工具

1.4.1　坐标系

为了方便用户作图，坐标系功能有创建坐标系、激活坐标系、删除坐标系、隐藏坐标系和显示所有坐标系。

【操作】

单击"工具"→"坐标系"，在该菜单中的右侧弹出下一级菜单选择项。

【说明】

系统默认坐标系称为"世界坐标系"。系统允许用户同时存在多个坐标系，其中正在使用的坐标系称为"当前坐标系"，其坐标架为红色，其他坐标架为白色（坐标架的颜色可以在"设置"菜单下修改）。在实际使用中，用户可以根据自己的实际需要，创建新的坐标系，在特定的坐标系中操作。

1. 创建坐标系

创建坐标系就是建立一个新的坐标系。它有 5 种方式：单点、三点、两相交直线、圆或圆弧、以及曲线切法线，如图 1-11 所示。

（1）单点法　输入一个坐标原点确定新的（平移）坐标系，坐标系名为给定名称。

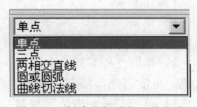

图 1-11　创建坐标系的 5 种方式

【操作】

1）单击"工具"→"坐标系"→"创建坐标系"，在立即菜单中选择"单点"，如图 1-12 所示。

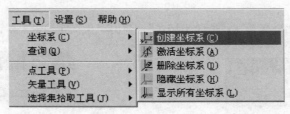

图 1-12　创建坐标系

2）给出坐标原点。

3）弹出输入条，输入坐标系名称，按回车键确定。

（2）三点法　给出新坐标系坐标原点、X 轴正方向上一点和 Y 轴正方向上一点生成新坐标系，坐标系名为给定名称。

【操作】

1）单击"工具"→"坐标系"→"创建坐标系"，在立即菜单中选择"三点"。

2）给出新坐标系坐标原点、X 轴正方向上一点和确定 XOY 面及 Y 轴正方向的一点。

3）弹出输入条，输入坐标系名称，按回车键确定。

（3）两相交直线法　拾取直线作为 X 轴，给出正方向，再拾取直线作为 Y 轴，给出正方向，生成新坐标系，坐标系名为指定名称。

【操作】

1）单击"工具"→"坐标系"→"创建坐标系"，在立即菜单中选择"两相交直线"。

2）拾取第一条直线作为 X 轴，选择方向。

3）拾取第二条直线，选择方向。

4）弹出输入条，输入坐标系名称，按回车键确定。

（4）圆或圆弧法　指定圆或圆弧的圆心为坐标原点，以圆的端点方向或指定圆弧端点方向为 X 轴正方向，生成新坐标系，坐标系名为给定名称。

【操作】

1）单击"工具"→"坐标系"→"创建坐标系"，在立即菜单中选择"圆或圆弧"。

2）拾取圆或圆弧，选择 X 轴位置（圆弧起点或终点位置）。

3）弹出输入条，输入坐标系名称，按回车键确定。

2. 激活坐标系

有多个坐标系时，激活某一坐标系就是将这一坐标系设为当前坐标系。

【操作】

1）单击"工具"→"坐标系"→"激活坐标系"，弹出"激活坐标系"对话框，如图 1-13 所示。

2）拾取坐标系列表中的某一坐标系，单击"激活"按钮，可见该坐标系已激活，变为红色。单击"激活结束"按钮，对话框关闭。

3）单击"手动激活"按钮，对话框关闭，拾取要激活的坐标系，该坐标系变为红色，表明已激活。

3. 删除坐标系

删除用户创建的坐标系。

【操作】

1）单击"工具"→"坐标系"→"删除坐标系"，弹出"坐标系编辑"对话框，如图 1-14 所示。

图 1-13　"激活坐标系"对话框

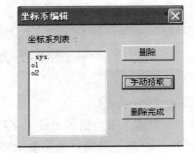

图 1-14　删除坐标系对话框

2）拾取要删除的坐标系，单击"坐标系"，删除坐标系完成。

3）拾取坐标系列表中的某一坐标系，单击"删除"按钮，可见该坐标系消失。单击"删除完成"按钮，对话框关闭。

4）单击"手动拾取"按钮，对话框关闭，拾取要删除的坐标系，该坐标系消失。

4. 隐藏坐标系

使某一坐标系不可见。

【操作】

1）单击"工具"→"坐标系"→"隐藏坐标系"。

2）拾取工作坐标系，单击"坐标系"，隐藏坐标系完成。

5. 显示所有坐标系

使所有坐标系都可见。

【操作】

单击"工具"→"坐标系"→"显示所有坐标系"，所有坐标系都可见。

1.4.2　点工具菜单

工具点就是在操作过程中具有几何特征的点，如圆心点、切点、端点等。点工具菜单就是用来捕捉工具点的菜单。进入操作命令，需要输入特征点时，只要按下空格键，即在屏幕上弹出下列点工具菜单，如图 1-15 所示。

缺省点（S）：屏幕上的任意位置点。

端点（E）：曲线的端点。

中点（M）：曲线的中点。

交点（I）：两曲线的交点。

圆心（C）：圆或圆弧的圆心。

切点（T）：曲线的切点。

垂足点（P）：曲线的垂足点。

最近点（N）：曲线上距离捕捉鼠标指针最近的点。

型值点（K）：样条特征点。

刀位点（O）：刀具轨迹上的点。

存在点（G）：用曲线生成中的点工具生成的点。

【说明】上边括号中的字母对应键盘上的字母。

✓ S 缺省点
E 端点
M 中点
I 交点
C 圆心
P 垂足点
T 切点
N 最近点
K 型值点
O 刀位点
G 存在点

图 1-15　点工具菜单

1.5　设置

1.5.1　当前颜色

设置系统当前颜色。

【操作】

1）单击"设置"下拉菜单中的"当前颜色"，或者直接单击 ▧ 按钮，弹出"颜色管理"对话框，如图 1-16 所示。

2）可以选择基本颜色或扩展颜色中任意颜色，单击"确定"按钮。

【说明】

与层同色：是指当前图形元素的颜色与图形元素所在层的颜色一致。

2222222

1.5.2 层设置

修改（或查询）图层名、图层状态、图层颜色、图层可见性以及创建新图层。

【操作】

1）单击"设置"下拉菜单中的"层设置"，或者直接单击 ⚡ 按钮，弹出"图层管理"对话框，如图1-17所示。

2）选定某个图层，双击"名称""颜色""状态""可见性""描述"中的任一项，可以进行修改。

3）可以新建图层、删除指定图层或将指定图层设置为当前图层。

4）如果想取消新建的许多图层，可单击"重置图层"按钮，回到图层初始状态。

5）单击"导出设置"按钮，弹出"图层管理"对话框。输入图层组名称及其详细信息，单击"确定"按钮，可将当前图层状态保存下来，如图1-17所示。

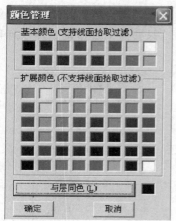

图1-16 "颜色管理"对话框

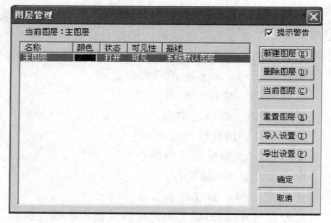

图1-17 "图层管理"对话框

6）单击"导入（或导出）设置"按钮，弹出"导入/导出图层"对话框。选择已存在的图层名称，单击"确定"按钮，可将该图层设成为当前图状态；单击"删除图层"按钮，可将其删除。

【说明】

"新建图层"按钮：建立一个新图层。

"删除图层"按钮：删除选定图层。

"当前图层"按钮：将选定图层设置为当前层。

"重置图层"按钮：恢复到系统中层设置初始化状态。

"导入设置"按钮：调入导出的层状态。

"导出设置"按钮：将当前层状态存储下来。

>> 注意 当部分图层上存在有效元素时，无法重置图层和导入图层。

1.5.3 拾取过滤设置

设置拾取过滤和导航过滤的图形元素的类型。

（1）拾取过滤　是指鼠标指针能够拾取到屏幕上的图形类型，拾取到的图形类型被加亮显示。

（2）导航过滤　是指鼠标指针移动到要拾取的图形类型附近时，图形能够加亮显示。

【操作】

1）单击"设置"下拉菜单中的"拾取过滤设置"，弹出"拾取过滤器"对话框，如图1-18所示。

2）如果要修改图形元素的类型、拾取时的导航加亮设置和图形元素的颜色，只要直接选中项目对应的复选框即可。对于图形元素的类型和图形元素的颜色，可以单击下方的"选中所有类型"或"选中所有颜色"按钮，和"清除所有类型"或"清除所有颜色"按钮即可。

3）要修改系统拾取盒的大小，只要拖动下方的滚动条就可以了。

【说明】

图形元素的类型有：体上的顶点、体上的边、体上的面、空间曲面、空间曲线端点、空间点、草图曲线端点、草图点、空间直线、空间圆（弧）、空间样条、三维尺寸、草图直线、草图圆（弧）、草图样条、刀具轨迹等。

拾取时的导航加亮设置有：加亮草图曲线、加亮空间曲面和加亮空间曲线。

图形元素的颜色有：图形元素的各种颜色。

系统拾取盒大小：拾取元素时，系统提示导航功能。拾取盒的大小与鼠标指针拾取范围成正比。当拾取盒较大时，鼠标指针距离要拾取到的元素较远时，也可以拾取该元素。

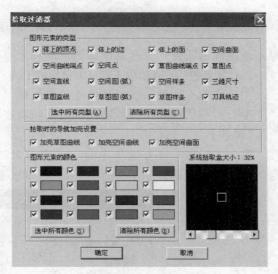

图1-18　"拾取过滤器"对话框

1.5.4　系统设置

用户根据绘图的需要，对系统的一系列参数进行设置。

1. 环境设置

它包括设置F5～F8快捷键定义（国标或机床），设置键盘显示旋转角度，设置鼠标显示旋转角度，设置曲面U向网格数，设置曲面V向网格数，设置自动存盘操作次数，设置自动存盘文件名，设置系统层数上限和最大取消次数。

【操作】

单击"设置"下拉菜单中的"系统设置"，弹出"系统设置"对话框，如图1-19所示。选择"环境设置"选项卡，要修改哪项环境参数，可以直接在参数对应框中修改。

2. 参数设置

它包括设置样条最大点数、最大长度、圆弧最大半径、系统精度上限、系统精度下限、

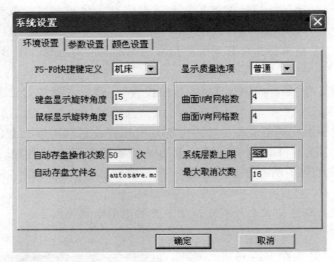

图 1-19 "系统设置"对话框

显示基准面的长度、显示基准面的宽度和工具状态。

工具状态包括：点拾取工具、矢量拾取工具、轮廓拾取工具、岛拾取工具和选择集拾取工具。

工具状态有两种：锁定和恢复单选按钮。

端刀刀具轨迹选项：轨迹允许向下和轨迹禁止向下。

【操作】

单击"设置"下拉菜单中的"系统设置"，弹出"系统设置"对话框，选择"参数设置"选项卡，对话框如图 1-20 所示。可以根据需要对参数、辅助工具的状态进行设定。

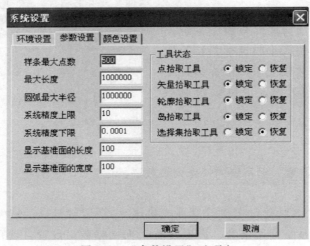

图 1-20 "参数设置"选项卡

3. 颜色设置

包括修改拾取状态颜色、修改非当前坐标系颜色、修改无效状态颜色、修改当前坐标系颜色等。

【操作】

1）单击"设置"下拉菜单中的"系统设置"，弹出"系统设置"对话框，选择"颜色设置"选项卡，如图 1-21 所示。

　　2）要修改哪项，只要单击对应按钮，弹出"颜色管理"对话框，选择喜欢的颜色，单击"确定"按钮即可。

1.5.5　光源设置

对零件的环境和自身的光线强度进行改变。

【操作】

1）单击"设置"下拉菜单中的"光源设置"，弹出"光源设置"对话框。

2）可以根据需要对光线的强度进行编辑和修改。

1.5.6　材质设置

对生成实体的材质进行改变。

【操作】

1）单击"设置"下拉菜单中的"材质设置"，弹出图 1-22 所示的对话框，用户可以根据需要对实体的材质进行选择。

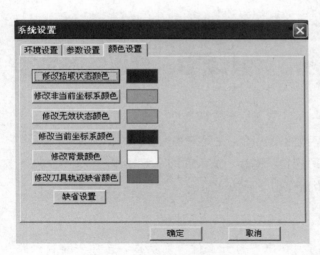

图 1-21　"颜色设置"选项卡

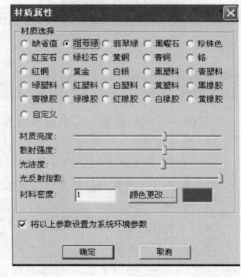

图 1-22　"材质属性"对话框

　　2）如果用户需对材质的亮度、密度以及颜色元素等进行修改时，可以选中"自定义"单选按钮，单击"颜色更改"按钮，在弹出的颜色对话框中选择所需的颜色，单击"确定"按钮，回到"材质属性"对话框，单击"确定"按钮，完成自定义。

1.6　帮助

　　单击主菜单上的"帮助"→"帮助文档"，弹出 CAXA 制造工程师 2013r2 软件使用说明书（PDF 文档），如图 1-23 所示。由于本教材篇幅所限，根据专业大纲要求，所以在内容上有所偏重和取舍，如果学生需要了解软件某些功能的详尽说明，可以查看本说明书。

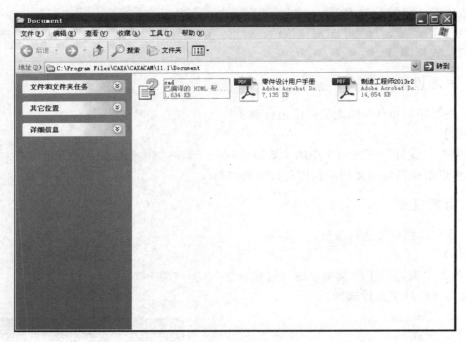

图 1-23　帮助文档

1.7　软件基本操作案例

案例一　飞机模型文件的显示操作

1. 任务要求

1）利用"视向定位"命令显示飞机模型的主视图、正等侧视图等。

2）使用工具 ⟳、✛ 等进行飞机模型的旋转、平移、放大和缩小等操作。

3）利用"快捷键"显示图形视向和当前作图平面的变换。

4）文件的存储。

2. 操作步骤详解

（1）打开文件　单击"打开"按钮 ⬀，弹出"打开文件"对话框，按照安装目录路径，找到"samples"文件夹，打开"飞机模型"文件，如图 1-24 所示。

（2）视向定位　单击"视向定位"按钮 ⬀，弹出"视向定位"对话框，如图 1-25 所示。

3. 系统视向

1）在图 1-25 中，双击"系统视向"列表中"主视"，得到显示结果，如图 1-26 所示。

2）在图 1-25 中，双击"系统视向"列表中"正等侧"，得到显示结果，如图 1-27 所示。

4. 定位视向

在图 1-25 中，选择"添加视向类型"中的"当前文档"，在"视向方向"中输入 X、Y、Z 的数值分别为 10、3、3，显示结果如图 1-28 所示。

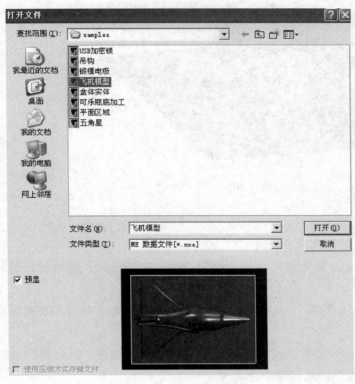

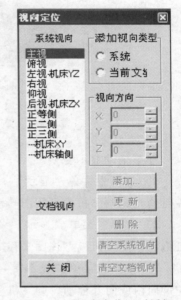

图 1-24　"打开文件"对话框

图 1-25　"视向定位"对话框

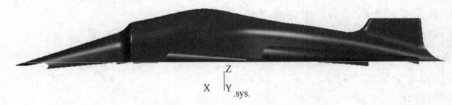

图 1-26　主视图

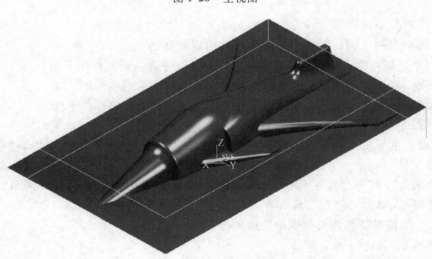

图 1-27　正等侧视图

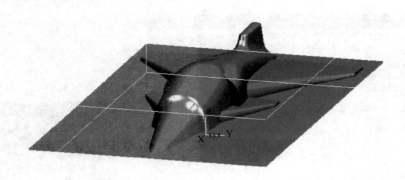

图 1-28 定位视图

5. 显示变换

连续拖动显示变换。

1）选择主菜单"显示"→"显示变换"→"显示旋转"，或单击 ⟳ 按钮，然后按住鼠标左键拖动，则飞机模型视图转动。

2）选择主菜单"显示"→"显示变换"→"显示平移"，或单击 ✛ 按钮，然后按住鼠标左键拖动，则飞机模型视图平移。

3）选择主菜单"显示"→"显示变换"→"显示缩放"，或单击 ◔ 按钮，然后按住鼠标左键向内或向外拖动，则飞机模型视图显示缩小或放大。

4）选择主菜单"显示"→"显示变换"→"显示窗口"，或单击 ⊕ 按钮，然后按住鼠标左键拖动框选需要放大的局部，则将选中部分局部全屏显示。

5）选择主菜单"显示"→"显示变换"→"显示全部"，或单击 ⊞ 按钮，则图形以最适当的大小显示。

6）在键盘上分别按〈F3〉、〈F4〉、〈F5〉、〈F6〉、〈F7〉、〈F8〉、〈F9〉各键，观察视图及坐标系的变化。

提示：

〈F3〉键：显示全部图形（全屏显示）。

〈F4〉键：重画（刷新）图形，绘图时才可以观察到。

〈F5〉键：选择"XOY"平面显示，且"XOY"平面为当前作图平面。

〈F6〉键：选择"YOZ"平面显示，且"YOZ"平面为当前作图平面。

〈F7〉键：选择"XOZ"平面显示，且"XOZ"平面为当前作图平面。

〈F8〉键：显示轴测图。

〈F9〉键：重复按〈F9〉键，可以切换作图平面，注意观察坐标系间的斜线变化。

6. 保存文件

选择"文件"→"另存为"命令，弹出"存储文件"对话框，如图 1-29 所示，输入文件名"飞机模型"，单击"保存"保存在"桌面"上。

案例二 吊钩模型颜色与背景的变换操作

1. 任务要求

1）利用"颜色修改"命令改变吊钩模型整体为深绿色，矩形平台为粉色。

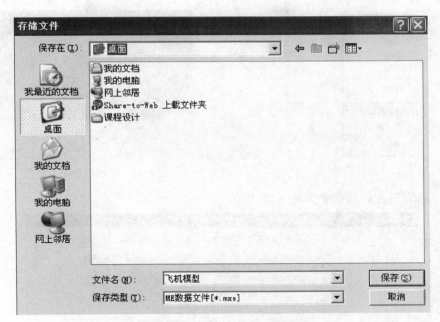

图 1-29　"存储文件"对话框

2）利用"颜色设置"命令将背景设置为白色。

2. 操作步骤详解

（1）变吊钩体曲面为深绿色　单击主菜单"编辑"→"颜色修改"，框选吊钩体曲面（注意不要选矩形平台），单击鼠标右键，弹出"颜色管理"对话框，选择深绿色，单击"确定"按钮后结果如图 1-30 所示。

提示：框选时，只有被选择线框完全框住的图素才会被选中，如图 1-31 所示。

图 1-30　吊钩体曲面变为深绿色

图 1-31　框选吊钩体曲面

（2）变矩形平台为粉色　按住〈Ctrl〉键不松，依次用鼠标单击矩形平台各个表面，选好 5 个表面后，松开〈Ctrl〉键，单击鼠标右键，弹出快捷菜单如图 1-32 所示，选择"颜色"，则弹出"颜色管理"对话框，选择粉色，单击"确定"按钮后结果如图 1-33 所示。

（3）变背景为白色　单击主菜单"设置"→"系统设置"，弹出"系统设置"对话框，如图 1-34 所示，在"系统设置"特征树中选择"颜色设置"，在"修改背景颜色"项目中选择"使用单一颜色"，单击"背景颜色（上）"按钮，弹出"颜色管理"对话框，选择白

删除
平移
拷贝
粘贴
隐藏
颜色...
层设置...
属性...

图 1-32　快捷菜单

图 1-33　矩形平台变为粉色

色，单击"确定"按钮后结果如图 1-35 所示。

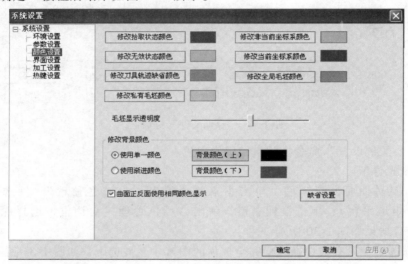

图 1-34　"系统设置"对话框

图 1-35　变背景为白色

思 考 与 练 习 题

　　1-1　了解 CAXA 制造工程师 2013r2 软件的操作界面，列举出其所包含哪些菜单和工具条？各主菜单、标准工具条的功能项目有哪些？

1-2　打开文件的方法有哪些？如何存储文件？

1-3　什么是立即菜单？试分别产生画"直线"和"圆"的立即菜单。

1-4　什么是快捷菜单？如何产生"点工具"菜单？

1-5　试通过设置菜单改变 CAXA 制造工程师 2013r2 软件界面背景颜色。

1-6　试按软件安装目录路径，找到"samples"文件夹，打开"锻模电极"文件，进行以下操作：

（1）分别通过〈F5〉、〈F6〉、〈F7〉、〈F8〉功能键对模型进行视向转换。

（2）分别通过 ⊕ ⊖ ⊖ ↻ ✛ ⬡ ⬡ ⬡ 按钮，对图形进行相应操作。

（3）改变模型颜色为深灰色，背景为淡蓝色，并另存在桌面上，文件名为电极，文件格式为"mxe"。

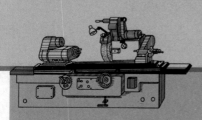

第2章

线框造型

学习目标

本章主要通过空间点、曲线的生成、编辑和几何变换，使学习者掌握曲线作图工具，明晰概念，熟练应用，同时建立良好的空间概念。要力求做到一题多解，真正掌握曲线工具、曲线编辑工具、几何变换工具、显示工具、状态工具等的应用技巧，为后续的学习打下坚实的基础。

2.1 造型的概念

零件造型分为设计造型和加工造型两种形式。零件设计造型的目的是构建设计者需要的零件形状，凡属零件上的几何要素都要通过造型表达出来。零件加工造型则是以表达加工零件的一个或若干表面为目的，运用 CAD 工具的各种造型方法构建所需的几何模型。

加工造型与设计造型虽然所运用的造型手段相同，但要达到的目的不同。因此，加工造型与设计造型的区别反映在以下几点。

1）加工造型并不需要完整地构建零件的整个轮廓，只要将与加工有关的几何要素表达出来即可。有时甚至只用线框构建出零件表面的特征轮廓，就可以运用相应的加工方法生成该表面的走刀轨迹。

2）加工造型构建的几何模型不一定要与零件的形状和尺寸一致，因为加工需要按照一定的工序逐渐改变毛坯的形状，加工造型只为当前将要进行的工序服务。为此，有时需要构建零件的毛坯，有时则需要构建零件加工过程中的中间形状。例如，图 2-1 所示的零件上表面为曲面，上面还有一孔。加工曲面时可以先对曲面进行造型，至于上面的孔可以不造型，如图 2-2 所示。

图 2-1　零件造型

图 2-2　为加工顶端圆柱曲面的造型

3）加工造型有时需要构建一些为进行特定加工方法而生成的线和面，而这些线和面对于零件的造型是不需要的。如参数线加工中的限制面，如图2-3所示，用于限制生成走刀轨迹的范围。

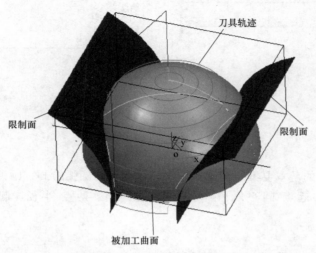

图 2-3　用曲面加工中的限制面

4）加工造型必须使坐标系的位置和方向与工件在数控加工机床定位保持一致。在自动编程时，将以加工造型时的坐标系原点位置及坐标轴方向计算走刀轨迹和生成加工代码。

零件加工造型的方法可以归纳为三个基本类型：线框造型、曲面造型和实体造型。

线框造型是直接使用空间点、直线和曲线，通过定义实体棱边构成的立体框图来描述物体外形轮廓的造型方法。

曲面造型是通过构造物体外形轮廓表面的方式来描述物体外形轮廓的造型方法。

特征实体造型是通过特征实体的交、并、差的方式来描述物体内外形状轮廓的造型方法。

2.2　曲线的生成

要构造物体的轮廓线框，首先必须生成直线、圆弧以及各种曲线。CAXA 制造工程师为曲线绘制提供了十多项功能：直线、圆弧、整圆、矩形、椭圆、样条、点、公式曲线、多边形、二次曲线、等距线、曲线投影、相关线、样条转圆弧和文字等。

1. 直线

直线是构成图形的基本要素。直线功能提供了两点线、平行线、角度线、切线、法线、角等分线和水平/铅垂线 6 种方式。

【操作】

1）单击 "造型"→"曲线生成"→"直线"，或单击 ✎ 按钮，出现绘制直线的立即菜单，如图2-4a、b所示。

2）在立即菜单中选取不同的画线方式，并根据左下角状态栏提示完成操作。

利用两点线命令可以画连续、单个、非正交、正交、点方式、长度方式的直线段，读者

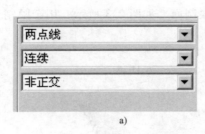

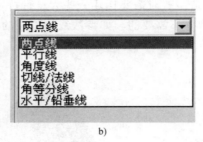

a)   b)

图 2-4   绘制直线的立即菜单

可自行练习。

2．圆弧

圆弧是构成图形的基本要素。为了适应多种情况下的圆弧绘制，圆弧功能提供了 6 种方式：三点圆弧、圆心-起点-圆心角、圆心-半径-起终角、两点-半径、起点-终点-圆心角和起点-半径-起终角。

【操作】

1）单击"造型"→"曲线生成"→"圆弧"，或直接单击按钮，出现绘制圆弧的立即菜单，如图 2-5 所示。

2）在立即菜单中选取画圆弧的方式，并根据状态栏提示完成操作。

图 2-5   绘制圆弧的立即菜单

【说明】

三点圆弧：给定三点画圆弧，其中第一点为圆弧起点，第二点决定圆弧的位置和方向，第三点为圆弧的终点。

圆心-起点-圆心角：已知圆心、起点及圆心角或终点画圆弧。

圆心-半径-起终角：由圆心、半径和起终角画圆弧。

两点-半径：给定两点及圆弧半径画圆弧。

起点-终点-圆心角：已知起点、终点和圆心角画圆弧。

起点-半径-起终角：由起点、半径和起终角画圆弧。

3．整圆

圆是构成图形的基本要素。为了适应多种情况下圆的绘制，圆的功能提供了圆心半径、三点和两点-半径 3 种方式。

【操作】

1）单击"造型"→"曲线生成"→"圆"，或直接单击 ⊕ 按钮，出现绘制圆的立即菜单，如图 2-6 所示。

2）在立即菜单中选取画圆的方式，并根据状态栏提示完成操作。

【说明】

圆心-半径：给出圆心点，输入圆上一点或圆的半径来生成圆。

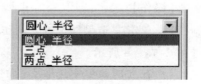

图 2-6   绘制圆的立即菜单

三点：给定第一点、第二点、第三点，即可生成圆。

两点-半径：给定第一点、第二点，并给出半径值（或第三点）即生成圆。

4. 矩形

矩形是构成图形的基本要素。矩形功能提供了两点矩形和中心-长-宽等两种矩形绘制方式。

【操作】

1）单击"造型"→"曲线生成"→"矩形"，或直接单击 ▭ 按钮，出现绘制矩形的立即菜单。

2）在立即菜单中选取画矩形的方式，并根据状态栏提示完成操作。

【说明】

两点矩形：给出矩形的对角线两个端点来画出矩形。

中心-长-宽：选取"中心-长-宽"方式画矩形时，要先在立即菜单中输入长度和宽度值，然后在屏幕上给出矩形中心，即生成矩形。

5. 椭圆

用鼠标或键盘输入椭圆中心，然后按给定参数画一个任意方向的椭圆或椭圆弧。

【操作】

1）单击"造型"→"曲线生成"→"椭圆"，或者直接单击 ⬭ 椭圆按钮，出现绘制椭圆的立即菜单。

2）输入长半轴、短半轴、旋转角、起始角和终止角等参数，输入中心，完成操作。

 注意　①旋转角是指椭圆的长轴与默认起始基准（X轴正方向，下同）间的夹角；②起始角是指画椭圆弧时起始位置与默认起始基准所夹的角度；③终止角是指画椭圆弧时终止位置与默认起始基准所夹的角度。

6. 样条线

生成过给定顶点（样条插值点）的样条曲线。点可由鼠标输入或由键盘输入。

【操作】

1）单击"应用"→"曲线生成"→"样条线"，或者直接单击 ∿ 按钮，出现绘制样条线的立即菜单，如图2-7和图2-8所示。

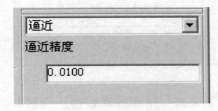

图2-7　绘制样条线的立即菜单（一）

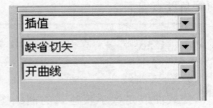

图2-8　绘制样条线的立即菜单（二）

2）选择样条线生成方式，按状态栏提示操作，生成样条线。

【说明】

逼近方式：顺序输入一系列点，系统根据给定的精度生成拟合这些点的光滑样条曲线。

用逼近方式拟合一批点，生成的样条曲线品质比较好，适用于数据点比较多且排列不规则的情况。图2-9所示为逼近方式绘制的样条线。

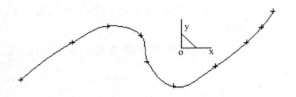

插值方式：按顺序输入一系列点，系统将顺序通过这些点生成一条光滑的样条曲线。通过设置立即菜单，可以控制生成样条的端点切矢方向，使其满足一定的相切条

图 2-9　逼近方式绘制的样条线

件，也可以生成一条封闭的样条曲线。图2-10所示为开曲线样条。图2-11所示为闭曲线样条。

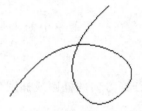

图 2-10　开曲线样条

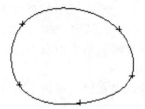

图 2-11　闭曲线样条

缺省切矢：按照系统默认的切矢方向绘制样条线。

给定切矢：按照需要给定的切矢方向绘制样条线。

7. 点

在屏幕指定位置处画一个孤立点，或在曲线上画等分点。

【操作】

1）单击"应用"→"曲线生成"→"点"，或者直接单击 ▣ 按钮，出现绘制点的立即菜单，如图2-12所示。

2）选取画点方式，根据提示完成操作。

【说明】

生成单个点：此功能可生成包括工具点、曲线投影交点、曲面上投影点和曲线曲面交点。

生成批量点：此功能生成的批量点包括等分点、等距点和等角度点等。

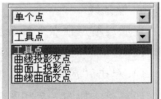

图 2-12　绘制点的立即菜单

>> **注意**　在利用点工具菜单生成单个点时不能利用切点和垂足点。

8. 公式曲线

公式曲线是数学表达式的曲线图形，也就是根据数学公式（或参数表达式）绘制出相应的数学曲线，公式的给出既可以是直角坐标形式的，也可以是极坐标形式的。公式曲线为用户提供一种更方便、更精确的作图手段，以适应某些精确型腔、轨迹线形的作图设计。用户只要交互输入数学公式，给定参数，计算机便会自动绘制出该公式所描述的曲线。CAXA制造工程师提高了公式曲线的计算效率。

【操作】

1）单击"造型"→"曲线生成"→"公式曲线"，或者直接单击"$f_{(x)}$"公式曲线按钮，弹出"公式曲线"对话框，如图 2-13 所示。

2）选择坐标系，给出参数及参数方式，单击"确定"按钮，给出公式曲线定位点，完成操作。

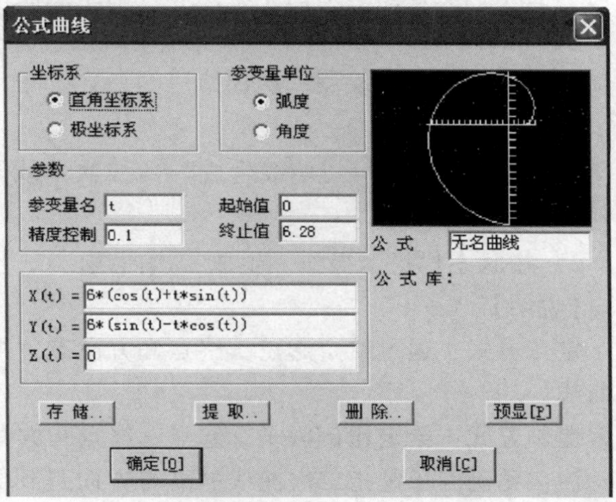

【说明】

（1）公式曲线可用的数学函数　元素定义函数的使用格式与 C 语言中的用法相同，所有函数的参数须用括号括起来。公式曲线可用的数学函数有 sin、cos、tan、asin、acos、atan、sinh、cosh、sqrt、exp、log、log10，共 12 种函数。

1）三角函数 sin、cos、tan 的参数单位采用角度，如 sin（30）= 0.5，cos（45）= 0.707。

2）反三角函数 asin、acos、atan 的返回值单位为角度，如 acos（0.5）= 60，atan（1）= 45。

图 2-13　"公式曲线"对话框

3）双曲函数 sinh、cosh。

4）x 的平方根用 sqrt（x）表示，如 sqrt（36）= 6。

5）e 的 x 次方用 exp（x）表示。

6）Lnx（自然对数）用 log（x）表示。

7）以 10 为底的对数用 log10（x）表示。

8）幂用^表示，如 x^5 表示 x 的 5 次方。

9）求余运算用%表示，如 18%4 = 2，2 为 18 除以 4 后的余数。

10）表达式中乘号用"*"表示，除号用"/"表示；表达式中没有中括号和大括号，只能用小括号。

（2）如下表达式是合法的表达式

x（t）= 6 * (cos(t) + t * sin(t))

y（t）= 6 * (sin(t) - t * cos(t))

z（t）= 0

9. 多边形

在给定点处绘制一个给定半径、给定边数的正多边形。其定位方式由菜单及操作提示给出。

【操作】

1）单击"造型"→"曲线生成"→"多边形"，或者直接单击 ⊙ 按钮，出现绘制正多边形的立即菜单。

2）在立即菜单中选择方式和边数，按状态栏提示操作即可。

【说明】

① 采用边方式绘制多边形时，其定位点是多边形边的起点和终点；② 采用中心方式绘制内接多边形时，其定位点是多边形的中心点和边的起点；③ 采用中心方式绘制外切多边形时，其定位点是多边形的中心点和边的中点。

10. 二次曲线

根据给定的方式绘制二次曲线。

【操作】

1）单击"造型"→"曲线生成"→"二次曲线"，或者直接单击 ⌐ 按钮，出现绘制二次曲线的立即菜单。

2）按状态栏提示操作，生成二次曲线。

【说明】

定点方式：通过给定起点、终点和方向点，再给出肩点（曲线上另一任意点），生成二次曲线。

比例方式：给定比例因子、起点、终点和方向点，生成二次曲线。

注：比例因子是指二次曲线的高与方向点到起点、终点连线距离的比值。如图 2-14 所示，曲线 1、2、3 是起点（A）、终点（B）、方向点（C）、比例因子分别为 0.3、0.5、0.7 的三条二次曲线。

11. 等距线

绘制给定曲线的等距线，用鼠标单击带方向的箭头可以确定等距线位置。

【操作】

1）单击"造型"→"曲线生成"→"等距线"，或者直接单击 ⌐⅂ 按钮，出现绘制等距线的立即菜单，如图 2-15 所示。

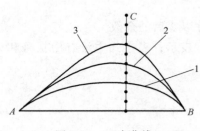

图 2-14　二次曲线

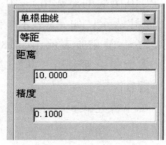

图 2-15　等距线立即菜单

2）选取画等距线方式，根据状态栏提示，完成操作。

【说明】

单根曲线方式：等距对象为一条曲线。

组合曲线方式：等距对象为多条连续的曲线，如图 2-16 所示。

12. 曲线投影

指定一条曲线沿某一方向向一个实体的基准平面做投影，得到曲线在该基准平面上的投影线。这个功能可以充分利用已有的曲线来做草图平面里的草图线。这一功能不可与曲线投影到曲面相混淆。投影的对象为空间曲线、实体的边和曲面的边，只有在草图状态下才具有

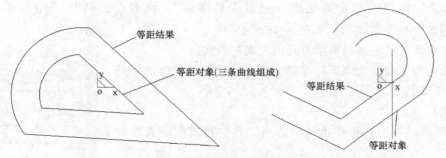

图 2-16 组合曲线方式绘制等距线

投影功能。

【操作】

此功能操作待讲解实体造型时再阐述。

13. 相关线

绘制曲面或实体的交线、边界线、参数线、法线、投影线和实体边界。

【操作】

1）单击"造型"→"曲线生成"→"相关线"，或者直接单击 按钮，出现绘制相关线的立即菜单，如图 2-17 所示。

2）选取画相关线方式，根据状态栏提示，完成操作。

利用相关线功能可以生成曲面交线（图 2-18）、曲面边界线（图 2-19）、曲面参数线（图 2-20）、曲面法线与投影线（图 2-21）以及实体边界线（图 2-22）。

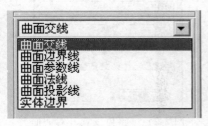

图 2-17 相关线的立即菜单　　图 2-18 曲面交线　　图 2-19 曲面边界线

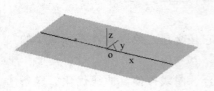
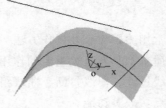

图 2-20 曲面参数线　　图 2-21 曲面法线与投影线　　图 2-22 实体边界线

14. 样条转圆弧

用多段圆弧来表示（拟合）样条曲线，以便在加工时更光滑，生成的 G 代码更简单。

【操作】

1）单击"造型"→"曲线生成"→"样条转圆弧"，或者直接单击""按钮，出现"样条转圆弧"的立即菜单，如图 2-23 所示。

2）在立即菜单中选择离散方式以及离散参数。

3）拾取需要离散为圆弧的样条曲线，状态栏显示出该样条离散的圆弧段数。

【说明】

步长离散：等步长将样条离散为点，然后将离散的点拟合为圆弧。

弓高离散：按照样条的弓高误差将样条离散为圆弧。

图 2-23　样条转圆弧的立即菜单

15. 文字

在制造工程师图形文件中输入文字。

【操作】

1）单击"造型"→"文字"，或者直接单击 **A** 按钮。

2）在绘图区指定文字输入点，弹出"文字输入"对话框，如图 2-24 所示。

3）单击"设置"按钮，弹出"字体设置"对话框，如图 2-25 所示，根据需要修改设置，单击"确定"按钮，回到"文字输入"对话框中，输入文字后，单击"确定"按钮，文字生成。

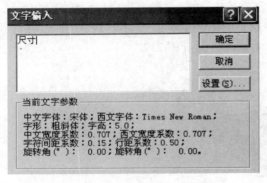

图 2-24　"文字输入"对话框

图 2-25　"字体设置"对话框

2.3　曲线编辑

曲线编辑主要是有关曲线的常用编辑命令及操作方法，它是交互式绘图软件不可缺少的基本功能，对于提高绘图速度及质量都具有至关重要的作用。

曲线编辑包括曲线裁剪、曲线过渡、曲线打断、曲线组合、曲线拉伸、曲线优化、样条型值点、样条控制顶点和样条端点切矢等功能。

1. 曲线裁剪

使用曲线做剪刀，裁掉曲线上不需要的部分，即利用一个或多个几何元素（曲线或点，称为剪刀）对给定曲线（称为被裁剪线）进行修整，删除不需要的部分，得到新的曲线。曲线裁剪有快速裁剪、线裁剪、点裁剪、修剪 4 种方式。线裁剪和点裁剪都具有延伸特性，也就是说，如果剪刀线和被裁剪曲线之间没有实际交点，则系统在分别依次自动延长被裁剪线和剪刀线后进行求交，在得到的交点处进行裁剪。快速裁剪、修剪和线裁剪中的投影裁剪适用于空间曲线之间的裁剪。曲线在当前坐标平面上施行投影后，进行求交裁剪，从而实现不共面曲线的裁剪。

【操作】

1）单击"造型"→"曲线编辑"→"曲线裁剪"，或直接单击 按钮，出现曲线裁剪的立即菜单，如图 2-26 所示。

2）根据需要在立即菜单中选择裁剪方式。

3）在绘图区拾取曲线，单击鼠标右键确定后完成。

【说明】

（1）快速裁剪 快速裁剪是指系统对曲线修剪具有指哪裁哪的快速反应功能。其中正常裁剪适用于裁剪同一平面上的曲线，投影裁剪适用于裁剪不共面的曲线。在操作过程中，拾取同一曲线的不同位置将产生不同的裁剪结果。

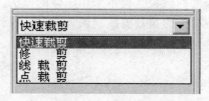

图 2-26 曲线裁剪立即菜单

如图 2-27 所示，利用曲线 2 裁剪曲线 1，拾取曲线 1 的不同位置时得到不同结果。

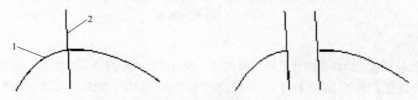

图 2-27 快速裁剪的不同结果

当系统中的复杂曲线极多时，建议不用快速裁剪。因为在大量复杂曲线的处理过程中，系统计算速度较慢，从而将影响用户的工作效率。

（2）线裁剪 以一条曲线作为剪刀，对其他曲线进行裁剪。正常裁剪的功能是以选取的剪刀线为参照，对其他曲线进行裁剪。投影裁剪的功能是曲线在当前坐标平面上施行投影后，进行求交裁剪。线裁剪具有曲线延伸功能。如果剪刀线和被裁剪曲线之间没有实际交点，则系统在分别依次自动延长被裁剪线和剪刀线后进行求交，在得到的交点处进行裁剪。延伸的规则是直线和样条线按端点切线方向延伸，圆弧按整圆处理。由于采用延伸的做法，可以利用该功能实现对曲线的延伸。

在拾取了剪刀线之后，可拾取多条被裁剪曲线。系统约定拾取的段是裁剪后保留的段，因而可实现多根曲线在剪刀线处齐边的效果。图 2-28 为以曲线 1 为剪刀线，裁剪曲线 2、3、4 的结果，其中曲线 2 利用了延伸功能。

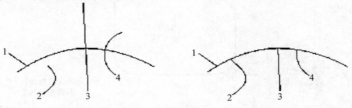

图 2-28 线裁剪

在剪刀线与被裁剪线有两个以上的交点时，系统约定取离剪刀线上拾取点较近的交点进行裁剪。

（3）点裁剪　利用点（通常是屏幕点）作为剪刀，对曲线进行裁剪。点裁剪具有曲线延伸功能，用户可以利用本功能实现曲线的延伸。在拾取了被裁剪曲线之后，利用点工具菜单输入一个剪刀点，系统对曲线在离剪刀点最近处施行裁剪。

（4）修剪　需要拾取一条曲线或多条曲线作为剪刀线，对一系列被裁剪曲线进行裁剪。修剪与线裁剪和点裁剪不同，本功能中系统将裁剪掉所拾取的曲线段，而保留在剪刀线另一侧的曲线段，且不采用延伸的做法，只在有实际交点处进行裁剪。在本功能中，剪刀线同时也可作为被裁剪线。图 2-29 是以圆 1 及直线 2 为剪刀线，对直线 3 修剪的结果。

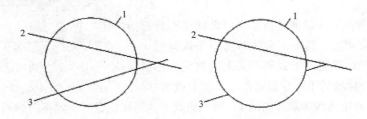

图 2-29　修剪的结果

2. 曲线过渡

曲线过渡是对指定的两条曲线进行圆弧过渡、尖角过渡或对两条直线倒角。曲线过渡包括圆弧过渡、尖角过渡和倒角过渡 3 种方式，对过渡中需裁剪的情形，拾取的段均是需保留的段。

【操作】

1）单击"造型"→"曲线编辑"→"曲线过渡"，或直接单击 按钮，会出现曲线过渡的立即菜单。

2）根据需要在立即菜单中选择过渡方式并输入必要参数。

3）按状态行提示在绘图区拾取曲线，单击鼠标右键确定后完成。

【说明】

（1）圆弧过渡　用于在两根曲线之间进行给定半径的圆弧光滑过渡。圆弧在两曲线的哪个侧边生成取决于两根曲线上的拾取位置。可利用立即菜单控制是否对两条曲线进行裁剪，此处裁剪是用生成的圆弧对原曲线进行裁剪，且系统约定只生成劣弧。图 2-30 所示为将矩形四角进行圆弧过渡的示意图。

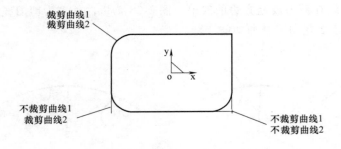

图 2-30　圆弧过渡

（2）尖角过渡　用于在给定的两根曲线之间进行过渡，过渡后在两曲线的交点处呈尖角。尖角过渡后，一根曲线被另一根曲线裁剪。注意：曲线的拾取位置不同，导致不同的过渡结果。

（3）倒角过渡　倒角过渡用于在给定的两直线之间进行过渡，过渡后在两直线之间有一条按给定角度和长度的直线。在立即菜单可输入角度值和距离值，以控制过渡直线与原直线的角度及过渡直线的长度。对原直线的裁剪与圆弧过渡相同。

3. 曲线打断

曲线打断用于把拾取到的一条曲线在指定点处打断，形成两条曲线。在拾取曲线的打断点时，可使用点工具捕捉特征点，方便操作。

【操作】

1）单击"造型"→"曲线编辑"→"曲线打断"，或者直接单击"　"按钮。

2）拾取被打断的曲线，再拾取打断点，曲线打断完成。

4. 曲线组合

曲线组合用于把拾取到的多条相连曲线组合成一条样条曲线。曲线组合有保留原曲线和删除原曲线两种方式。把多条曲线组合成一条曲线可以得到两种结果：如果首尾相连的曲线是光滑的，则把多条曲线用一个样条曲线表示；如果首尾相连的曲线有尖点，系统会自动生成一条光滑的样条曲线。

【操作】

1）单击"造型"→"曲线编辑"→"曲线组合"，或者直接单击　按钮，出现曲线组合的立即菜单。

2）按空格键，弹出拾取快捷菜单，选择拾取方式。

3）按状态栏中提示拾取曲线并确定链搜索方向，单击鼠标右键确认，曲线组合完成。

5. 曲线拉伸

曲线拉伸用于将指定曲线拉伸到指定点。拉伸有伸缩和非伸缩两种方式。伸缩方式就是沿曲线的方向进行拉伸，而非伸缩方式是以曲线的一个端点为定点，不受曲线原方向的限制进行自由拉伸。

【操作】

1）单击"造型"→"曲线编辑"→"曲线拉伸"，或者直接单击"　"按钮。

2）按状态栏中提示进行操作。

6. 曲线优化

对控制顶点太密的样条曲线在给定的精度范围内进行优化处理，减少其控制顶点。单击"造型"→"曲线编辑"→"曲线优化"，或者直接单击　按钮，给定优化精度。

7. 样条编辑

样条编辑包括对样条的型值点、控制顶点及端点切矢进行编辑，适合于高级用户对样条曲线的修改。编辑型值点、编辑控制顶点及编辑端点切矢均是对已经生成的样条进行修改。

【操作】

1）单击"造型"→"曲线编辑"→"样条型值点"、"样条控制顶点"、"样条端点切矢"，

或者直接单击 ⌁、⌁、⌁ 按钮。

2）按状态栏中提示进行操作。

【说明】

样条编辑时先拾取样条曲线，再拾取样条线上某一插值点（或控制顶点、端点），单击新位置或直接输入坐标点即可。

2.4　几何变换

几何变换是指对线、面进行变换，对造型实体无效，而且几何变换前后线、面的颜色、图层等属性不发生变换。几何变换对于编辑图形和曲面有着极为重要的作用，可以极大地方便用户。几何变换共有 7 种功能：平移、平面旋转、旋转、平面镜像、镜像、阵列和缩放。

1. 平移

对拾取到的曲线或曲面进行平移或拷贝。

【操作】

1）单击"造型"→"几何变换"→"平移"，或者直接单击 ⬚ 按钮，出现曲线平移的立即菜单。

2）按状态栏提示进行操作。

【说明】

（1）两点方式　两点方式就是给定平移元素的基点和目标点来实现曲线或曲面的平移或拷贝。操作时先在立即菜单中选取两点方式、拷贝或平移、正交或非正交，然后在绘图区拾取曲线或曲面，单击鼠标右键确认，输入基点，并以鼠标拖动图形，输入目标点，则平移完成。

（2）偏移量方式　偏移量方式就是给出在 X、Y、Z 三轴上的偏移量，来实现曲线或曲面的平移或拷贝。此方式要在立即菜单中选取偏移量方式，并输入 X、Y、Z 三轴上的偏移量值。拾取元素与两点方式相同，但不必输入基点、目标点等。

2. 平面旋转

对拾取到的曲线或曲面进行同一平面上的旋转或旋转拷贝。

【操作】

1）单击"造型"→"几何变换"→"平面旋转"，或者直接单击"⬚"按钮，出现平面旋转的立即菜单。

2）在立即菜单中选取"移动"或"拷贝"，输入角度值，指定旋转中心，单击鼠标右键确认，平面旋转完成。如选择"拷贝"，还需输入拷贝份数。

平面旋转有拷贝和平移两种方式。拷贝方式除了可以指定旋转角度外，还可以指定拷贝份数。图 2-31 为平面图形旋转结果。

3. 旋转

对拾取到的曲线或曲面进行空间的旋转或旋转拷贝。

【操作】

1）单击"造型"→"几何变换"→"旋转"，或直接单击 ⬚ 按钮。

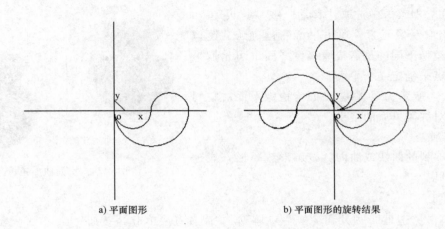

a) 平面图形　　　　　　　　　b) 平面图形的旋转结果

图 2-31　平面图形旋转

2）在立即菜单中选取"移动"或"拷贝"，输入角度值，如选择"拷贝"，还需输入拷贝份数。

3）给出旋转轴起点、旋转轴末点，拾取旋转元素，单击鼠标右键确认，则旋转完成。图 2-32 为空间曲面及其旋转拷贝 50°后的结果。

4. 平面镜像

对拾取到的曲线或曲面以某一条直线为对称轴，进行同一平面上的对称镜像或对称拷贝。平面镜像有拷贝和平移两种方式。

【操作】

1）单击"造型"→"几何变换"→"平面镜像"，或者直接单击"⚞"按钮。

2）在立即菜单中选取"移动"或"拷贝"。

3）拾取镜像轴首点、镜像轴末点，拾取镜像元素，单击鼠标右键确认，平面镜像完成，图 2-33 为平面镜像示意图。

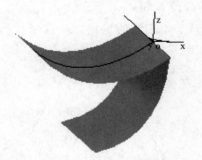

图 2-32　空间曲面及其旋转拷贝

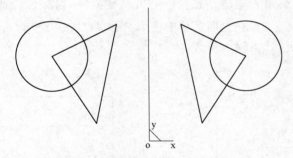

图 2-33　平面镜像示意图

5. 镜像

镜像与平面镜像类似，是对曲线或曲面进行空间上的对称镜像或对称拷贝。

【操作】

1）单击"造型"→"几何变换"→"镜像"，或者直接单击⚞按钮。

2）在立即菜单中选取"移动"或"拷贝"。

3）拾取镜像元素，单击鼠标右键确认，镜像完成。与镜像不同的是需拾取镜像平面（可拾取平面上的三点来确定一个平面）。

图 2-34 所示为以 YOZ 平面为镜像平面对空间曲面进行对称拷贝后的结果。

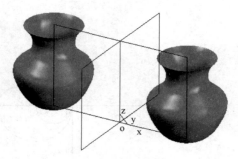

图 2-34　空间曲面镜像

6. 阵列

对拾取到的曲线或曲面，按圆形或矩形方式进行阵列拷贝。

【操作】

1）单击"造型"→"几何变换"→"阵列"，或者直接单击 按钮。

2）在立即菜单中选择方式，并根据需要输入参数值。

3）拾取阵列元素，单击鼠标右键确认，阵列完成。

【说明】

（1）圆形阵列　对拾取到的曲线或曲面，按圆形方式进行阵列拷贝。

1）单击"阵列"→"圆形"、"夹角"或"均布"。若选择"夹角"，给出邻角（阵列拷贝后相邻两元素的夹角）和填角度值；若选择"均布"，给出份数。

2）拾取需阵列的元素后，单击鼠标右键确认，并输入阵列中心点，阵列完成。

（2）矩形阵列　对拾取到的曲线或曲面，按矩形方式进行阵列拷贝。

1）单击"阵列"→"矩形"，输入行数、行距、列数、列距 4 个值。

2）拾取需阵列的元素后，单击鼠标右键确认，阵列完成。图 2-35 为对 XOY 平面中心的小三角形进行圆形阵列和矩形阵列的结果。

7. 缩放

对拾取到的曲线或曲面进行按比例放大或缩小。缩放有拷贝和移动两种方式。

【操作】

1）单击"造型"→"几何变换"→"缩放"，或者直接单击 按钮。

2）在立即菜单中选取"拷贝"或"移动"，输入 X、Y、Z 三轴的比例。若选择"拷贝"，需输入份数。

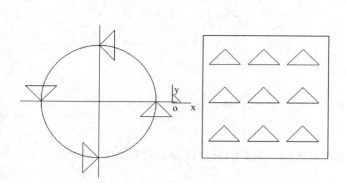

图 2-35　圆形阵列和矩形阵列

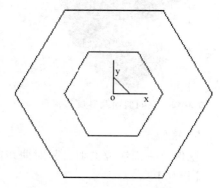

图 2-36　拷贝缩放示意图

3）输入基点，拾取需缩放的元素，单击鼠标右键确认，缩放完成。图 2-36 为拷贝缩放示意图。

2.5 线框造型案例

案例一 二维图形的绘制

例 1 根据图 2-37 所示尺寸，在 XOY 平面中绘制二维图形。坐标原点 O 设在零件中心处。（文中图形尺寸省略单位 mm，后面同）

绘图步骤如下。

1）打开 CAXA 制造工程师，进入绘图状态，选择 XOY 平面（按〈F5〉键）。

2）单击"直线"图标（下同，故略去"图标"）→立即菜单选择"水平/铅垂线"，"水平＋铅垂"，"长度 100"→拾取坐标原点，划出中心线（辅助线），单击鼠标右键确认→立即菜单选择"角度线"，"X 轴夹角"，"角度 45"→画出角度线（长度 60 左右，按照左下角状态栏提示，可输入数值），如图 2-38 所示。

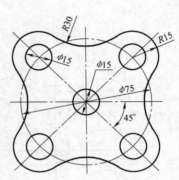

图 2-37 二维图形

3）单击"整圆"→立即菜单选择"圆心_半径"→拾取原点，分别画出 φ75 和 φ15 两个整圆；同样，以 φ75 圆与 45°斜线交点为圆心，分别画出 R15 和 φ15 两个整圆，如图 2-39 所示。

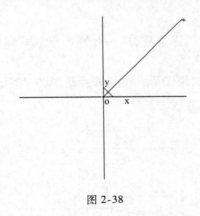

图 2-38

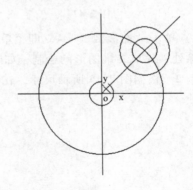

图 2-39

4）单击"阵列"→立即菜单选择"圆形""均布""份数 = 4"→拾取 R15 和 φ15 两个整圆，单击鼠标右键确认→拾取坐标原点为中心点，结果如图 2-40 所示。

5）单击"圆弧"→立即菜单选择"两点_半径"→按空格键，弹出"点工具菜单"，选取"切点"（也可以按热键"T"）→分别拾取两相邻 R15 圆弧，移动鼠标指针使 R30 圆弧凸凹符合要求，直接输入半径值"40"，便画出 R30 圆弧，如图 2-41 所示。

6）阵列圆弧 R30，结果如图 2-42 所示。（注意：拾取阵列中心时，"点"应回到"缺省"状态。）

7）删去或隐藏所有辅助线，如图 2-43 所示。

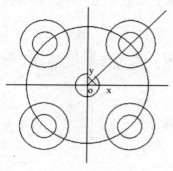

图 2-40

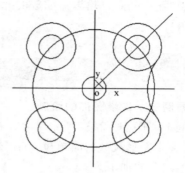

图 2-41

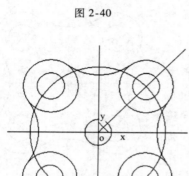

图 2-42

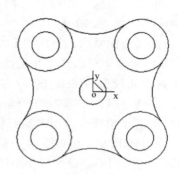

图 2-43

8）单击"曲线裁剪"→立即菜单选择"快速裁剪""正常裁剪"→分别选择 R30 圆弧需要去除处，完成二维图形的绘制，如图 2-44 所示。

例2　根据图 2-45 所示尺寸，在 XOY 平面中绘制二维图形，坐标原点选择为 φ24 圆弧圆心处。

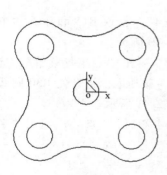

图 2-44

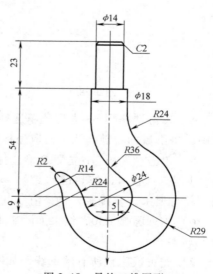

图 2-45　吊钩二维图形

绘图步骤如下。

1）打开 CAXA 制造工程师，进入绘图状态，选择 XOY 平面（按〈F5〉键）。

2）单击"直线"→绘制中心线，如图 2-46 所示。

3）单击"等距线"→立即菜单中选择"单根曲线"，"等距"，"距离 = 54"→拾取水平中心线，生成等距线 1，再改变距离为 23→拾取等距线，生成等距线 2，如图 2-47 所示。

4）单击"曲线拉伸"→拾取铅垂中心线，拉伸至合适位置，如图 2-48 所示。

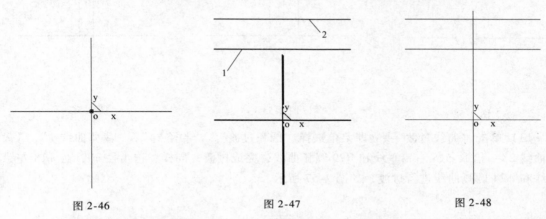

图 2-46　　　　　　　　　图 2-47　　　　　　　　　图 2-48

5）单击"等距线"→立即菜单中选择"单根曲线"，"等距"，"距离 = 7"→拾取铅垂中心线，生成 φ14 圆柱体两根轮廓线，如图 2-49 所示。

6）单击"曲线裁剪"→立即菜单中选择"快速裁剪"，"正常裁剪"→将图形进行修剪，如图 2-50 所示。（为了图面清晰，避免出错，应及时裁剪或删除不需要的线条。）

7）单击"曲线过渡"→立即菜单选择"倒角"，"角度 45"，"距离 2"，"裁剪曲线 1"，"裁剪曲线 2"→依次拾取两直角边，得到倒角，如图 2-51 所示。

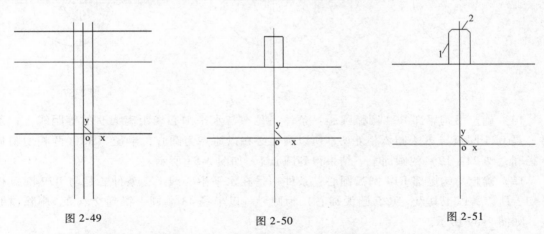

图 2-49　　　　　　　　　图 2-50　　　　　　　　　图 2-51

8）单击"直线"→选择"两点线"→画出倒角底部水平线段，如图 2-52 所示。

9）与步骤 5、6 同样方法画出 φ18 轮廓线框，如图 2-53 所示。

10）单击"点"→立即菜单选择"单个点"，"工具点"→输入坐标值（5，0），按回车键〈Enter〉，得到 R29 圆弧中心点，如图 2-54 所示。

11）分别以原点、工具点为圆心，画 φ24、R29 两个整圆，如图 2-55 所示。

12）用"曲线裁剪"功能，选择两个整圆多余部分裁去一个缺口，如图2-56所示。

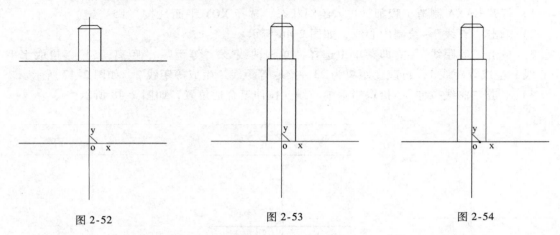

图2-52   图2-53   图2-54

13）单击"曲线过渡"→立即菜单选择"圆弧过渡"，"半径24"，"裁剪曲线1"，"裁剪曲线2"→拾取 φ18 右铅垂线和 R29 圆弧曲线，完成过渡；同样，选半径36，对 φ18 左铅垂线和 φ24 圆弧曲线进行过渡，如图2-57所示。

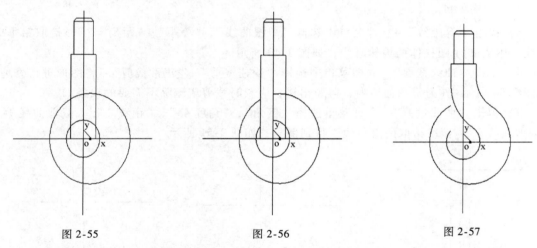

图2-55   图2-56   图2-57

14）确定吊钩尾部 R24 圆弧圆心：条件一是在与水平中心线距离为9的等距线上；条件二是 R24 圆弧与 φ24 圆弧相外切，所以圆心必在以原点为圆心，半径为36（两相切圆弧半径和，即 24＋12）的圆周上。结果得到圆心1，如图2-58所示。

15）确定吊钩尾部 R14 圆弧圆心：条件一是在水平中心线上；条件二是与 R29 圆弧相外切，所以，以工具点（R29 圆弧圆心）为圆心，以半径43画圆，得到交点2。删除辅助线，如图2-59所示。

16）单击"整圆"→立即菜单选择"圆心_半径"→分别以点1、2为圆心，24、14为半径画圆，如图2-60所示。

17）单击"曲线过渡"→立即菜单选择"圆弧过渡"，"半径2"，"裁剪曲线1"，"裁剪曲线2"→拾取两整圆曲线待过渡处，得到结果如图2-61所示。

18）修剪后得到吊钩二维图形，完成操作，结果如图2-62所示。

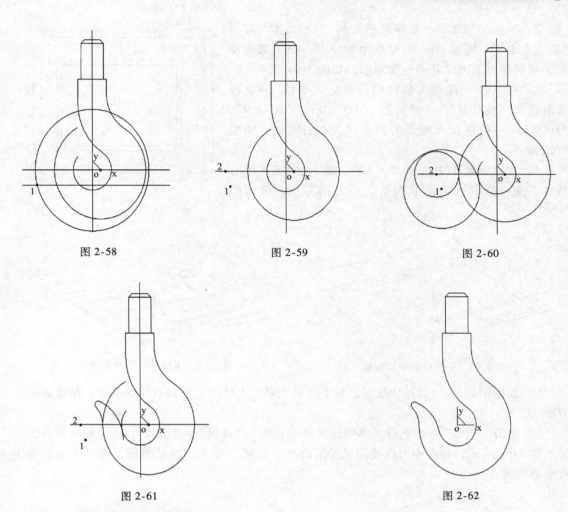

图 2-58　　　　　　　　　图 2-59　　　　　　　　　图 2-60

图 2-61　　　　　　　　　　　　　图 2-62

案例二　三维线框造型

例1　根据图 2-63 所示尺寸，进行三维线框造型。

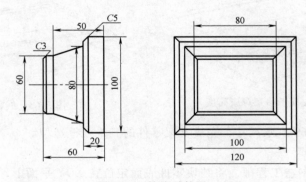

图 2-63　挡块零件图

操作步骤如下。

1）打开 CAXA 制造工程师，将挡块零件底面定位在 XOY 平面上，底面中心设在原点。

2）单击"矩形"→立即菜单选择"中心_长_宽"，"长度120"，"宽度100"→拾取坐标原点，画出底面矩形；用同样方法画出其他轮廓矩形，如图2-64所示。

3）按〈F8〉键进入轴测图，单击"平移"→立即菜单选择"偏移量"，"拷贝"，"DX = 0"，"DY = 0"，"DZ = 15"→拾取最大矩形的四条线，右击完成，如图2-65所示。

4）在立即菜单中选择"平移"，输入"DZ = 20"，其他不变。拾取次大矩形四条线后右击完成，得到图2-66。

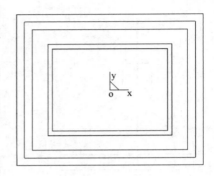

图 2-64

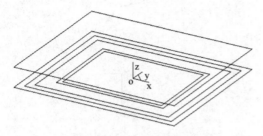

图 2-65　平移拾取矩形线框

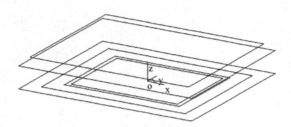

图 2-66　平移第二圈矩形线框

5）根据图2-63中的尺寸数据，按上述方式将各个线框平移到对应的高度，结果如图2-67所示。

6）单击"直线"→在立即菜单中选择"两点线""连续""非正交"连接相应顶点，结果如图2-68所示。操作中可以使用显示工具中"旋转"命令，转动图形，使各个顶点处于可拾取位置。

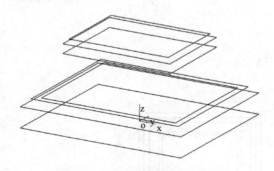

图 2-67　各个线框平移到对应高度

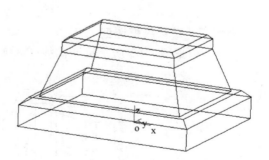

图 2-68　线框造型结果

例2　根据图2-69所示尺寸，完成支架零件的三维线框造型。

操作步骤如下。

1）打开CAXA制造工程师，将挡块零件底面定位在XOY平面上，底面中心设在原点。

2）单击"矩形"→立即菜单选择"中心_长_宽"，"长度100"，"宽度60"→拾取坐标原点，画出底面矩形；单击"平移"工具，选择"拷贝"，设置"DZ = 10"，得到底板上表面矩形线框，连接四条棱线，结果如图2-70所示。

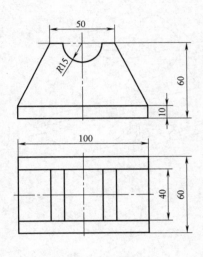

图 2-69 支架

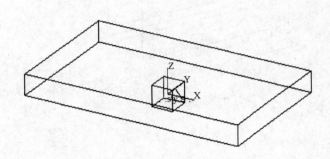

图 2-70 底板线框

3）单击"等距线"工具 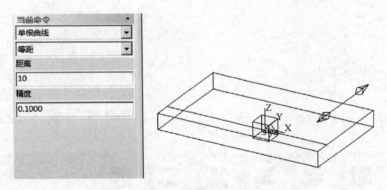，将底板上表面两条轮廓线向内等距，得到立板底面两条轮廓线，如图 2-71 所示。

图 2-71 等距线操作

4）将立板底面上两条轮廓线向 +Z 方向等距 50mm，连接四条棱线得到立板矩形线框，连接前后两条轮廓线中点 1、2 得到圆柱面中心线，如图 2-72 所示。

5）以中心线 12 作为等距线，等距 25mm，并将端点连接，如图 2-73 所示。

6）单击〈F9〉键，切换作图平面为 XOZ，分别以中心线 12 的端点为圆心，画 R15 圆，并修剪立板，如图 2-74 所示。

7）单击"裁剪"工具，剪去圆弧上半部分，并连接前后两半圆端点，如图 2-75 所示。

8）修剪多余线条后得到支架三维线框造型，结果如图 2-76 所示。

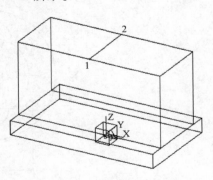

图 2-72 立板矩形线框

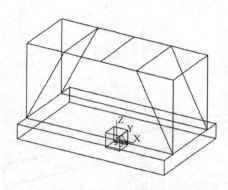

图 2-73　等距线操作

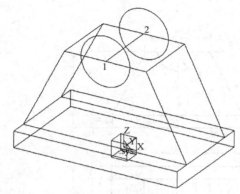

图 2-74　作圆弧线

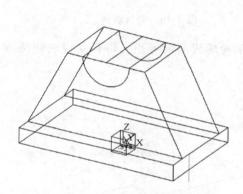

图 2-75　半圆柱面线框

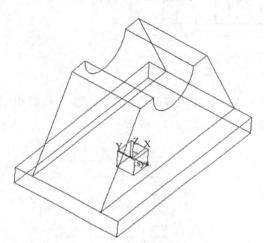

图 2-76　支架三维线框造型

思 考 与 练 习 题

2-1　绘制图 2-77 ~ 图 2-81 二维曲线图形。

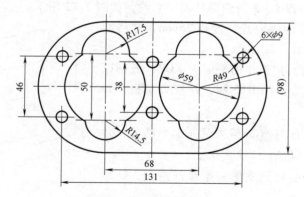

图 2-77　曲线图形一

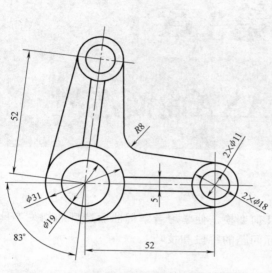

图 2-78 曲线图形二

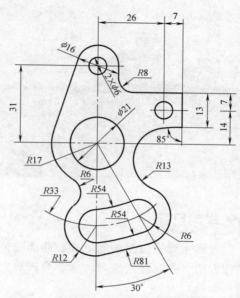

图 2-79 曲线图形三

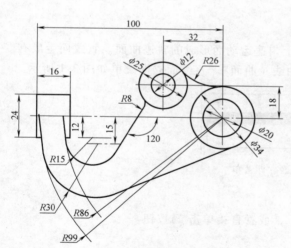

图 2-80 曲线图形四

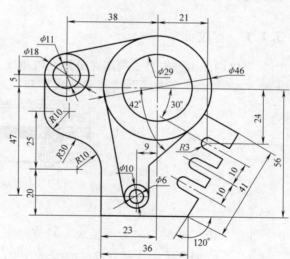

图 2-81 曲线图形五

2-2 根据图 2-82 所示尺寸，进行线框造型。

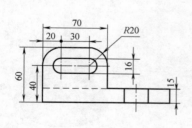

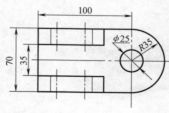

图 2-82 线框造型

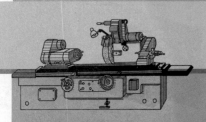

第3章

CAXA曲面造型

学习目标

本章主要通过曲面的生成、曲面编辑和几何变换，使学习者掌握曲面造型的相关工具和操作方法，同时通过练习，学会分析解决实际问题的手段和技巧。

3.1 曲面的生成

3.1.1 直纹面

直纹面是由一根直线两端点分别在两曲线上匀速运动而形成的轨迹曲面。直纹面生成有3种方式："曲线＋曲线"、"点＋曲线"和"曲线＋曲面"。直纹面立即菜单如图3-1所示。

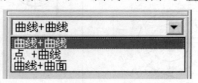

图 3-1 直纹面立即菜单

【操作】

1）单击"造型"→"曲面生成"→"直纹面"，或者直接单击 按钮。

2）在立即菜单中选择直纹面的生成方式。

3）按状态栏的提示操作，生成直纹面。

图 3-2 为"曲线＋曲线"方式生成的直纹面，图 3-3 为"点＋曲线"方式生成的直纹面，图 3-4 为"曲线＋曲面"方式生成的直纹面。

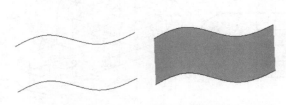

图 3-2 "曲线＋曲线"方式生成的直纹面

图 3-3 "点＋曲线"方式生成的直纹面

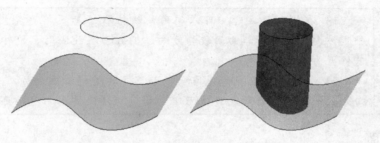

图3-4　"曲线+曲面"方式生成的直纹面

> **注意**
>
> 　　1）生成方式为"曲线+曲线"时，在拾取曲线时应注意拾取点的位置，应拾取曲线的同侧对应位置，否则将使两曲线的方向相反，生成的直纹面发生扭曲。
>
> 　　2）生成方式为"曲线+曲线"时，如系统提示"拾取失败"，可能是由于拾取设置中没有这种类型的曲线。解决方法是单击"设置"菜单中的"拾取过滤设置"，在"拾取过滤设置对话框"的"图形元素的类型"中选择"选中所有类型"。
>
> 　　3）生成方式为"曲线+曲面"时，输入方向时可利用矢量工具菜单。在需要这些工具菜单时，按空格键或鼠标中键即可弹出工具菜单。
>
> 　　4）生成方式为"曲线+曲面"时，当曲线沿指定方向，以一定的锥度向曲面投影作直纹面时，如曲线的投影不能全部落在曲面内时，直纹面将无法做出。

3.1.2　旋转面

按给定的起始角度、终止角度将曲线绕一旋转轴旋转而生成的轨迹曲面。

【操作】

1）单击"造型"→"曲面生成"→"旋转面"，或者单击 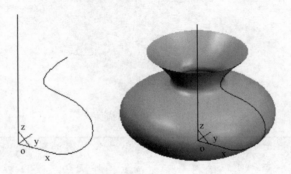 按钮。

2）输入起始角度和终止角度值。

3）拾取空间直线为旋转轴，并选择方向。

4）拾取空间曲线为母线，拾取完毕即可生成旋转面，如图3-5所示。

图3-5　旋转曲面的生成

> **注意**　1）在拾取母线时，可以利用曲线拾取工具菜单（按空格键）。选择轴线方向时，箭头与曲面旋转方向遵循右手螺旋法则。旋转时以母线的当前位置为零起始。
> 　2）如果旋转生成的是球面，而其上部分还是要被加工的面，要做成四分之一的圆作为母线旋转360°，否则，法线方向不对而无法加工。

3.1.3　扫描面

按照给定的起始位置和扫描距离将曲线沿指定方向以一定的锥度扫描生成曲面。

【操作】

1）单击"造型"→"曲面生成"→"扫描面"，或者单击 按钮。

2）填入起始距离、扫描距离、扫描角度和精度等参数。

3）按空格键弹出矢量工具，选择扫描方向，如图3-6所示。

4）拾取空间曲线。

5）若扫描角度不为零，选择扫描夹角方向，生成扫描面，结果如图3-7所示。

 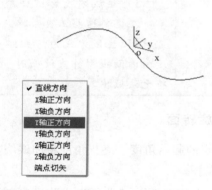

图3-6　立即菜单填入参数和快捷菜单选择扫描方向

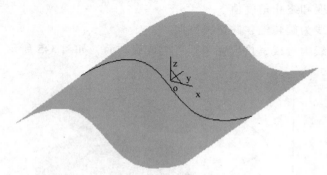

图3-7　生成扫描面

> **注意**　1）选择不同的扫描方向可以产生不同的结果。
> 　2）扫描角度不为零时，需要选择扫描夹角方向。扫描夹角的方向遵循右手定则。

3.1.4 导动面

让特征截面线沿着特征轨迹线的某一方向扫动生成曲面。导动面生成有六种方式："平行导动""固接导动""导动线＆平面""导动线＆边界线""双导动线"和"管道曲面"。

【说明】

生成导动曲面的基本思想：选取截面曲线或轮廓线沿着另外一条轨迹线扫动生成曲面。为了满足不同形状的要求，可以在扫动过程中，对截面线和轨迹线施加不同的几何约束，让截面线和轨迹线之间保持不同的位置关系，就可以生成形状变化多样的导动曲面。如截面线沿轨迹线运动过程中，我们可以让截面线绕自身旋转，也可以绕轨迹线扭转，还可以进行变形处理，这样就产生各种方式的导动曲面。

【操作】

1）单击"造型"→"曲面生成"→"导动面"，或者直接单击 [++] 按钮。

2）在立即菜单中选择导动方式，如图3-8所示。

3）根据不同导动方式下的提示，完成操作。

1. 平行导动

平行导动是指截面线沿导动线趋势始终平行它自身移动而扫动生成曲面，截面线在运动过程中没有任何旋转。

【操作】

1）激活导动面功能，并选择"平行导动"方式。

2）拾取导动线，并选择方向。

3）拾取截面曲线，即可生成导动面。操作过程如图3-9所示。

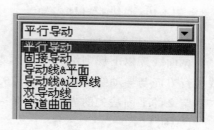

图3-8 导动面立即菜单

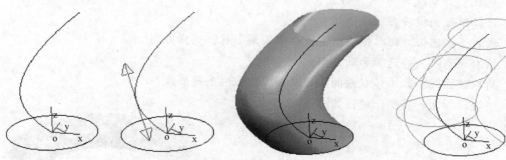

图3-9 平行导动面生成过程

2. 固接导动

固接导动是指在导动过程中，截面线和导动线保持固接关系，即让截面线平面与导动线的切矢方向保持相对角度不变，而且截面线在自身相对坐标架中的位置关系保持不变，截面线沿导动线变化的趋势导动生成曲面。

【说明】

固接导动有单截面线和双截面线两种，也就是说截面线可以是一条或两条，如图3-10、图3-11所示。

【操作】

1）选择"固接导动"方式。

2）选择单截面线或者双截面线。

3）拾取导动线，并选择导动方向。

4）拾取截面线。如果是双截面线导动，应拾取两条截面线。

5）生成导动面。

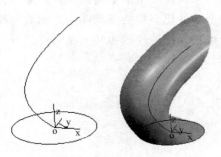  

图 3-10　单截面线固接导动面　　　　　　图 3-11　双截面线固接导动面

3. 导动线 & 平面

截面线按以下规则沿一个平面或空间导动线（脊线）扫动生成的曲面。规则：①截面线平行方向与导动线上每一点的切矢方向之间相对夹角始终保持不变；②截面线的平面方向与所定义的平面法矢的方向始终保持不变。

【说明】

这种导动方式尤其适用于导动线是空间曲线的情形，截面线可以是一条或两条。

【操作】

1）选择"导动线 & 平面"方式。

2）选择单截面线或者双截面线。

3）输入平面法矢方向。按空格键，弹出矢量工具，选择方向。

4）拾取导动线，并选择导动方向。

5）拾取截面线。如果是双截面线导动，应拾取两条截面线。

6）生成导动面，其操作过程如图 3-12 所示。

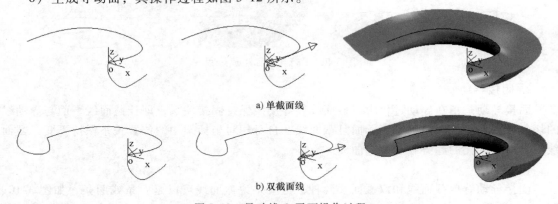

a）单截面线

b）双截面线

图 3-12　导动线 & 平面操作过程

4. 导动线 & 边界线

截面线按以下规则沿一条导动线扫动生成曲面，规则：①运动过程中截面线平面始终与导动线垂直；②运动过程中截面线平面与两边界线需要有两个交点；③对截面线进行缩放，将截面线横跨于两个交点上。截面线沿导动线如此运动时，就与两条边界线一起扫动生成曲面。

【说明】

1）在导动过程中，截面线始终在垂直于导动线的平面内摆放，并求得截面线平面与边界线的两个交点。在两截面线之间进行混合变形，并对混合截面进行缩放变换，使截面线正好横跨在两个边界线的交点上。

2）若对截面线进行缩放变换时，仅变化截面线的长度，而保持截面线的高度不变，称为等高导动。

3）若不仅变化截面线的长度，同时等比例地变化截面线的高度，称为变高导动。

【操作】

1）选择"导动线 & 边界线"方式。

2）选择单截面线或者双截面线。

3）选择等高或者变高。

4）拾取导动线，并选择导动方向。

5）拾取第一条边界曲线。

6）拾取第二条边界曲线。

7）拾取截面曲线。如果是双截面线导动，拾取两条截面线（在第一条边界线附近）。

8）生成导动面，操作过程如图3-13、图3-14所示。

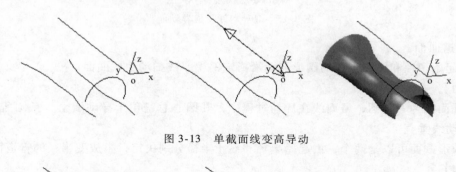

图3-13　单截面线变高导动

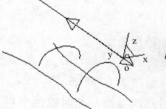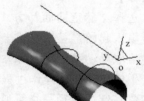

图3-14　双截面线变高导动

5. 双导动线

将一条或两条截面线沿着两条导动线匀速地扫动生成曲面。

【说明】

双导动线导动支持等高导动和变高导动。

【操作】

1）选择"双导动线"方式。

2）选择单截面线或者双截面线。

3）选择等高或者变高。

4）拾取第一条导动线，并选择方向。

5）拾取第二条导动线，并选择方向。

6）拾取截面曲线（在第一条导动线附近）。如果是双截面线导动，拾取两条截面线（在第一条导动线附近）。

7）生成导动面，操作过程如图3-15所示。

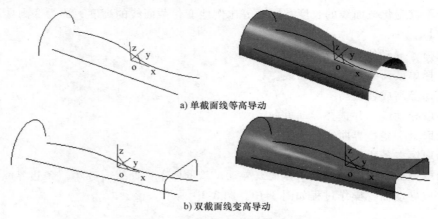

a) 单截面线等高导动

b) 双截面线变高导动

图3-15 双导动线生成导动面

6. 管道曲面

给定起始半径和终止半径的圆形截面沿指定的中心线扫动生成曲面。

【说明】

1）截面线为一整圆，截面线在导动过程中，其圆心总是位于导动线上，且圆所在平面总是与导动线垂直。

2）圆形截面可以是两个，由起始半径和终止半径分别决定，生成变半径的管道面。

【操作】

1）选择"管道曲面"方式。

2）填入起始半径、终止半径和精度。

3）拾取导动线，并选择方向。

4）生成导动面，操作过程如图3-16所示。

【参数】起始半径是指管道曲面导动开始时圆的半径。终止半径是指管道曲面导动终止时圆的半径。

3.1.5 等距面

按给定距离与等距方向生成与已知平面（曲面）等距的平面（曲面）。这个命令类似于

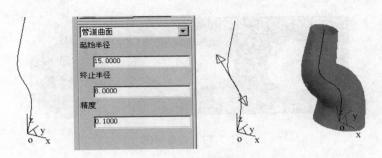

图 3-16　管道曲面生成过程

曲线中的"等距线"命令，不同的是"线"改成了"面"。

【操作】

1）单击"造型"→"曲面生成"→"等距面"，或者单击按钮。

2）填入等距距离。

3）拾取平面，选择等距方向。

4）生成等距面。

【参数】

等距距离：指生成平面在所选方向上离开已知平面的距离。

>> 注意　如果曲面的曲率变化太大，等距的距离应当小于最小曲率半径。

3.1.6　平面

利用多种方式生成所需平面。

平面与基准面的比较：基准面是在绘制草图时的参考面，而平面则是一个实际存在的面。

【操作】

1）单击"造型"→"曲面生成"→"平面"，或者单击 ▱ 按钮。

2）选择裁剪平面或者工具平面。

3）按状态栏提示完成操作。

1. 裁剪平面

由封闭内轮廓进行裁剪形成的有一个或者多个边界的平面。封闭内轮廓可以有多个。

【操作】

1）单击"造型"→"曲面生成"→"平面"，或者单击 ▱ 按钮。

2）选择裁剪平面。

3）拾取平面外轮廓线，并确定链搜索方向，选择箭头方向即可。

4）拾取内轮廓线，并确定链搜索方向，每拾取一个内轮廓线确定一次链搜索方向。

5）拾取完毕，单击鼠标右键完成操作，结果如图3-17所示。

2. 工具平面

通过给定长和宽而生成的平面，包括 XOY 平面、YOZ 平面、ZOX 平面、三点平面、矢

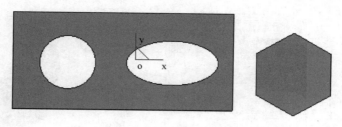

图 3-17　裁剪平面

量平面、曲线平面和平行平面 7 种方式。

【说明】

XOY 平面：绕 X 或 Y 轴旋转一定角度生成一个指定长度和宽度的平面。

YOZ 平面：绕 Y 或 Z 轴旋转一定角度生成一个指定长度和宽度的平面。

ZOX 平面：绕 Z 或 X 轴旋转一定角度生成一个指定长度和宽度的平面。

三点平面：按给定三点生成一指定长度和宽度的平面，其中第一点为平面中点。

曲线平面：在给定曲线的指定点上，生成一个指定长度和宽度的法平面或切平面。它有法平面和包络面两种方式，如图 3-18a、b 所示。

矢量平面：生成一个指定长度和宽度的平面，其法线的端点为给定的起点和终点，如图 3-18c 所示。

平行平面：按指定距离移动给定平面（曲线）或生成拷贝平面（曲线），如图 3-18d 所示。

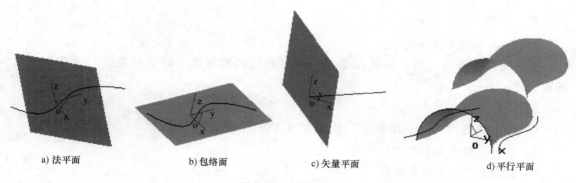

a) 法平面　　　　b) 包络面　　　　c) 矢量平面　　　　d) 平行平面

图 3-18　工具平面

【操作】

1）单击"造型"→"曲面生成"→"平面"，或者单击 ▱ 按钮。

2）选择工具平面。

3）选择对应类型的相关方式。

4）填写角度、长度和宽度等数值。

5）根据状态栏提示完成操作。

【参数】

角度：指生成平面绕旋转轴旋转，与参考平面所夹的锐角。

长度：指要生成平面的长度尺寸值。

宽度：指要生成平面的宽度尺寸值。

 平行平面功能与等距面功能相似，但等距面后的平面（曲面），不能再对其使用平行平面，只能使用等距面；而平行平面后的平面（曲面），可以再对其使用等距面或平行平面。

3.1.7　边界面

在由已知曲线围成的边界区域上生成曲面。

【说明】

边界面有两种类型：四边面和三边面。所谓四边面是指通过四条空间曲线生成平面；三边面是指通过三条空间曲线生成平面。

【操作】

1）单击"造型"→"曲面生成"→"边界面"，或者单击 ◇ 按钮。

2）选择四边面或三边面。

3）拾取空间曲线，完成操作。

 拾取的四条曲线必须首尾相连成封闭环，才能作出四边面；并且拾取的曲线应当是光滑曲线。

3.1.8　放样面

以一组互不相交、方向相同、形状相似的特征线（或截面线）为骨架进行形状控制，过这些线生成的曲面称之为放样曲面。它有截面曲线和曲面边界两种类型。

【操作】

1）单击"造型"→"曲面生成" → "放样面"，或者单击 ◇ 按钮。

2）选择"截面曲线"或者"曲面边界"。

3）按状态栏提示，完成操作。

1. 截面曲线

通过一组空间曲线作为截面来生成封闭或者不封闭的曲面。

【操作】

1）选择"截面曲线"方式。

2）选择封闭或者不封闭曲面。

3）拾取空间曲线为截面曲线，拾取完毕后按鼠标右键确定，完成操作，如图3-19所示。

2. 曲面边界

以曲面的边界线和截面曲线并与曲面相切来生成曲面。

【操作】

1）选择"曲面边界"方式。

2）在第一条曲面边界线上拾取其所在平面。

3）拾取空间曲线为截面曲线，拾取完毕后按鼠标右键确定，完成操作。

4）在第二条曲面边界线上拾取其所在平面，完成操作，如图3-20所示。

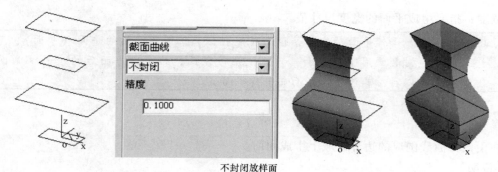

不封闭放样面

图 3-19 放样面生成过程

>> **注意** 　　1）拾取的一组特征曲线互不相交，方向一致，形状相似，否则生成结果将发生扭曲，形状不可预料。

　　2）截面线需保证其光滑性。

　　3）需按截面线摆放的方位顺序拾取曲线。

　　4）用户拾取曲线时需保证截面线方向的一致性。

3.1.9　网格面

　　以网格曲线为骨架，蒙上自由曲面而生成的曲面称之为网格曲面。网格曲线是由特征线组成横竖相交钱。

【说明】

1）网格面的生成思路：首先构造曲面的特征网格线确定曲面的初始骨架形状，然后用自由曲面插值特征网格线生成曲面。

图 3-20　曲面边界线生成

　　2）特征网格线可以是曲面边界线或曲面截面线等。由于一组截面线只能反映一个方向的变化趋势，还可以引入另一组截面线来限定另一个方向的变化，这形成一个网格骨架，控制住两个方向（U 和 V 两个方向）的变化趋势，如图 3-21a 所示，使特征网格线基本上反映出设计者想要的曲面形状，在此基础上插值网格骨架生成的曲面必然满足设计者的要求。

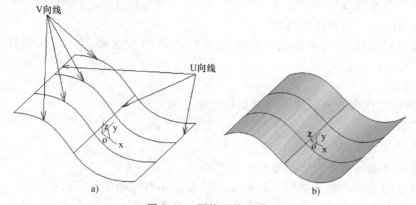

a)

b)

图 3-21　网格面的生成

3）可以生成封闭的网格面。注意，此时拾取 U 向、V 向的曲线必须从靠近曲线端点的位置拾取，否则封闭网格面会失败。

【操作】

1）单击"造型"→"曲面生成"→"网格面"，或者单击 按钮。

2）拾取空间曲线为 U 向截面线，单击鼠标右键结束。

3）拾取空间曲线为 V 向截面线，单击鼠标右键结束，完成操作，如图 3-21 所示。

>> 注意

1）每一组曲线都必须按其方位顺序拾取，而且曲线的方向必须保持一致。曲线的方向与放样面功能中一样，由拾取点的位置来确定曲线的起点。

2）拾取的每条 U 向曲线与所有的 V 向曲线都必须有交点。

3）拾取的曲线应当是光滑曲线。

4）对特征网格线有以下要求：网格曲线组成网状四边形网格，规则四边网格与不规则四边网格均可。插值区域是由四条边界曲线围成的，不允许有三边域、五边域和多边域。

3.1.10　实体表面

把通过特征生成的实体表面剥离出来而形成一个独立的面。

【操作】

1）单击"造型"→"曲面生成"→"实体表面"，或者单击 按钮。

2）按提示拾取实体表面。

3）将曲面移出，实体表面生成过程如图 3-22 所示。

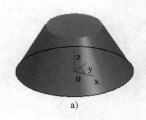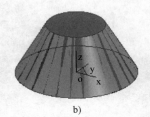

a)　　　　　b)　　　　　c)

图 3-22　实体表面生成过程

3.2　曲面的编辑

曲面编辑主要讲述有关曲面的常用编辑命令及操作方法，它是 CAXA 制造工程师的重要功能。曲面编辑包括曲面裁剪、曲面过渡、曲面缝合、曲面拼接和曲面延伸五种功能。

3.2.1　曲面裁剪

曲面裁剪是对生成的曲面进行修剪，去掉不需要的部分。

在曲面裁剪功能中，用户可以选用各种元素，包括对各种曲线和曲面来修理和剪裁曲面，获得用户所需要的曲面形态；也可以将被裁剪了的曲面恢复到原来的样子。曲面裁剪有五种方式：投影线裁剪、等参数线裁剪、线裁剪、面裁剪和裁剪恢复。

【说明】在各种曲面裁剪方式中，用户可以通过切换立即菜单来采用裁剪或分裂的方式。在分裂的方式中，系统用剪刀线将曲面分成多个部分，并保留裁剪生成的所有曲面部分。在裁剪方式中，系统只保留用户所需要的曲面部分，其他部分将都被裁剪掉。系统根据拾取曲面时鼠标的位置，确定用户所需要的部分，即剪刀线将曲面分成多个部分，用户在拾取曲面时鼠标单击在哪一个曲面部分上，就保留哪一部分。

【操作】

1）单击主菜单"造型"→"曲面编辑"→"曲面裁剪"，或者直接单击"🔲"按钮。

2）在立即菜单中选择"曲面裁剪"方式。

3）根据状态栏提示完成操作。

下面对曲面裁剪的四种方式依次进行介绍。

1．投影线裁剪

投影线裁剪是将空间曲线沿给定的固定方向投影到曲面上，形成剪刀线来裁剪曲面。

【操作】

1）在立即菜单上选择"投影线裁剪"和"裁剪"方式。

2）拾取被裁剪的曲面（选取需保留的部分）。

3）输入投影方向。按空格键，弹出矢量工具菜单，选择投影方向。

4）拾取剪刀线，选择搜索方向，裁剪完成，如图 3-23 所示。

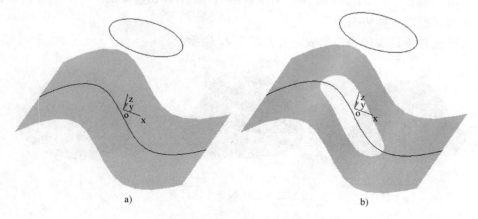

a)　　　　　　　　　　　　　　　　b)

图 3-23　投影线裁剪

【说明】

1）裁剪时保留拾取点所在的那部分曲面。

2）拾取的裁剪曲线沿指定投影方向向被裁剪曲面投影时必须有投影线，否则无法裁剪。

3）在输入投影方向时可利用矢量工具菜单。

≫ 注意　剪刀线与曲面边界线重合或部分重合以及相切时，可能得不到正确的裁剪结果。

2. 线裁剪

曲面上的曲线沿曲面法矢方向投影到曲面上，形成剪刀线来裁剪曲面。

【说明】

1）裁剪时保留拾取点所在的那部分曲面。

2）若裁剪曲线不在曲面上，则系统将曲线按距离最近的方式投影到曲面上获得投影曲线，然后利用投影曲线对曲面进行裁剪，此投影曲线不存在时，裁剪失败。一般应尽量避免此种情形。

3）若裁剪曲线与曲面边界无交点，且不在曲面内部封闭，则系统将其延长到曲面边界后实行裁剪。

【操作】

1）在立即菜单上选择"线裁剪"和"裁剪"方式。

2）拾取被裁剪的曲面（选取需保留的部分）。

3）拾取剪刀线，曲线变红；选择搜索方向，单击右键，裁剪完成，如图3-24所示。

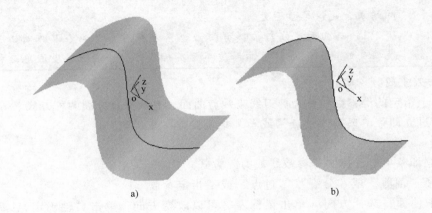

a)　　　　　　　　　　　　　　b)

图3-24　线裁剪

>> 注意　　与曲面边界线重合或部分重合以及相切的曲线对曲面进行裁剪时，可能得不到正确的结果，建议尽量避免这种情况。

3. 面裁剪

剪刀曲面和被裁剪曲面求交，用求得的交线作为剪刀线来裁剪曲面。

【说明】

1）裁剪时保留拾取点所在的那部分曲面。

2）两曲面必须有交线，否则无法裁剪曲面。

【操作】

1）在立即菜单上选择"面裁剪"、"裁剪"或"分裂"、"相互裁剪"或"裁剪曲面1"方式。

2）拾取被裁剪的曲面（选取需保留的部分）。

3）拾取剪刀曲面，裁剪完成，结果如图3-25所示。

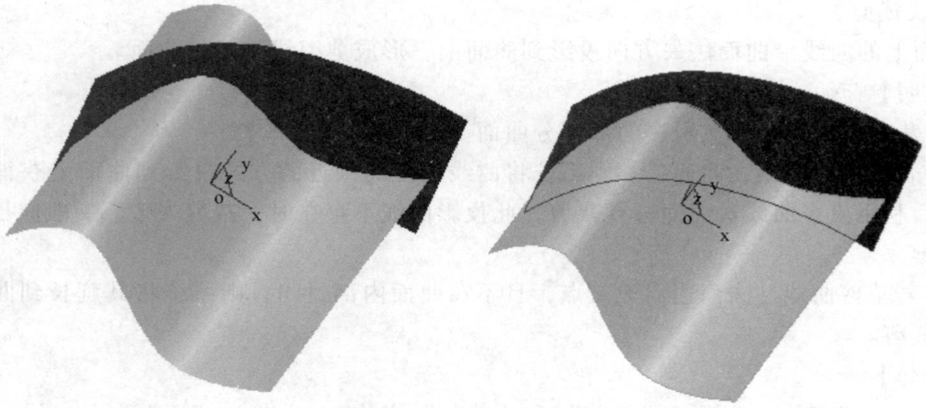

a) b)

图 3-25 面裁剪

>> 注意

1）两曲面在边界线处相交或部分相交以及相切时，可能得不到正确的结果，建议尽量避免。

2）若曲面交线与被裁剪曲面边界无交点，且不在其内部封闭，则系统将交线延长到被裁剪曲面边界后实行裁剪。一般应尽量避免这种情况。

4. 等参数线裁剪

以曲面上给定的等参数线作为剪刀线来裁剪曲面，有裁剪和分裂两种方式。等参数线的给定可以通过立即菜单选择“过点”或者“指定参数”来确定。

【操作】

1）在立即菜单上选择“等参数线裁剪”方式。

2）选择“裁剪”或“分裂”、“过点”或“指定参数”。

3）拾取曲面，选择方向（单击鼠标左键可以改变方向，单击右键确定），裁剪完成，如图 3-26 所示。

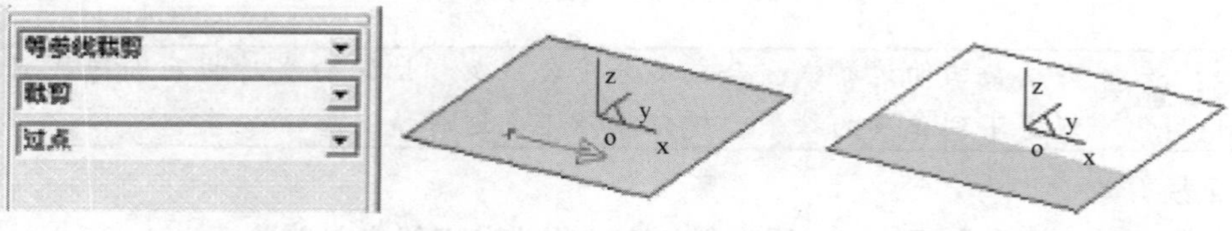

图 3-26 等参数线裁剪操作过程

>> 注意

裁剪时保留拾取点所在的那部分曲面。

5. 裁剪恢复

将拾取到的曲面裁剪部分恢复到没有裁剪的状态。如拾取的裁剪边界是内边界，系统将取消对该边界施加的裁剪；如拾取的是外边界，系统将把外边界恢复到原始边界状态。

3.2.2 曲面过渡

在给定的曲面之间以一定的方式作给定半径或半径规律的圆弧过渡面，以实现曲面之间的光滑过渡。曲面过渡就是用截面是圆弧的曲面将两张曲面光滑连接起来，过渡面不一定过原曲面的边界。

曲面过渡共有七种方式：两面过渡、三面过渡、系列面过渡、曲线曲面过渡、参考线过渡、曲面上线过渡和两线过渡。

【说明】

曲面过渡支持等半径过渡和变半径过渡。变半径过渡是指沿着过渡面半径是变化的过渡方式。不管是线性变化半径还是非线性变化半径，系统都能提供有力的支持。用户可以通过给定导引边界线或给定半径变化规律的方式来实现变半径过渡。

【操作】

1）单击主菜单"造型"→"曲面编辑"→"曲面过渡"，或者直接单击 按钮。

2）选择曲面过渡的方式。

3）根据状态栏提示完成操作。

下面对曲面过渡的七种方式依次进行介绍。

1. 两面过渡

在两个曲面之间进行给定半径或给定半径变化规律的过渡，所生成的过渡面的截面将沿两曲面的法矢方向摆放。

两面过渡有两种方式，即等半径过渡、变半径过渡。

【说明】

等半径两面过渡有裁剪曲面、不裁剪曲面和裁剪指定曲面三种方式。

变半径两面过渡可以拾取参考线，定义半径变化规律，过渡面将从头到尾按此半径变化规律来生成。在这种情况下，依靠拾取的参考线和过渡面中心线之间弧长的相对比例关系来映射半径变化规律。因此，参考曲线越接近过渡面的中心线，就越能在需要的位置上获得给定的精确半径。同样，变半径两面过渡也分为裁剪曲面、不裁剪曲面和裁剪指定由面三种方式。

【操作】

等半径过渡与变半径过渡操作步骤不同，下面分别介绍。

等半径过渡操作步骤如下。

1）在立即菜单中选择"两面过渡"。

2）拾取第一张曲面，并选择方向。

3）拾取第二张曲面，并选择方向，指定方向，曲面过渡完成，如图 3-27 所示。

变半径过渡操作步骤如下。

1）在立即菜单中选择"两面过渡"。

2）拾取第一张曲面，并选择方向。

3）拾取第二张曲面，并选择方向。

4）拾取参考曲线，指定曲线。

5）指定参考曲线上点并定义半径，指定点后弹出立即菜单，在立即菜单中输入半径值。

6）可以指定多点及其半径，所有点都指定完后，按鼠标右键确认，曲面过渡完成，如图 3-28 所示。

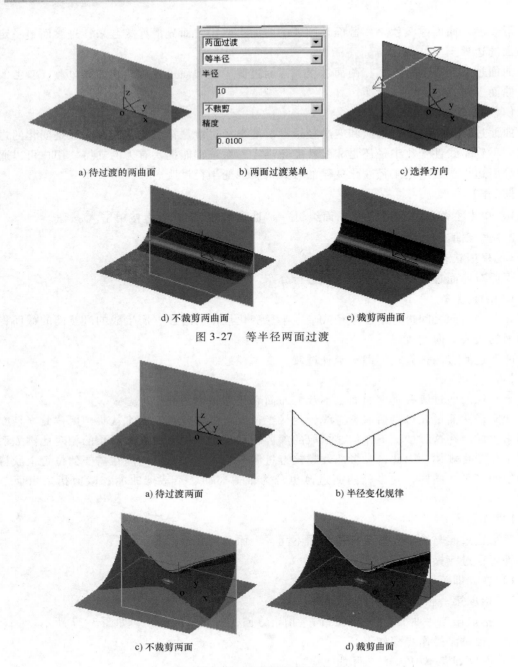

a) 待过渡的两曲面   b) 两面过渡菜单   c) 选择方向

d) 不裁剪两曲面   e) 裁剪两曲面

图 3-27　等半径两面过渡

a) 待过渡两面   b) 半径变化规律

c) 不裁剪两面   d) 裁剪曲面

图 3-28　变半径两面过渡

>> 注意　1）用户需正确地指定曲面的方向，方向不同会导致完全不同的结果。

2）进行过渡的两曲面在指定方向上与距离等于半径的等距面必须相交，否则曲面过渡失败。

3）若曲面形状复杂，变化过于剧烈，使得曲面的局部曲率小于过渡半径时，过渡面将发生自交，形状难以预料，应尽量避免这种情形。

2. 三面过渡

在三张曲面之间对两两曲面进行过渡处理，并用一张角面将所得的三张过渡面连接起来。若两两曲面之间的三个过渡半径相等，称为三面等半径过渡；若两两曲面之间的三个过渡半径不相等，称为三面变半径过渡。

【操作】

等半径过渡与变半径过渡操作步骤不同，下面分别介绍。

1）在立即菜单中选择"三面过渡"、"内过渡"或"外过渡"、"等半径"或"变半径"、是否裁剪曲面，输入半径值。

2）按状态栏中提示拾取曲面，选择方向，曲面过渡完成。

图 3-29 所示为等半径三面内过渡结果；图 3-30 所示为等半径三面外过渡结果。

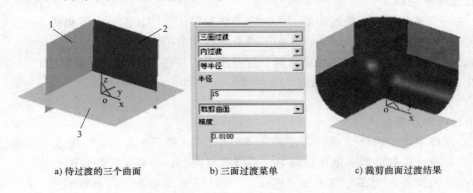

a) 待过渡的三个曲面　　　b) 三面过渡菜单　　　c) 裁剪曲面过渡结果

图 3-29　等半径三面内过渡

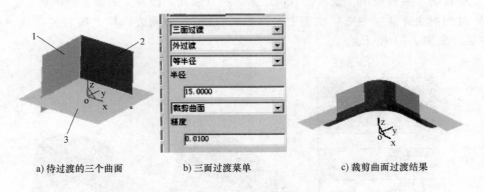

a) 待过渡的三个曲面　　　b) 三面过渡菜单　　　c) 裁剪曲面过渡结果

图 3-30　等半径三面外过渡

【说明】

三面过渡的处理过程是：拾取三个曲面：曲面 1、曲面 2 和曲面 3，并选取每个曲面的过渡方向，给定两两曲面之间的三个过渡半径，如曲面 1 和曲面 2 之间过渡半径为 R12，曲面 2 和曲面 3 之间过渡半径为 R23，曲面 3 和曲面 1 之间过渡半径为 R31。系统首先选取 R12、R23 和 R31 中的最大半径和它对应的两张曲面，假设曲面 1 和曲面 2 之间的 R12 最大，对这两曲面进行两面过渡并自动进行裁剪，形成一个系列面，再用此系列曲面与曲面 3 进行过渡处理，生成三面过渡面。

>> 注意	1）需正确地指定曲面的方向，方向不同会导致完全不同的结果。 2）若曲面形状复杂，变化过于剧烈，使得曲面的局部曲率小于过渡半径时，过渡面将发生自交，形状难以预料，应尽量避免这种情形。

3. 系列面过渡

系列面是指首尾相接、边界重合，并在重合边界处保持光滑连接的多张曲面的集合。系列面过渡就是在两个系列面之间进行过渡处理。

【说明】

1）系列面过渡中支持给定半径的等半径过渡和给定半径呈变化规律的变半径过渡两种方式。在变半径过渡中可以拾取参考线，定义半径变化规律，生成的一串过渡面将依次按此半径变化规律来生成。

2）在一个系列面中，曲面和曲面之间应当尽量保证首尾相连、光滑相接。

3）需正确地指定曲面的方向，方向不同会导致完全不同的结果。

4）若曲面形状复杂，变化过于剧烈，使得曲面的局部曲率小于过渡半径时，过渡面将发生自交，形状难以预料，应尽量避免这种情形。

【操作】

等半径操作步骤如下。

1）在立即菜单中选择"系列面过渡"、"等半径"、是否裁剪曲面，输入半径值。

2）拾取第一系列曲面：依次拾取第一系列所有曲面，拾取完后按右键确认。

3）改变曲线方向（在选定曲面上选取），当显示的曲面方向与所需的不同时，选取该曲面，使曲面方向发生改变，当改变完所有需改变的曲面方向后，按右键确认。

4）拾取第二系列曲面：依次拾取第二系列所有曲面，拾取完后按右键确认。

5）改变曲线方向（在选定曲面上选取），当改变完曲面方向后，按右键确认，系列面过渡完成，如图3-31所示。

a) 等半径系列面过渡菜单

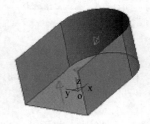
b) 系列面过渡方向

c) 过渡结果

图3-31　等半径系列面过渡

变半径操作步骤如下。

1）在立即菜单中选择"系列面过渡"、"变半径"、是否裁剪曲面。

2）拾取第一系列曲面：依次拾取第一系列所有曲面，按右键确认。

3）改变曲线方向（在选定曲面上选取），当改变完曲面方向后，按右键确认。

4）拾取第二系列曲面：依次拾取第二系列所有曲面，拾取完后按右键确认。

5）改变曲线方向（在选定曲面上选取），当改变完曲面方向后，按右键确认。

6）拾取参考曲线。

7）指定参考曲线上点并定义半径：先指定点，在弹出输入半径对话框后，输入半径值，单击"确定"按钮。指定完要定义的所有点后，按鼠标右键确定，系列面过渡完成，如图3-32所示。

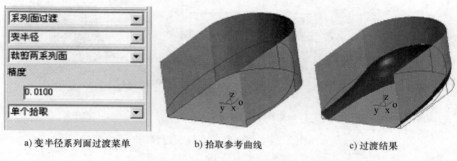

a）变半径系列面过渡菜单　　　b）拾取参考曲线　　　c）过渡结果

图3-32　变半径系列面过渡

>> 注意　　在变半径系列面过渡中，参考曲线只能指定一条曲线。因此，可将系列曲面上的多条相接曲线组合成一条曲线，作为参考曲线；或者也可以指定不在曲面上的曲线。

4. 曲线曲面过渡

过曲面外一条曲线，做曲线和曲面之间的等半径或变半径过渡面。

【操作】

等半径操作步骤如下。

1）在立即菜单中选择"曲线曲面过渡"。

2）拾取曲面。

3）单击所选方向。

4）拾取曲线，曲线曲面过渡完成，如图3-33所示。

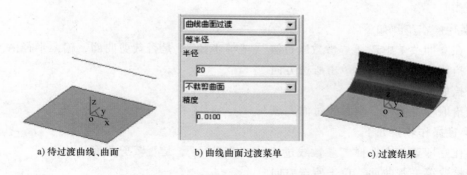

a）待过渡曲线、曲面　　　b）曲线曲面过渡菜单　　　c）过渡结果

图3-33　等半径曲线曲面过渡

变半径操作步骤如下。

1）在立即菜单中选择"曲线曲面过渡"。

2）拾取曲面。

3）单击所选方向。

4）拾取曲线。

5）指定参考曲线上的点，输入半径值，单击"确定"按钮。指定完要定义的所有点后，按右键确定，系列面过渡完成，如图3-34所示。

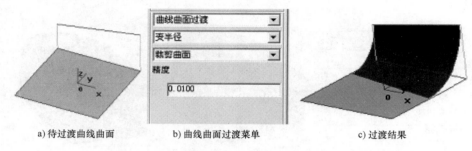

a) 待过渡曲线曲面 b) 曲线曲面过渡菜单 c) 过渡结果

图 3-34 变半径曲线曲面过渡

5. 参考线过渡

给定一条参考线，在两曲面之间做等半径或变半径过渡，所生成的相切过渡面的截面将位于垂直于参考线的平面内。

【说明】

这种过渡方式尤其适用于各种复杂多拐的曲面，其曲率半径较小而需要做大半径过渡的情形。这种情况下，一般的两面过渡生成的过渡曲面将发生自交，不能生成满意、完整的过渡曲面，但在参考线过渡方式中，只要用户选用合适简单的参考曲线，就能获得满意的结果。

 注意   1）参考线应该是光滑曲线。

2）在没有特别要求的情况下，参考线的选取应尽量简单。

3）变半径过渡时，用户可以在参考线上选定一些位置点定义所需要的过渡半径，将获得在给定截面位置上时所需精确半径的过渡曲面。

【操作】

等半径操作步骤如下。

1）在立即菜单中选择"参数线过渡"、"等半径"、是否裁剪曲面，输入半径值。

2）拾取第一张曲面，单击所选方向。

3）拾取第二张曲面。

4）拾取参考曲线，参数线过渡完成。

变半径操作步骤如下。

1）在立即菜单中选择"参数线过渡"、"变半径"、是否裁剪曲面。

2）拾取第一张曲面，单击所选方向。

3）拾取第二张曲面。

4）拾取参考曲线。

5）指定参考曲线上点，输入半径值，单击"确定"按钮。指定完要定义的所有点后，按右键确定，参数线过渡完成，如图3-35所示。

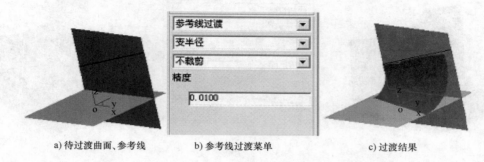

a)待过渡曲面、参考线　　b)参考线过渡菜单　　c)过渡结果

图3-35　变半径参考线过渡

6. 曲面上线过渡

两曲面间作过渡，通过指定第一曲面上的一条线为过渡面的导引边界线的过渡方式。系统生成的过渡面将和两张曲面相切，并以导引线为过渡面的一个边界，即过渡面过此导引线和第二曲面相切。

【说明】

导引线必须光滑，并在第一曲面上，否则系统不予处理。

【操作】

1）在立即菜单中选择"曲面上线过渡"、裁剪两面（或"裁剪曲面1"、"不裁剪"等）。

2）拾取第一张曲面，单击选择方向。

3）拾取第一张曲面上的曲线。

4）拾取第二张曲面，单击选择方向。

5）按右键结束，曲面上线过渡完成，如图3-36所示。

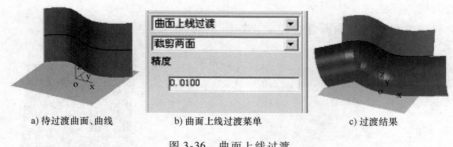

a)待过渡曲面、曲线　　b)曲面上线过渡菜单　　c)过渡结果

图3-36　曲面上线过渡

7. 两线过渡

两曲线间作过渡，生成给定半径的以两曲面的两条边界线或者一个曲面的一条边界线和一条空间脊线为边的过渡面。

两线过渡有两种方式："脊线＋边界线"和"两边界线"。

【操作】

1）在立即菜单中选择"两线过渡"、"脊线＋边界线"或"两边界线"，输入半径值。

2）按状态栏中提示进行操作，如图3-37所示。

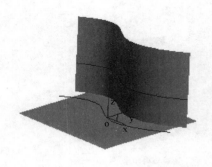

图 3-37　两线过渡

3.2.3　曲面缝合

曲面缝合是指将两张曲面光滑连接为一张曲面。

曲面缝合采用两种方式：曲面切矢 1 和平均切矢进行光滑过渡连接。

【操作】

1）单击主菜单"造型"→"曲面编辑"→"曲面缝合"，或者直接单击 按钮。

2）选择曲面缝合的方式。

3）根据状态栏提示完成操作。

下面具体介绍曲面缝合的两种方式。

1. 曲面切矢 1

采用曲面切矢 1 方式进行曲面缝合，即在第一张曲面的连接边界处按曲面 1 的切方向和第二张曲面进行连接，这样，最后生成的曲面仍保持有曲面 1 形状的部分。

【操作】

1）在立即菜单中选择"曲面切矢 1"。

2）拾取第一张曲面。

3）拾取第二张曲面，曲面缝合完成，如图 3-38 所示。

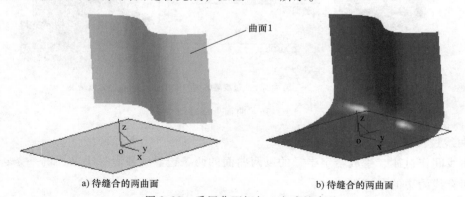

曲面1

a) 待缝合的两曲面　　　　　　　　　　　　b) 待缝合的两曲面

图 3-38　采用曲面切矢 1 方式缝合

2. 平均切矢

采用平均切矢方式进行曲面缝合，在第一张曲面的连接边界处按两曲面的平均切矢方向进行光滑连接，最后生成的曲面在曲面 1 和曲面 2 处都改变了形状。

【操作】

1）在立即菜单中选择"平均切矢"。

2）拾取第一张曲面。

3）拾取第二张曲面，曲面缝合完成，如图3-39所示。

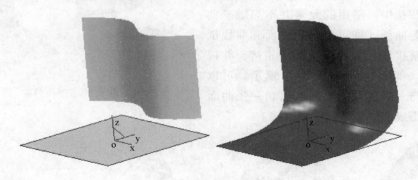

图3-39　采用平均切矢方式缝合

3.2.4　曲面拼接

曲面拼接面是曲面光滑连接的一种方式，它可以通过多个曲面的对应边界，生成一张曲面与这些曲面光滑相接。

曲面拼接共有三种方式：两面拼接、三面拼接和四面拼接。

【说明】

在许多物体的造型中，通过曲面生成、曲面过渡、曲面裁剪等工具生成物体的形面后，总会在一些区域留下一片空缺，我们称之为"洞"。曲面拼接就可以对这种情形进行"补洞"处理。

【操作】

单击"造型"→"曲面编辑"→"曲面拼接"，或单击 按钮。

1．两面拼接

做一曲面，使其连接两给定曲面的指定对应边界，并在连接处保证光滑。当遇到要把两个曲面从对应的边界处光滑连接时，用曲面过渡的方法无法实现，因为过渡面不一定通过两个原曲面的边界。这时就需要用到曲面拼接的功能，过曲面边界光滑连接曲面。

【说明】

拾取时请在需要拼接的曲面边界附近单击曲面。拾取时，需要保证两曲面的拼接边界方向一致，这是由拾取点在边界线上的位置决定，即拾取点与边界线的哪一个端点距离最近，那一个端点就是边界的起点。两个边界线的起点应该一致，这样两个边界线的方向一致。如果两个曲面边界线方向相反，拼接的曲面将发生扭曲，其形状不可预料。

【操作】

1）拾取第一张曲面。

2）拾取第二张曲面，拼接完成，如图3-40所示。

2．三面拼接

做一曲面，使其连接三个给定曲面的指定对应边界，并在连接处保证光滑。

【说明】

三个曲面在角点处两两相接，成为一个封闭区域，而中间留下一个"洞"，三面拼接就能光滑拼接三张曲面及其边界而进行"补洞"处理。

在三面拼接中，使用的元素并不局限于曲面，还可以是曲线，即可以拼接曲面和曲线围成的区域，拼接面和曲面保持光滑相接，并以曲线为边界。如图 3-41 和图 3-42 所示，可以对两张曲面与一条曲线围成的区域和一张曲面和两条曲线围成的区域进行三面拼接。

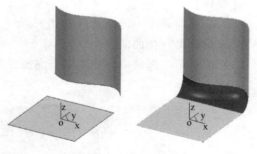

图 3-40　两面拼接

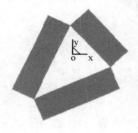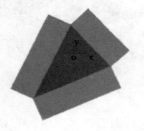

图 3-41　三面拼接

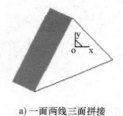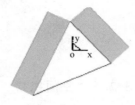

a)一面两线三面拼接　　　b)两面一线三面拼接

图 3-42　包含曲线的三面拼接

【操作】

1）在立即菜单中选择拼接方式。

2）拾取第一张曲面。

3）拾取第二张曲面。

4）拾取第三张曲面，曲面拼接完成。

>> 注意

1）要拼接的三个曲面必须在角点相交，要拼接的三个边界应该首尾相连、形成一串曲线，它可以封闭，也可以不封闭，如图 3-43 所示。

2）操作中，拾取曲线时需先按右键，再单击曲线才能选择曲线。

图 3-43　非封闭区域的三面拼接

3. 四面拼接

做一曲面，使其连接四个给定曲面的指定对应边界，并在连接处保证光滑。

【说明】

四个曲面在角点处两两相接，形成一个封闭区域，但中间留下一个"洞"，四面拼接就能光滑拼接四张曲面及其边界而进行"补洞"处理。

在四面拼接中,使用的元素不仅局限于曲面,还可以是曲线,即可以拼接曲面和曲线围成区域,拼接面和曲面保持光滑相接,并以曲线为边界。四面拼接可以对三张曲面和一条曲线围成的区域、两张曲面和两条曲线围成的区域、一张曲面和三条曲线围成的区域进行四面拼接。其操作方式与三面拼接类似,故此省略。

3.2.5   曲面延伸

在应用中会遇到所做的曲面短了或窄了,无法进行一些操作的情况。这就需要把一张曲面从某条边延伸出去。曲面延伸就是针对这种情况,把原曲面按所给长度沿相切的方向延伸出去,扩大了曲面,以帮助用户进行下一步操作。

【操作】

1) 单击"造型"→"曲面编辑"→"曲面延伸",或单击 按钮。

2) 在立即菜单中选择"长度延伸"或"比例延伸"方式,输入长度或比例值。

3) 状态栏中提示"拾取曲面"时,单击曲面,延伸完成。

 曲面延伸功能不支持裁剪曲面的延伸。

3.2.6   曲面优化

在实际应用中,有时生成的曲面的控制顶点很密很多,会导致对这样的曲面处理起来很慢,甚至会出现问题。曲面优化功能就是在给定的精度范围之内,尽量去掉多余的控制顶点,使曲面的运算效率大大提高。

【操作】

1) 单击"造型"→"曲面编辑"→"曲面优化"或单击 按钮。

2) 在立即菜单中选择"保留原曲面"或"删除原曲面"方式,输入精度值。

3) 状态栏中提示"拾取曲面"时,单击曲面,优化完成。

 曲面优化功能不支持裁剪曲面。

3.2.7   曲面重拟合

在很多情况下,生成的曲面是 NURBS(即控制顶点的权因子不全为 1)表达的,或者有重节点,这样的曲面在某些情况下不能完成运算。这时,需要把曲面修改为 B 样条表达形式(没有重节点,控制顶点权因子全部是 1)。曲面重拟合功能就是把 NURBS 曲面在给定的精度条件下拟合为 B 样条曲面。

【操作】

1) 单击"造型"→"曲面编辑"→"曲面重拟合",或单击 按钮。

2) 在立即菜单中选择"保留原曲面"或"删除原曲面"方式,输入精度值。

3) 状态栏中提示"拾取曲面"时,单击曲面,拟合完成。

CAD/CAM技术应用（CAXA）

>> **注意** 曲面重拟合功能不支持裁剪曲面。

3.3 曲面造型应用案例

案例一 五角星曲面造型

根据图 3-44 所示零件尺寸，完成五角星曲面造型设计。

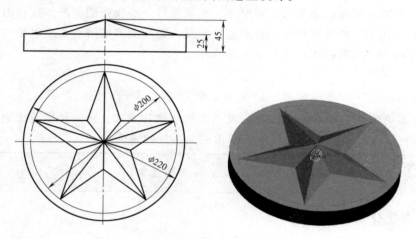

图 3-44 五角星

绘图步骤如下。

1）按 < F5 > 键，选择 XOY 平面为当前绘图平面，坐标原点为平台上表面 φ220 圆心处。

2）做出五角星轮廓线。单击"整圆"按钮"⊕"，在立即菜单中选择"圆心＋半径"，按左下角提示，选择坐标原点为圆心，输入半径：100，按 < Enter > 键，绘出 φ200 整圆。单击"点" ▣ 按钮，在立即菜单中选择"批量点"→"等分点"，输入段数：5，单击鼠标右键，选择 φ200 整圆曲线，得到 5 个等分点，单击右键确认。连直线成五角星，并裁剪多余线段，结果如图 3-45 所示。

3）做出五角星线架。按 < F8 > 键，显示轴测图，单击"直线" ∕ 按钮，在立即菜单中选择"两点线"→"连续"→"正交"→"长度方式"，输入长度：20，选坐标原点为第一点，做出中心柱线（注意：按 < F9 > 键切换作图平面，选择 XOZ 或 YOZ），按右键结束。再单击"直线"按钮 ∕ ，在立即菜单中选择"两点线"→"连续"→"非正交"，连接中心柱线顶点与五

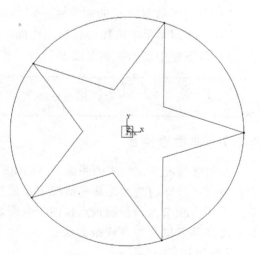

图 3-45 五角星轮廓线

角星各个顶点，结果如图3-46所示。

4）做出五角星曲面。单击"边界面"按钮 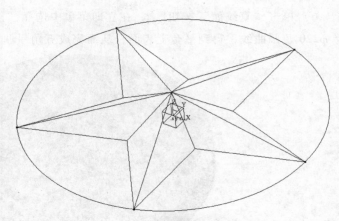，在立即菜单中选择"三边面"，选取三角形各边，得到三角形平面。为了简化作图，得到五角形的一个角后，如图3-47所示。单击"阵列"按钮 ，在立即菜单中选择"圆形"→"均布"→"份数＝5"，选取两个三角形平面，按右键结束拾取元素，选取坐标原点为中心点（注意：按<F9>键切换XOY为作图平面），得到五角星曲面，如图3-48所示。

图3-46　五角星线架

5）作圆柱平台曲面。以坐标原点为圆心，在XOY平面绘制φ220整圆，单击"扫描面"按钮 ，在立即菜单中输入扫描距离：25，单击右键；根据左下角提示"输入扫描方向"，按空格键，在快捷菜单中选择"Z轴负方向"，如图3-49所示。拾取φ220整圆曲线，得到圆柱面，如图3-50所示。

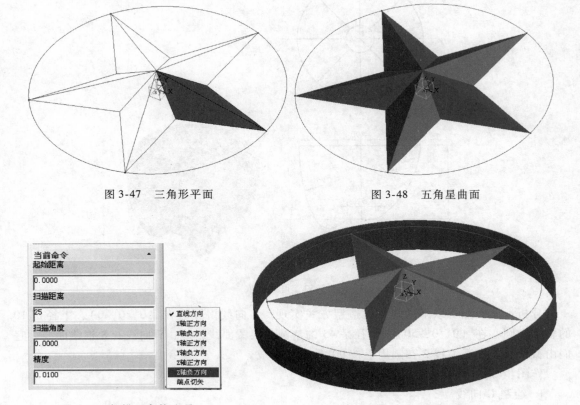

图3-47　三角形平面　　　　　　　　　　图3-48　五角星曲面

图3-49　扫描面参数选项　　　　　　　　图3-50　φ220圆柱面

6）单击"直纹面"按钮，在立即菜单中选择"点+曲线"，先选取坐标原点，再选择 $\phi220$ 整圆曲线，得到平台上表面，从而完成五角星曲面造型，如图3-51所示。

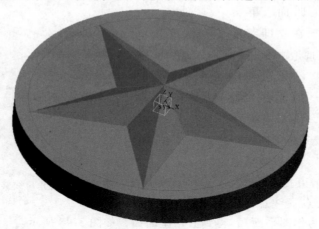

图 3-51　五角星曲面造型

案例二　可乐瓶底曲面造型

根据图3-52所示零件尺寸，完成可乐瓶底的曲面造型。

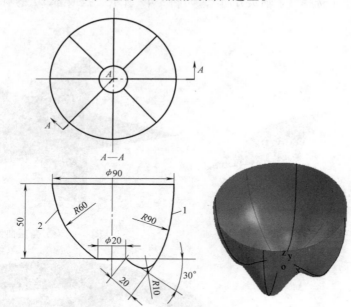

图 3-52　可乐瓶底

分析：此曲面可以采用网格面造型方式实现。U向线由圆心在（0，0，0）、半径是10的整圆和圆心在（0，0，50）、半径是45的整圆2根截面线组成；V向线有8根截面线，它们由截面线1和截面线2在圆周上按90°均布所形成。

作图步骤如下。

1. 绘制U向线

根据圆心和半径做出两个整圆，如图3-53所示。

2. 绘制 V 向线

1）绘制截面线 1：按 < F9 > 键切换作图平面为 XOZ，①单击 "直线" →选择 "角度线"、"X 轴夹角"、"角度 = -30"，按左下角状态栏提示，以 φ20 整圆与 X 轴交点为第一点，输入长度 20，按回车键 < Enter > 完成，如图 3-54 所示；②单击 "圆弧" →选择 "两点_半径"，按左下角提示，以 -30°斜线端点为第一点，输入（45，0，50）为第二点，"输入半径 R = 90"，按回车键完成，如图 3-55 所示；③单击 "曲线过渡" →选择 "半径 = 10"、"裁剪曲线 1"、"裁剪曲线 2"，分别拾取斜线和圆弧线，结果如图 3-56 所示。（注意，将此三段曲线组合）

2）绘制截面线 2：单击 "圆弧" →选择 "两点_半径"，按左下角提示，以 φ20 整圆与 -X 轴交点为第一点，输入（-45，0，50）为第二点，"输入半径 R = 60"，按回车键完成，如图 3-57 所示。

3）将截面线 1 绕 Z 轴旋转 45°：单击 "旋转" →选择 "移动"、"角度 = 45"，按左下角提示，拾取旋转轴起点、终点，拾取截面线 1，单击鼠标右键完成，如图 3-58 所示。

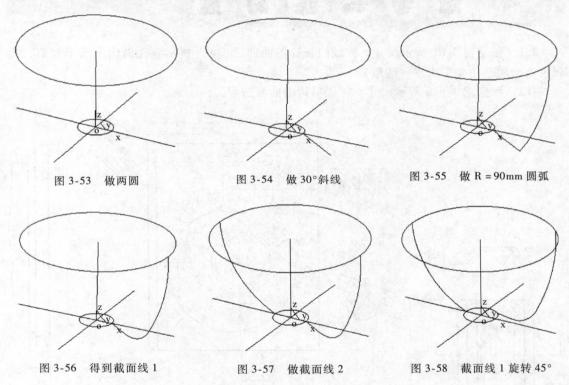

图 3-53 做两圆 图 3-54 做 30°斜线 图 3-55 做 R = 90mm 圆弧

图 3-56 得到截面线 1 图 3-57 做截面线 2 图 3-58 截面线 1 旋转 45°

4）旋转拷贝截面线：单击 "旋转" →选择 "拷贝"、"份数 = 4"、"角度 = 90"，按左下角提示，拾取旋转轴起点、终点，拾取截面线 1，单击鼠标右键完成；同样，旋转拷贝截面线 2，如图 3-59 所示。

3. 生成曲面

单击 "网格面" →按左下角提示，分别拾取 2 个整圆为 U 向截面线，单击鼠标右键确认，再按照状态栏提示，依次拾取 8 根截面线为 V 向截面线，单击鼠标右键完成可乐瓶底曲面造型，如图 3-60 所示。

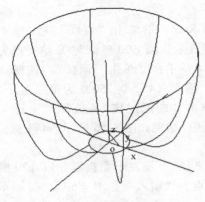

图 3-59　旋转拷贝截面线

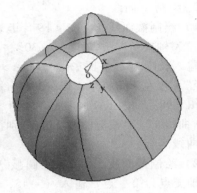

图 3-60　可乐瓶底曲面造型

思 考 与 练 习 题

3-1　根据图 3-61 所示尺寸，完成门板拴的曲面造型。（提示：先做出上或下表面，再利用曲面加厚功能完成零件造型）

3-2　根据图 3-62a 所示尺寸，完成吊钩的曲面造型。

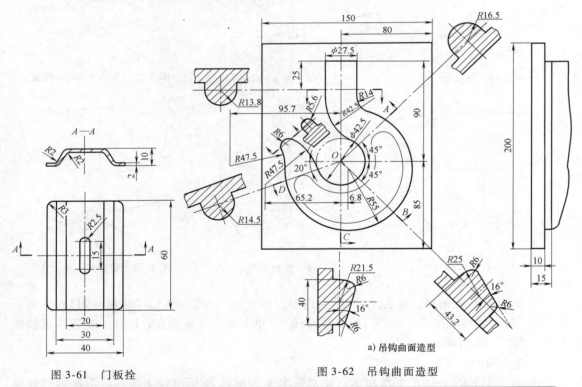

图 3-61　门板拴

a) 吊钩曲面造型

图 3-62　吊钩曲面造型

>> 提示　　不包括 R6 段，将吊钩内、外轮廓线做成两条 U 向截面线，各剖面轮廓线作为 V 向截面线，使用网格面功能做出吊钩曲面，如图 3-62b 所示。

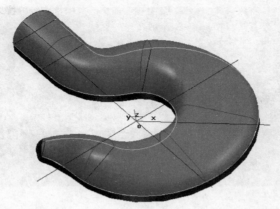

b)U向与V向线

图 3-62　吊钩曲面造型（续）

3-3　根据图 3-63 所示尺寸，完成鼠标的曲面造型。

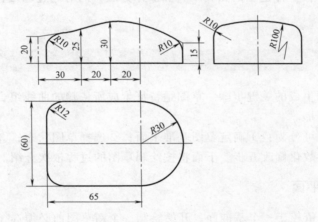

图 3-63　鼠标

3-4　根据图 3-64 所示尺寸，完成喇叭口零件的曲面造型。

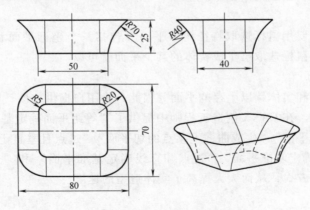

图 3-64　喇叭口

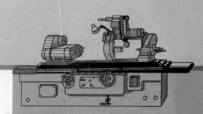

第4章

特征实体造型

学习目标

本章首先讲解草图的概念以及草图的绘制、编辑方式，通过特征实体的生成、编辑和几何变换，使学习者掌握实体造型的相关工具和操作方法，同时通过练习，学会分析解决实际问题的手段和技巧。

4.1 草图

草图绘制是特征生成的关键步骤。草图是特征生成所依赖的曲线组合，是为特征造型准备的一个平面封闭图形。

绘制草图的过程可分为：①确定草图基准平面；②选择草图状态；③图形的绘制；④图形的编辑；⑤草图参数化修改五步。下面将按绘制草图的过程依次介绍。

4.1.1 确定基准平面

草图中曲线必须依赖于一个基准面，开始绘制一个新草图前必须选择一个基准面。基准面可以是特征树中已有的坐标平面（如 XOY、XOZ、YOZ 坐标平面），也可以是实体表面的某个平面，还可以是构造出的平面。

1. 选择基准平面

选择很简单，只要用鼠标选取特征树中平面（包括三个坐标平面和构造的平面）中的任何一个，或直接用鼠标选取已生成实体的某个平面就可以。

2. 构造基准平面

基准平面是草图和实体赖以生存的平面。因此，为用户提供方便、灵活的构造基准平面的方法是非常重要的。在 CAXA 制造工程师中提供了"等距平面确定基准平面""过直线与平面成夹角确定基准平面""生成曲面上某点的切平面""过点且垂直于曲线确定基准平面""过点且平行于平面确定基准平面""过点和直线确定基准平面"和"三点确定基准平面"七种构造基准平面的方式，从而大大提高了实体造型的速度。

【操作】

1）单击"造型"→"特征生成"→"基准面"命令，或单击 按钮，出现"构造基准面"对话框，如图 4-1 所示。

2）在对话框中选取所需的构造方式，依照"构造方法"下的提示做相应操作，单击"确定"按钮后这个基准面就做好了。在特征树中，可见新增了刚刚做好的这个基准平面。

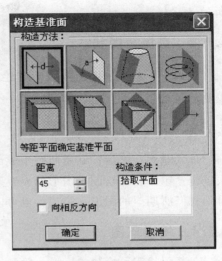

图4-1 "构造基准面"对话框

【参数】

构造基准平面的方法包括以下几种："等距平面确定基准平面""过直线与平面成夹角确定基准平面""生成曲面上某点的切平面""过点且垂直于直线确定基准平面""过点且平行于平面确定基准平面""点和直线确定基准平面""三点确定基准平面""根据当前坐标系构造基准面"。

构造条件中主要是需要拾取的各种元素。前两种分别包括以下参数。

距离：指生成平面距参照平面的尺寸值，可以直接输入所需数值，也可以单击按钮来调节。

向相反方向：指与默认方向相反的方向。

角度：指生成平面与参照平面所夹锐角的尺寸值，可以直接输入所需数值，也可以单击按钮来调节。

>> 注意 拾取时要满足各种不同构造方法给定的拾取条件。

【举例】构造一个在 Z 轴负方向与 XOY 平面相距 50mm 的基准面。

1）按 <F8> 键，使绘图区处于三坐标显示方式。

2）单击 ◈ 按钮，出现"构造基准面"对话框。

3）取第一个构造方法："等距平面确定基准平面"。

先用鼠标单击"构造条件"中的"拾取平面"，然后再选取特征树中的 XOY 平面。这时，构造条件中的"拾取平面"显示"平面准备好"。同时，在绘图区显示的红色虚线框代表 XOY 平面，绿色线框则表示将要构造的基准平面。

4）在"距离"文本框中输入"50"。

5）勾选"向相反方向"复选框，并单击"确定"按钮。

经过以上五步，一个在 Z 轴负方向与 XOY 平面相距 50mm 的基准面就做好了，如图4-2

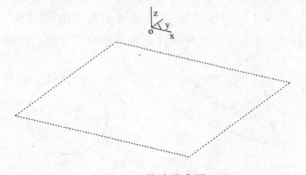

图4-2 构造基准面

所示。

4.1.2　选择草图状态

选择一个基准平面后，按下"绘制草图"按钮，在特征树中添加了一个草图树枝，表示已经处于草图状态，即开始了一个新草图的绘制。

4.1.3　草图绘制

进入草图状态后，利用曲线生成命令绘制需要的草图即可。草图的绘制可以通过两种方法进行：第一，先绘制出图形的大致形状，然后通过草图参数化功能对图形进行修改，最终得到我们所期望的图形；第二，也可以直接按照标准尺寸精确作图。

4.1.4　编辑草图

在草图状态下绘制的草图一般要进行编辑和修改。在草图状态下进行的编辑操作只与该草图相关，不能编辑其他草图曲线或空间曲线。

若退出草图状态后，如果还想修改某基准平面上已有的草图，则只需在特征树中选取这一草图，按下"绘制草图"按钮或将鼠标指针移到特征树的草图上，按右键在弹出的立即菜单中选择编辑草图，进入草图状态，也就是说这一草图被打开了。草图只有处于打开状态时，才可以被编辑和修改。

4.1.5　草图参数化修改

在草图环境下，可以任意绘制曲线，可不必考虑坐标和尺寸的约束。然后对绘制的草图标注尺寸，接下来只需改变尺寸的数值，二维草图就会随着给定的尺寸值而变化达到最终希望的精确形状，这就是草图参数化功能，也就是尺寸驱动功能。CAXA 制造工程师还可以直接读取非参数化的 EXB、DXF、DWG 等格式的图形文件，在草图中对其进行参数化重建。草图参数化修改适用于图形的几何关系保持不变，只对某一尺寸进行修改。尺寸驱动模块中共有三个功能：尺寸标注、尺寸编辑和尺寸驱动。下面依次进行详细介绍。

1. 尺寸标注

在草图状态下，对所绘制的图形标注尺寸。

【操作】

1）单击"造型"→"尺寸"→"尺寸标注"，或者直接单击按钮。

2）拾取尺寸标注元素：拾取另一尺寸标注元素或指定尺寸线的位置，操作完成，如图 4-3

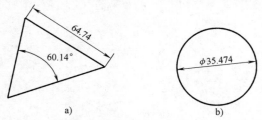

图 4-3　草图尺寸标注

所示。

　在非草图状态下，不能标注尺寸。

2. 尺寸编辑

在草图状态下，对标注的尺寸进行标注位置上的修改。

【操作】

1）单击"造型"→"尺寸"→"尺寸编辑"，或者直接单击"🔧"按钮。

2）拾取需要编辑的尺寸元素，修改尺寸线位置，尺寸编辑完成。

注意　在非草图状态下，不能编辑尺寸。

3. 尺寸驱动

尺寸驱动用于修改某一尺寸，而图形的几何关系保持不变。

【操作】

1）单击"造型"→"尺寸"→"尺寸驱动"，或者直接单击"🔧"按钮。

2）拾取要驱动的尺寸，弹出半径对话框。输入新的尺寸值，尺寸驱动完成，如图 4-4 所示。

　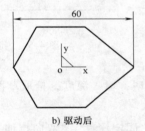

a) 驱动前　　　　　　　　b) 驱动后

图 4-4　尺寸驱动

注意　在非草图状态下，不能驱动尺寸。

4.1.6　草图环检查

检查草图环是否封闭。当草图环封闭时，系统提示"草图不存在开口环"；当草图环不封闭时，系统提示"草图在标记处为开口状态"，并在草图中用红色的点标记出来。

【操作】

单击"造型"→"草图环检查"，或者直接单击 📐 按钮，系统弹出草图是否封闭的提示。

4.1.7　退出草图状态

当草图编辑完成后，单击"绘制草图"按钮 ✏️，该按钮弹起表示退出草图状态。只有退出草图状态后才可以生成特征。

4.2　轮廓特征

4.2.1　拉伸增料

将一个轮廓曲线根据指定的距离做拉伸操作，用以生成一个增加材料的特征。

【操作】

1）单击"造型"→"特征生成"→"增料"→"拉伸"，或者直接单击" ⓡ "按钮，弹出"拉伸增料"对话框，如图4-5所示。

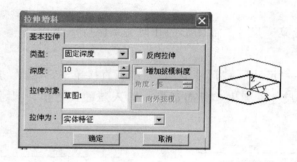

图4-5　"拉伸增料"对话框

2）选取拉伸类型，填入深度，拾取草图，单击"确定"按钮完成操作。

【参数】

拉伸类型包括"固定深度""双向拉伸"和"拉伸到面"。

（1）固定深度　它指按照给定的深度数值进行单向的拉伸。

深度：指拉伸的尺寸值，可以直接输入所需数值。

拉伸对象：指对需要拉伸的草图的选取。

反向拉伸：指与默认方向相反的方向进行拉伸。

增加拔模斜度：指使拉伸的实体带有锥度，如图4-6所示。

角度：指拔模时母线与中心线的夹角。

向外拔模　指与默认方向相反的方向进行操作，如图4-7所示。

（2）双向拉伸　它指以草图为中心，向相反的两个方向进行拉伸，深度值以草图为中心平分。

（3）拉伸到面　它指拉伸位置以曲面为结束点进行拉伸，需要选择要拉伸的草图和拉伸到的曲面，如图4-8所示。

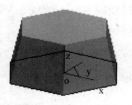

图4-6　增加拔模斜度

薄壁特征：在"拉伸增料"对话框中，选择"拉伸为：薄壁特征"选项，如图4-9所示。在"薄壁特征"选项卡中，选取相应的

"薄壁类型"以及"厚度",如图4-10所示,单击"确定"按钮完成,结果如图4-11所示。

图4-7 向外拔模

图4-8 拉伸到面

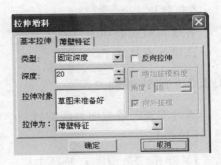

图4-9 选择"拉伸为:薄壁特征"

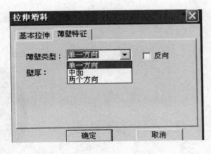

图4-10 "薄壁特征"选项卡

图4-11 薄壁特征生成实体

>> 注意

1)在进行"双面拉伸"时,拔模斜度可用。

2)在进行"拉伸到面"时,要使草图能够完全投影到这个面上,如果面的范围比草图小,会造成操作失败。

3)在进行"拉伸到面"时,"深度"和"反向拉伸"不可用。

4)在进行"拉伸到面"时,可以给定拔模斜度。

5)草图中隐藏的线不能参与特征拉伸。

6)在生成薄壁特征时,草图图形可以是封闭的,也可以不是封闭的,不封闭的草图其草图线段必须是连续的。

4.2.2 拉伸除料

在一个特征实体上,将一个轮廓曲线根据指定的距离做拉伸操作,用以生成一个减去材料的特征。

【操作】

1)单击"造型"→"特征生成"→"除料"→"拉伸",或者直接单击  按钮,弹出"拉伸除料"对话框,如图4-12所示。

2)选取拉伸类型,输入深度值,拾取草图,

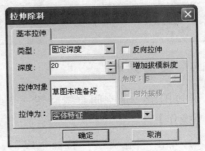

图4-12 "拉伸除料"对话框

单击"确定"按钮完成操作。

【参数】

各项参数功能和使用方法基本与拉伸增料中的特征相同，只是除料是除去一个实体特征。这里就不复述了。

4.2.3　旋转增料

通过围绕一条空间直线旋转一个或多个封闭轮廓，增加生成一个特征。

【操作】

1）单击"造型"→"特征生成"→"增料"→"旋转"，或者直接单击 按钮，弹出"旋转"对话框，如图4-13所示。

2）选取旋转类型，输入角度值，拾取草图和轴线，单击"确定"按钮完成操作。图4-14、图4-15为旋转增料示例。

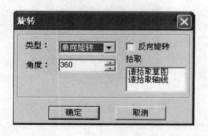

图4-13　"旋转"对话框　　图4-14　在草图绘圆和轴线　　图4-15　旋转增料特征

【参数】

旋转类型包括"单向旋转""对称旋转"和"双向旋转"。

（1）单向旋转　它是指按照给定的角度数值进行单向的旋转。

角度：是指旋转的尺寸值，可以直接输入所需数值，也可以单击按钮来调节。

反向旋转：是指与默认方向相反的方向进行旋转。

拾取：是指对需要旋转的草图和轴线的选取。

（2）对称旋转　它是指以草图为中心，向相反的两个方向进行旋转，角度值以草图为中心进行平分。

（3）双向旋转　它是指以草图为起点，向两个方向进行旋转，角度值分别输入。

 注意　轴线是空间曲线，需要退出草图状态后绘制。

4.2.4　旋转除料

通过围绕一条空间直线旋转一个或多个封闭轮廓，移除生成一个特征。

【操作】

1）单击"造型"→"特征生成"→"除料"→"旋转"，或者直接单击 按钮，弹出"旋转除料"对话框。

2）选取旋转类型，填入角度，拾取草图和轴线，单击"确定"按钮完成操作。

【参数】

各项参数功能和使用方法基本与旋转增料中的特征相同，只是除料是除去一个实体特征。这里就不复述了。

>> **注意**　轴线是空间曲线，需要退出草图状态后绘制。

4.2.5　放样增料

根据多个截面线轮廓生成一个实体。截面线应为草图轮廓。

【操作】

1）单击"造型"→"特征生成"→"增料"→"放样"，或者直接单击 按钮，弹出"放样"对话框。

2）选取轮廓线，单击"确定"按钮完成操作。图4-16、图4-17、图4-18为放样增料示例。

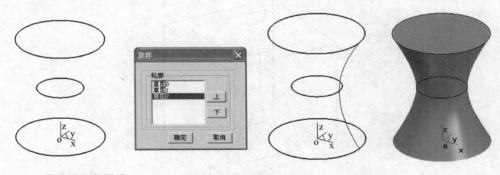

图4-16　待放样的草图线　　　　图4-17　拾取草图　　　　图4-18　放样增料结果

【参数】

轮廓：是指对需要放样的草图。

"上"和"下"：是指调节拾取草图的顺序。

>> **注意**　1）轮廓按照操作中的拾取顺序排列。
2）拾取轮廓时，要注意状态栏的指示，因拾取不同的边，不同的位置，会产生不同的结果。

4.2.6　放样除料

根据多个截面线轮廓移出一个实体。截面线应为草图轮廓。

【操作】

1）单击"造型"→"特征生成"→"除料"→"放样"，或者直接单击 按钮，弹出"放样除料"对话框。

2）选取轮廓线，单击"确定"按钮完成操作。图4-19、图-20、图4-21为放样除料示例。

【参数】

轮廓：是指对需要放样的草图。

上和下：是指调节拾取草图的顺序。

图 4-19 待放样除料的草图线

图 4-20 拾取草图线

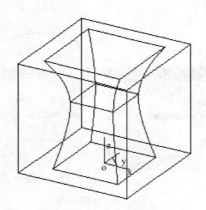

图 4-21 放样除料结果

>> 注意　1）轮廓按照操作中的拾取顺序排列。

2）拾取轮廓时，要注意状态栏的指示，因拾取不同的边，不同的位置，会产生不同的结果。

4.2.7 导动增料

将某一截面曲线或轮廓线沿着另外一条轨迹线运动生成一个特征实体。截面线应为封闭的草图轮廓，截面线的运动形成了导动曲面。

【操作】

1）绘制完截面草图和导动曲线后，单击"造型"→"特征生成"→"增料"→"导动"，或者直接单击 按钮。系统会弹出相应的"导动"对话框。

2）按照对话框中的提示"先拾取轨迹线，右键结束拾取"，先用鼠标左键选取导动线

的起始线段，根据状态栏的提示"确定链搜索方向"，单击鼠标左键确认拾取完成，如图
4-22、图 4-23、图 4-24 所示。

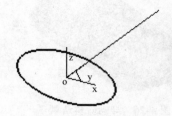

图 4-22　待导动的截面线

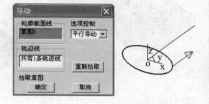

图 4-23　填写对话框

图 4-24　导动增料结果

【参数】

轮廓截面线：指需要导动的草图，截面线应为封闭的草图轮廓。

轨迹线：指草图导动所沿的路径。

选型控制中包括"平行导动"和"固接导动"两种方式。

平行导动：指截面线沿导动线的趋势始终平行其自身移动而生成的特征实体。

固接导动：指在导动过程中，截面线和导动线保持固接关系，即让截面线平面与导动线
的切矢方向保持相对角度不变，而且截面线在自身相对坐标系中的位置关系保持不变，截面
线沿导动线变化的趋势导动生成特征实体。

导动反向：指与默认方向相反的方向进行导动。

>> **注意**

1）导动方向和导动线链搜索方向选择要正确。

2）导动的起始点必须在截面草图平面上。

3）导动线可以由多段曲线组成，但是曲线间必须是光滑过渡的。

4.2.8　导动除料

将某一截面曲线或轮廓线沿着另外一条轨迹线运动移出一个特征实体。截面线应为封闭
的草图轮廓，截面线的运动形成了导动曲面。

【操作】

1）单击"造型"→"特征生成"→"除料"→"导动"，或者直接单击 按钮，弹出"导
动"对话框。

2）选取轮廓截面线和轨迹线，具体方法与导动增料一致，这里就不再复述了。单击
"确定"完成操作，如图 4-25、图 4-26 所示。

4.2.9　曲面加厚增料

对指定的曲面按照给定的厚度和方向生成实体。

【操作】

1）单击"造型"→"特征生成"→"增料"→"曲面加厚"，或者直接单击 按钮，弹出
"曲面加厚"对话框。

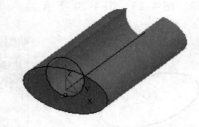

图 4-25 导动除料操作　　　　　　　　　　图 4-26 导动除料结果

2）填入厚度，确定加厚方向，再拾取曲面，单击"确定"按钮完成操作，如图 4-27、图 4-28 所示。

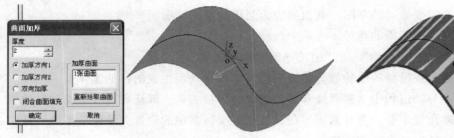

图 4-27 曲面加厚增料操作　　　　　　　　图 4-28 曲面加厚结果

【参数】

厚度：指对曲面加厚的尺寸，可以直接输入所需数值，也可以单击按钮来调节。

加厚方向 1：指沿曲面的法线方向加厚生成实体。

加厚方向 2：指沿与曲面法线相反的方向加厚生成实体。

双向加厚：指从两个方向对曲面进行加厚，生成实体。

加厚曲面：指需要加厚的曲面。

闭合曲面填充：将封闭的曲面生成实体。它能实现以下几种功能：闭合曲面填充、闭合曲面填充增料、曲面融合、闭合曲面填充减料。

1. 闭合曲面填充

1）绘制完封闭的曲面后，单击"造型"→"特征生成"→"增料"→"曲面加厚"，或者直接单击 按钮，系统弹出"曲面加厚"对话框，选择"闭合曲面填充"选项。

2）在对话框中选择适当的精度，按照系统提示，拾取所有曲面，单击"确定"按钮完成，如图 4-29、图 4-30 所示。

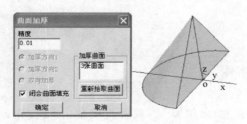

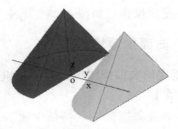

图 4-29 闭合曲面填充操作　　　图 4-30 闭合曲面填充为实体（将曲面移出）

2. 闭合曲面填充增料

1）闭合曲面填充增料是在原来实体零件的基础上，根据闭合曲面，增加一个实体，和原来的实体构成一个新的实体零件。闭合曲面区域和原实体必须相接触，此外该曲面也必须是闭合的。

2）闭合曲面填充增料的方法和命令路径与闭合曲面填充的方法一致，如图 4-31、图 4-32 所示。

图 4-31　实体和封闭曲面　　　　　　　图 4-32　闭合曲面填充操作结果（移出曲面）

3. 曲面融合

曲面融合是在实体上用曲面与当前实体围成一个区域，把该区域填充成实体。其方法和命令路径与闭合曲面填充的方法一致，如图 4-33、图 4-34 所示。

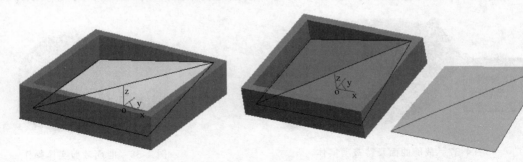

图 4-33　实体与曲面　　　　　　　　　图 4-34　融合后新实体（移出曲面）

4.2.10　曲面加厚除料

对指定的曲面按照给定的厚度和方向进行移出的特征修改。

【操作】

1）单击"造型"→"特征生成"→"除料"→"曲面加厚"；或者直接单击 按钮，弹出"曲面加厚"对话框。

2）输入厚度值，确定加厚方向，再拾取曲面，单击"确定"按钮完成操作，如图 4-35、图 4-36 所示。

参数的定义与曲面加厚增料相同，在此不再复述。

闭合曲面填充减料：用闭合曲面围成的区域裁剪当前实体。其操作与闭合曲面填充

图 4-35　曲面加厚除料操作

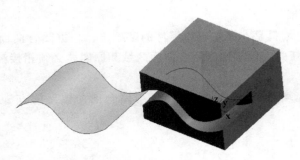

图 4-36　操作结果（移出曲面）

增料类似。

4.2.11　曲面裁剪

用生成的曲面对实体进行修剪，去掉不需要的部分。

【操作】

1）单击"造型"→"特征生成"→"除料"→"曲面裁剪"；或者直接单击 ⊠ 按钮，弹出"曲面裁剪除料"对话框。

2）拾取曲面，确定除料方向，单击"确定"按钮完成操作，如图 4-37、图 4-38 所示。

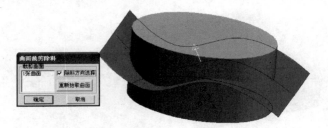

图 4-37　裁剪曲面及待裁剪实体

图 4-38　曲面裁剪实体操作

【参数】

裁剪曲面：指对实体进行裁剪的曲面，参与裁剪的曲面可以是多张边界相连的曲面。

除料方向选择：是指除去哪一部分实体的选择，分别按照不同方向生成实体。

重新拾取曲面：可以以此来重新选择裁剪所用的曲面。

>> 注意　曲面裁剪是一种最常用的获得实体上曲面的方法。

4.3　特征处理

CAXA 制造工程师 2013 提供了功能强大的、操作方便灵活的多种编辑修改特征实体和生成筋板、孔等结构的方法，分别是过渡、倒角、孔、拔模、抽壳、筋板、线性阵列和环形阵列。用户可以通过选择"特征工具条"和"应用"菜单下的"特征生成"子菜单，生成各种新的三维实体。

4.3.1 过渡

过渡是以给定半径或半径规律在实体间作光滑（曲面）过渡。

【操作】

1）单击"造型"→"特征生成"→"过渡"；或者直接单击 按钮，弹出"过渡"对话框。

2）输入半径值，确定过渡方式和结束方式，选择变化方式，拾取需要过渡的元素，单击"确定"按钮完成操作。

【参数】

半径：指过渡圆角的尺寸值，可以直接输入所需数值，也可以单击按钮来调节。

过渡方式：有两种，分别为等半径和变半径。

等半径：指整条边或面以固定的尺寸值进行过渡。

变半径：指边或面以渐变的尺寸值进行过渡，需要分别指定各点的半径。图4-39、图4-40为等半径过渡与变半径过渡的区别。

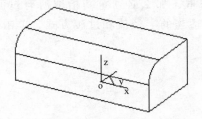

图4-39 等半径过渡

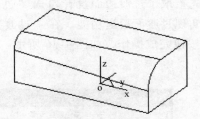

图4-40 变半径过渡

结束方式：有三种，分别为默认方式、保边方式和保面方式。

默认方式：指以系统默认的保边或保面方式进行过渡。

保边方式：指线面过渡，如图4-41、图4-42所示。

图4-41 保边方式过渡操作

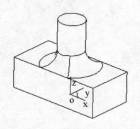

图4-42 保边方式过渡结果

保面方式：指面面过渡，如图4-43所示。

线性变化：指在变半径过渡时，过渡边界为直线。

光滑变化：指在变半径过渡时，过渡边界为光滑的曲线。

需要过渡的元素：指需要过渡的实体上的边或者面。

顶点：指在边半径过渡时，所拾取的边上的顶点。

　　沿切面顺延：指在相切的几个表面的边界上拾取一条边时，可以将边界全部过渡，先将竖的边过渡后，再用此功能选取一条横边，结果如图4-44所示。

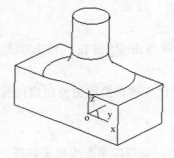

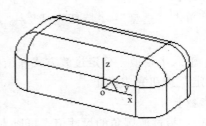

图4-43　保面方式过渡结果

图4-44　沿切面顺延

　　过渡面后退：零件在使用过渡特征时，可以使用"过渡面后退"使过渡变得缓慢光滑。使用"过渡面后退"功能时，首先要选择"过渡面后退"选项，然后再拾取过渡边及每条边所需要的后退距离（每条边的后退距离可以是相等的，也可以不相等），如图4-45所示。如果先拾取了过渡边而没有勾选"过渡面后退"复选框，那么必须重新拾取所有过渡边，才能实现过渡面后退功能。在"过渡"对话框中选择适当的半径值和过渡方式，单击"确定"按钮完成操作，如图4-46所示。

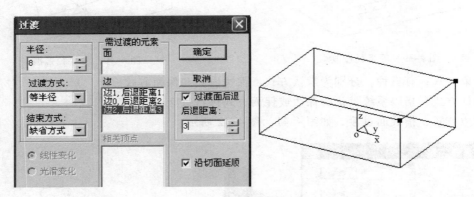

图4-45　过渡面后退操作

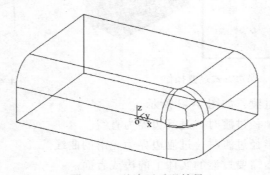

图4-46　过渡面后退结果

| 注意 | 1）在进行变半径过渡时，只能拾取边，不能拾取面。
2）变半径过渡时，注意控制点的顺序。
3）在使用"过渡面后退"功能时，过渡边不能少于3条且有公共点。 |

4.3.2　倒角

倒角是对实体的棱边进行光滑过渡。

【操作】

1）单击"造型"→"特征生成"→"倒角"；或者直接单击 按钮，弹出"倒角"对话框。

2）输入距离和角度值，拾取需要倒角的元素，单击"确定"按钮完成操作。

【参数】

距离：指倒角边的尺寸值，可以直接输入所需数值，也可以单击按钮来调节。

角度：指所倒角度的数值，可以直接输入所需数值，也可以单击按钮来调节。

需倒角的元素：指需要过渡的实体上的边。

反方向：指与默认方向相反的方向进行操作，分别按照两个方向生成实体，结果如图4-47所示。

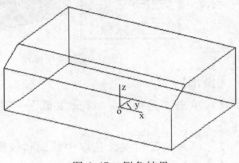

图4-47　倒角结果

| 注意 | 两个平面的棱边才可以倒角。 |

4.3.3　孔

孔是在平面上直接去除材料生成各种类型的孔。

【操作】

1）单击"造型"→"特征生成"→"孔"；或者直接单击 按钮，弹出"孔"对话框。

2）拾取打孔平面，选择孔的类型，指定孔的定位点，单击"下一步"按钮。

3）填入孔的参数，单击"确定"按钮完成操作，如果如图4-48所示。

【参数】

主要包含不同孔的直径、深度，沉孔和钻头的参数等。

通孔：指将整个实体贯穿。

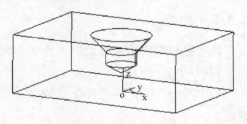

图4-48　打孔结果

| 注意 | 1）通孔时，深度不可用。
2）指定孔的定位点时，单击平面后按＜Enter＞键，可以输入打孔位置的坐标值。 |

4.3.4 拔模

拔模是保持中性面与拔模面的交线不变（即以此交线为旋转轴），对拔模面进行相应拔模角度的旋转操作。

此功能用来对几何面的倾斜角进行修改。如图4-49、图4-50所示，可通过拔模操作把某直孔修改成带一定拔模角的斜孔。

  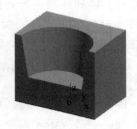

图4-49 拔模操作 　　　　　　　　图4-50 拔模结果

【操作】

1）单击"造型"→"特征生成"→"拔模"；或者直接单击 按钮，弹出"拔模"对话框。

2）填入拔模角度，选取中性面和拔模面，单击"确定"按钮完成操作。

【参数】

拔模角度：指拔模面法线与中立面所夹的锐角。

中立面：指拔模的起始位置。

拔模面：需要进行拔模的实体表面。

向里：指与默认方向相反，分别按照两个方向生成实体。

>> 注意　拔模角度不要超过合理值。

4.3.5 抽壳

抽壳是根据指定壳体的厚度将实心物体抽成内空的薄壳体。

【操作】

1）单击"造型"→"特征生成"→"抽壳"；或者直接单击 按钮，弹出"抽壳"对话框。

2）输入抽壳厚度值，选取需抽去的面，单击"确定"按钮完成操作。

【参数】

厚度：指抽壳后实体的壁厚。

需抽去的面：指要拾取、去除材料的实体表面。

向外抽壳：指与默认抽壳方向相反，在同一个实体上分别按照两个方向生成实体，如图4-51、图4-52所示。

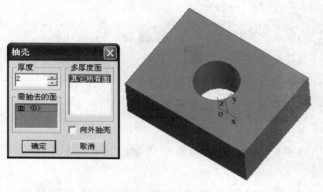

图 4-51　抽壳操作

图 4-52　抽壳结果

> **注意**　抽壳厚度要合理。

4.3.6　筋板

筋板是在指定位置增加加强筋。

【操作】

1）单击"造型"→"特征生成"→"筋板"；或者直接单击 按钮，弹出"筋板"对话框。

2）选取筋板加厚方式，填入厚度，拾取草图，单击"确定"按钮完成操作，如图 4-53、图 4-54 所示。

【参数】

单向加厚：指按照固定的方向和厚度生成实体。

反向：与默认给定的单项加厚方向相反。

双向加厚：指按照两个相反的方向生成给定厚度的实体，厚度以草图线平分。

加固方向反向：指与默认加固方向相反，按照不同的加固方向做成筋板。

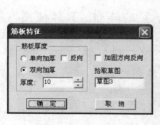

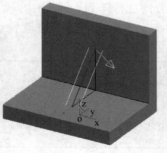

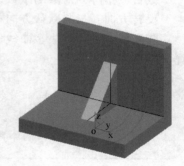

图 4-53　筋板操作

图 4-54　筋板操作结果

> **注意**　1）加固方向应指向实体，否则操作失败。
> 　　　　　2）草图形状可以不封闭。

4.4 阵列特征

4.4.1 线性阵列

通过线性阵列可以沿一个方向或多个方向快速进行特征的复制。

【操作】

1）单击"造型"→"特征生成"→"线性阵列"；或者直接单击 ▥ 按钮，弹出"线性阵列"对话框。

2）分别在第一、第二阵列方向，拾取阵列对象和边/基准轴，输入距离和数目值，单击"确定"按钮完成操作，如图4-55～图4-57所示。

图4-55　第一方向参数选择　　　　　　图4-56　第二方向参数选择

【参数】

方向：指阵列的第一方向和第二方向。

阵列对象：指要进行阵列的特征。

边/基准轴：阵列所沿指示方向的边或者基准轴。

距离：指阵列对象相距的尺寸值，可以直接输入所需数值，也可以单击按钮来调节。

图4-57　阵列结果

数目：指阵列对象的个数，可以直接输入所需数值，也可以单击按钮来调节。

反转方向：指与默认方向相反的方向进行阵列。

阵列模式：可解决多曲线环体及修改型特征（如带过渡特征）的阵列。具体使用方法详见环形阵列。

>> 注意

1）如果特征A附着（依赖）于特征B，当阵列特征B时，特征A不会被阵列。

2）两个阵列方向都要选取。

4.4.2 环形阵列

绕某基准轴旋转将特征阵列为多个特征，构成环形阵列。基准轴应为空间直线。

【操作】

1）单击"造型"→"特征生成"→"环性阵列"；或者直接单击 ▦ 按钮，弹出"环形阵列"对话框。

2）拾取阵列对象和边/基准轴，输入角度和数目值，单击"确定"按钮完成操作，如图 4-58 ~ 图 4-60 所示。

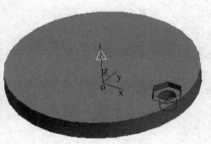

图 4-58　环形阵列操作

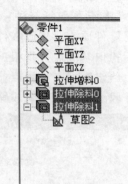

图 4-59　多特征选择方式

【参数】

阵列对象：指要进行阵列的特征。

边/基准轴：阵列所沿指示方向的边或者基准轴。

角度：指阵列对象所夹的角度值，可以直接输入所需数值，也可以单击按钮来调节。

数目：指阵列对象的个数，可以直接输入所需数值，也可以单击按钮来调节。

反转方向：指与默认方向相反的方向进行阵列。

图 4-60　环形阵列结果

自身旋转：指在阵列过程中，阵列对象在绕阵列中心旋转的过程中，还绕自身的中心旋转，否则，将互相平行。

阵列模式：可解决多曲线环体及修改型特征（如带过渡特征）的阵列。

组合阵列：指图中需要阵列的特征由两个以上特征组合而成的。

>> 注意　如果特征 A 附着（依赖）于特征 B，当阵列特征 B 时，特征 A 不会被阵列。

4.5　模具的生成

4.5.1　缩放

缩放是给定基准点对零件进行放大或缩小。

【操作】

1）单击"造型"→"特征生成"→"缩放"；或者直接单击 ▦ 按钮，弹出"缩放"对话框。

2）选择基点，输入收缩率，需要时填入数据点，单击"确定"按钮完成操作，如图4-61、图4-62所示。

【参数】

"基点"包括三种："零件质心""拾取基准点"和"给定数据点"。

零件质心：指以零件的质心为基点进行缩放。

拾取基准点：指根据拾取的工具点为基点进行缩放。

给定数据点：指以输入的具体数值为基点进行缩放。

收缩率：指放大或缩小的比率。此时零件的缩放基点为零件模型的质心。

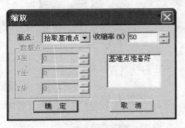 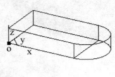 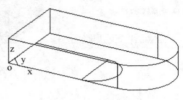

图 4-61　缩放操作　　　　　　　　　　　图 4-62　缩放结果

4.5.2　型腔

以零件为型腔生成包围此零件的模具。

【操作】

1）单击"造型"→"特征生成"→"型腔"；或者直接单击 按钮，弹出"型腔"对话框。

2）分别输入收缩率和毛坯的放大尺寸，单击"确定"铵钮完成操作，如图4-63、图4-64所示。

 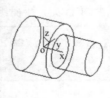 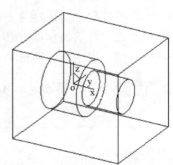

图 4-63　型腔操作　　　　　　　　　　　图 4-64　型腔操作结果

【参数】

收缩率：指放大或缩小的比率。

毛坯放大尺寸：指放大或缩小的尺寸，可以直接输入所需数值，也可以单击按钮来调节。

 注意　　收缩率在 -20% ~20% 范围内。

4.5.3 分模

型腔生成后，通过分模，使模具按照给定的方式分成几个部分。

【操作】

1）单击"造型"→"特征生成"→"分模"；或者直接单击 ▣ 按钮，弹出"分模"对话框。

2）选择分模形式和除料方向，拾取草图，单击"确定"按钮完成操作。

【参数】

分模形式：包括草图分模和曲面分模两种。

草图分模：指通过所绘制的草图进行分模，如图4-65所示。

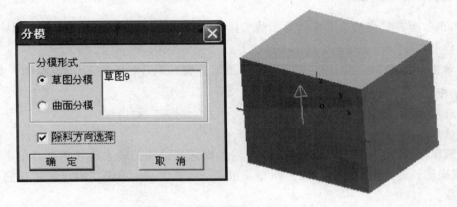

图4-65 草图线型腔分模操作

曲面分模：指通过曲面进行分模，参与分模的曲面可以是多张边界相连的曲面，如图4-66、图4-67所示。

除料方向选择：指除去哪一部分实体的选择，分别按照不同方向生成实体。

>> 注意

1）模具必须位于草图基准面的一侧，而且草图的起始位置必须位于模具投影到草图基面的投影视图的外部。

2）草图分模的草图线两两相交之处，在输出视图时会出现一直线，便于确定分模的位置。

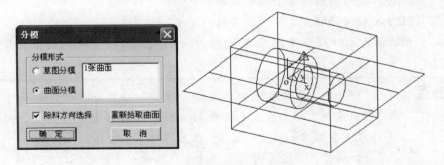

图4-66 曲面型腔分模操作

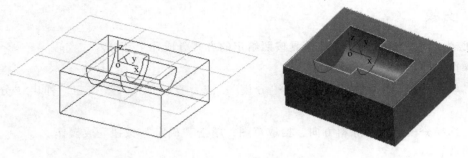

图 4-67　分模结果

4.5.4　实体布尔运算

实体布尔运算是将另一个实体与当前实体通过交、并、差的运算，生成新实体。

【操作】

1）单击"造型"→"特征生成"→"实体布尔运算"，或者直接单击 按钮，弹出"打开"对话框。

2）选取文件，单击"打开"按钮，弹出"布尔运算"对话框。

3）选择布尔运算方式，给出定位点。

4）选取定位方式：若为拾取定位的 X 轴，则选择轴线，输入旋转角度，单击"确定"按钮完成操作；若为给定旋转角度，则输入角度一和角度二，单击"确定"按钮完成操作。

【参数】

文件类型：指输入的文件种类。

布尔运算方式：指当前零件与输入零件的交、并、差运算，包括如下三种：①当前零件 ∪ 输入零件：指当前零件与输入零件的交集；②当前零件 ∩ 输入零件：指当前零件与输入零件的并集；③当前零件－输入零件：指当前零件与输入零件的差。

定位方式：用来确定输入零件的具体位置，包括两种方式：

①拾取定位的 X 轴：指以空间直线作为输入零件自身坐标架的 X 轴（坐标原点为拾取的定位点），旋转角度是用来对 X 轴进行旋转以确定 X 轴的具体位置；

②给定旋转角度：指以拾取的定位点为坐标原点，用给定的两角度来确定输入零件的自身坐标架的 X 轴，包括角度一和角度二：

角度一其值为 X 轴与当前世界坐标系 X 轴的夹角；

角度二其值为 X 轴与当前世界坐标系 Z 轴的夹角。

反向：是指将输入零件自身坐标架 X 轴的方向反向，然后重新构造坐标架进行布尔运算。

> **≫ 注意**
>
> 1）采用"拾取定位的 X 轴"方式时，轴线为空间直线。
>
> 2）选择文件时，注意文件的类型，不能直接输入"＊.epb"文件，先将零件存成"＊.x_t"文件，然后进行布尔运算。
>
> 3）进行布尔运算时，基体尺寸应比输入零件的实际尺寸稍大。

【举例】用布尔运算功能完成图4-68所示组合体特征实体造型。

分析：此组合体零件可以看成是由一个R25mm半圆柱体，加一个三棱锥体，再减去一个25°半圆锥体而形成。

具体操作步骤如下。

1. 做出圆锥体

1）定位（画出圆锥体中心线）：单击"直线"→选择"两点线"、"连续"、"正交"、"长度方式"、"长度=50"，根据左下角状态栏提示，按<Enter>，输入第一点坐标（-25，0，50），然后，拖动鼠标指针至X轴正方向，单击鼠标右键确定，如图4-69所示。

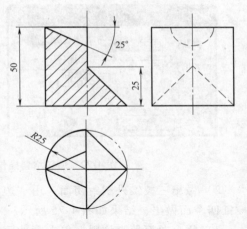

图4-68 组合体零件

2）画出圆锥体截面线框：按<F9>键切换作图平面为XOZ，单击"直线"→选择"角度线"、"X轴夹角"、"角度=25°"，按左下角状态栏提示，拾取中心线左端点为第一点，拖至适当位置按右键确定；再选择"两点线"、"连续"、"正交"、"点方式"，拾取中心线中点为第一点，拖至适当位置，使两线相交；用"线裁剪"减去多余部分，结果如图4-70所示。

3）草图绘制：以平面XOZ为草图平面，单击"绘制草图"图标 ，再单击"曲线投影"图标 ，然后依次拾取三条边，用"线裁剪"减去多余部分，退出草图，如图4-71所示。

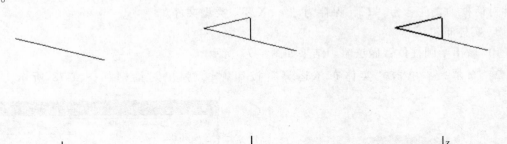

图4-69 中心线　　　　　图4-70 圆锥体截面线　　　　　图4-71 截面草图线

4）做圆锥体：单击"旋转增料"，填写对话框，单击"确定"按钮后完成，如图4-72、图4-73所示。

5）保存为"＊.X_T"文件：单击"文件"，在下拉菜单中单击"另存为"按钮，弹出存储文件对话框；文件名为"1"，保存为"＊.X_T"类型文件。

2. 做出三棱锥体

1）做出三棱锥线框：做法略。注意按照图4-68中的位置和尺寸绘制，结果如图4-74所示。

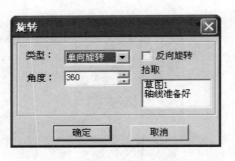
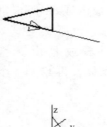

图 4-72　旋转增料操作　　　　　　　　　　　图 4-73　圆锥体

2）做出三棱锥外围封闭面：用"边界面"中"三边面"，依次选取各面三条边，将三棱锥四个面做出，结果如图 4-75 所示。

3）闭合曲面填充增料：单击"曲面加厚增料"，弹出"曲面加厚"对话框，勾选"闭合曲面填充"，依次拾取各个表面，单击"确定"按钮，将各个曲面删除，如图 4-76 所示。

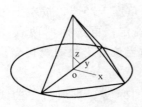
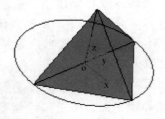
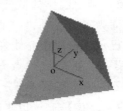

图 4-74　三棱锥线框　　　　图 4-75　三棱锥封闭表面　　　　图 4-76　三棱锥体

4）保存为"＊.X_T"文件：单击"文件"，在下拉菜单中单击"另存为"，弹出存储文件对话框，文件名为"2"，保存为"＊.X_T"类型文件。

3. 实体布尔运算

1）做出半圆柱体：做法略。结果如图 4-77 所示。

2）布尔减：单击"实体布尔运算"按钮 ，弹出对话框如图 4-78 所示，选择

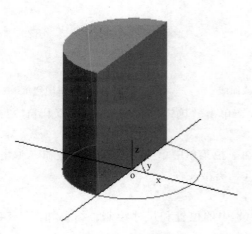

图 4-77　半圆柱体　　　　　　　　　　　图 4-78　输入零件选择

"1. X_T"文件,单击"打开",弹出"输入特征"对话框,如图4-79所示,选择"当前零件-输入零件",按左下角状态栏提示,以坐标原点为定位点,然后选择定位方式,拾取 X 轴线,单击"确定"按钮完成,结果如图4-80所示。

　　3)布尔加:操作过程基本如前所述,如图4-81、图4-82所示。

　　至此,组合体零件实体造型完成。

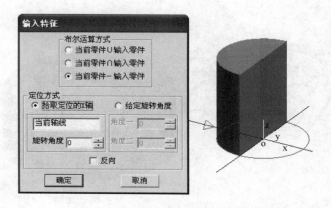

图4-79　"输入特征"对话框

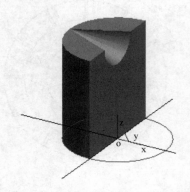

图4-80　布尔减运算结果

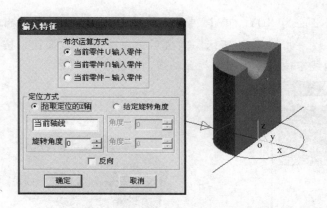

图4-81　布尔加操作

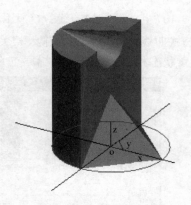

图4-82　组合体零件

4.6　特征实体造型案例

　　例1　按照图4-83所示尺寸,完成叶轮零件的实体造型。

　　分析:此零件可以看成是由轮毂和叶片两部分组成,轮毂的造型比较简单;而叶片关键要先做出螺旋面,然后通过曲面加厚功能及修剪后得到。

　　作图过程如下。

　　1. 生成轮毂

　　作图过程略。结果如图4-84所示。

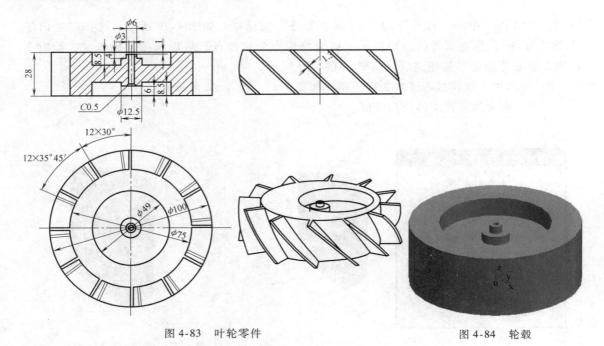

图 4-83 叶轮零件

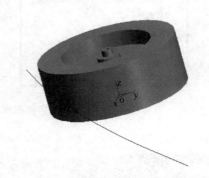

图 4-84 轮毂

注：螺旋线导程 Ph = 28 × 360/35.75 = 281.96。

2. 生成叶片

1）生成螺旋导动线：确认作图平面为 XOY，单击"公式曲线"按钮 $f_{(x)}$，在弹出的"公式曲线"对话框中，输入相关参数，如图 4-85 所示。完成后单击"确定"按钮，按左下角状态栏提示，拾取坐标原点为曲线定位点，生成螺旋导动线，如图 4-86 所示。

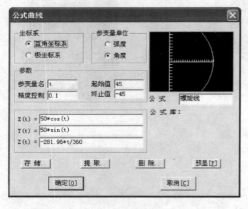

图 4-85 "公式曲线"对话框

图 4-86 螺旋导动线

2）裁剪螺旋导动线：按 <F8> 键，切换视图至 YOZ 平面，单击"直线"→选择"两点线"、"正交"、"长度 = 60"，分别以（0，0，30）和（0，0，-3）为第一点，画出两条 Y 轴平行线，如图 4-87 所示。单击"曲线裁剪"，选择"投影线裁剪"，按照左下角状态栏提示裁剪螺旋导动线后，将多余线删除，如图 4-88 所示。

3）作出截面线：以点（0，0，-3）和导动线下端点作两点线；以（0，0，-3）为圆心，R = 35 画圆，以此圆为剪刀线裁剪两点线，便得到截面线，如图 4-89 所示。

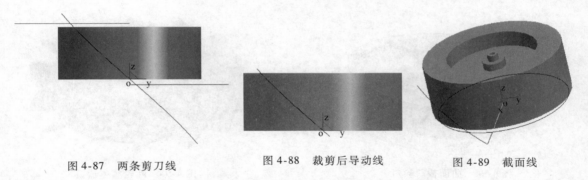

图 4-87 两条剪刀线　　　　图 4-88 裁剪后导动线　　　　图 4-89 截面线

4）生成叶片曲面：单击"导动面"，在立即菜单中选择"导动线 & 平面""单截面线"，按空格键，在弹出的工具菜单中选择"Z 轴正方向"为平面法矢方向，拾取螺旋线为导动线，拾取直线为截面线，生成叶片曲面，如图 4-90 所示。

5）生成叶片实体：使用"曲面加厚增料"功能，厚度 = 1.3，得到的结果如图 4-91 所示。

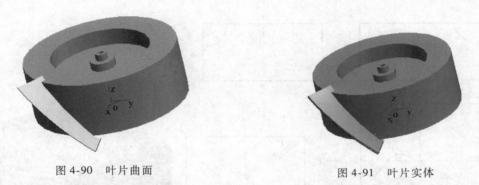

图 4-90 叶片曲面　　　　　　　　　　　图 4-91 叶片实体

6）叶片阵列：先以坐标原点为第一点，绘制一条长度为 28 的 Z 向轴线，单击"环形阵列"，设置阵列参数如图 4-92 所示，确定后得到的结果如图 4-93 所示。

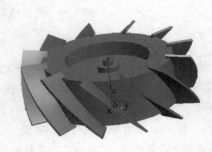

图 4-92 环形阵列操作　　　　　　　　　　　图 4-93 叶片阵列

7）叶片修剪：以 Z 向轴线两端点为圆心，作 R = 60 的两个圆，单击"直纹面"→选择"点 + 曲线"，分别拾取圆心、圆周，得到圆形平面，如图 4-94 所示。单击"曲面裁剪除料"按钮 ，拾取曲面、选择方向，完成裁剪；再删除掉多余曲面和线条，最终得到的结果如图 4-95 所示。

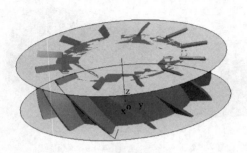

图4-94　曲面裁剪除料

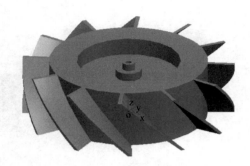

图4-95　叶轮实体造型

例2　按照图4-96所示尺寸，完成曲形槽零件的实体造型。

分析：此零件的曲形槽可用曲面裁剪除料方式得到。

作图过程如下。

1. 做出长方体

作图过程略。结果如图4-97所示。

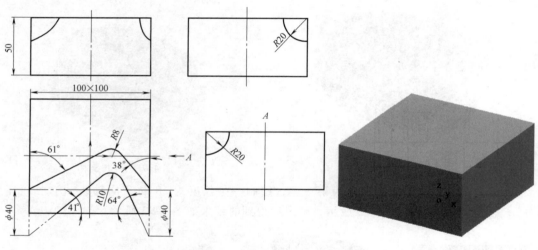

图4-96　曲形槽零件

图4-97　长方体

2. 做出槽曲面

1）画出半圆截面线：按<F9>键，切换作图平面至YOZ，单击"整圆"→选择"圆心_半径"，分别以长方体上前方左、右两个顶点为圆心，R=20，得到两整圆；单击"直线"→选择"水平/铅垂线"、"水平"、"长度=100"，拾取圆心点，以此直线裁剪两整圆为半圆；按<F9>键，切换作图平面至XOY，做两顶点连线，结果如图4-98所示。

2）画出双导动线：单击"直线"→选择"角度线"、"与直线夹角"，按照图4-96所示角度，画出各条角度线，进行曲线过渡；单击

图4-98　半圆截面线

"曲线组合",按空格键,在弹出的工具菜单中选择"单个拾取",分别将两条导动线组合,结果如图 4-99 所示。

3)生成槽曲面:单击"导动面"→选择"双导动线""双截面线""变高",按状态栏提示选择导动线、截面线,生成槽曲面,结果如图 4-100 所示。

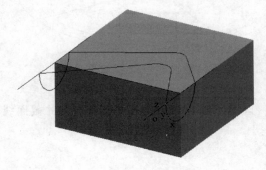

图 4-99 双导动线

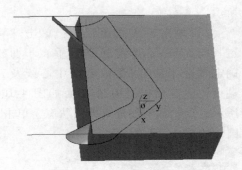

图 4-100 生成槽曲面

3. 完成曲形槽零件造型

1)使用"曲面裁剪除料",挖出曲形槽。

2)单击"删除"按钮,框选多余的线和面,按右键确定,完成曲形槽零件造型,结果如图 4-101 所示。

例3 按照图 4-102 所示尺寸,完成手轮零件的实体造型。

分析:此零件由轮毂、轮辐和轮辋三部分组成,轮毂比较简单,轮辐可用"导动增料"方式得到,轮辋可用"旋转增料"方式得到。

图 4-101 曲形槽零件实体造型

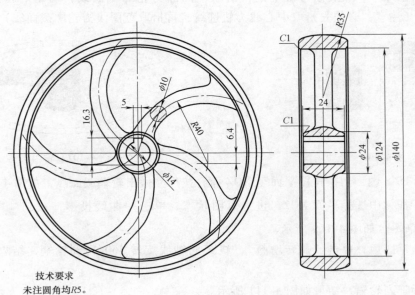

技术要求
未注圆角均R5。

图 4-102 手轮零件

作图过程如下。

1. 做出相关空间辅助线

1）做出中心线及 φ24、φ124、φ140 圆，做出轮辐中心线，如图 4-103 所示。

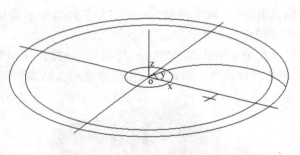

图 4-103　相关辅助线

2）画出轮辐截面线圆：单击"构造基准面"→选择"过点且垂直于曲线确定基准平面"，拾取轮辐中心线及其端点，确定后得到基准平面如图 4-104 所示。以此基准面进入草图状态，单击"整圆"→选择"圆心_半径"，做出 R = 5 的截面线圆，如图 4-105 所示。

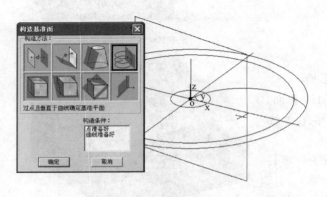

图 4-104　构造基准平面

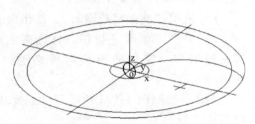

图 4-105　轮辐截面线圆草图

3）做出 φ24 柱体；再单击"导动增料"，填写对话框参数如图 4-106 所示，拾取轮辐中心线为轨迹线，单击鼠标右键确定，拾取草图圆为轮廓截面线，确定后得到结果如图 4-107 所示。（注意：必须先拾取中心线为轨迹线，再拾取草图线为轮廓截面线）

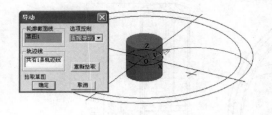

图 4-106　导动操作

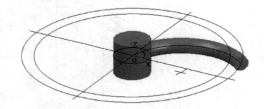

图 4-107　轮辐实体

4）按 < F9 > 键，切换作图平面至 XOZ 面，按尺寸做出轮辋截面线，如图 4-108 所示。

5）在特征树中选择平面 XOZ，进入草图状态，单击"曲线投影"按钮 ，拾取轮辋截面线得到草图，如图 4-109 所示。

6）退出草图后，单击"旋转增料"，绕 Z 向轴线旋转 360°得到轮辋，结果如图 4-110 所示。

7）环形阵列轮辐，结果如图 4-111 所示。

8）裁剪多余轮辐：单击"旋转面"按钮，拾取 Z 向轴线为旋转轴，拾取轮辋截面外圆弧线为母线，得到旋转曲面，结果如图 4-112 所示。再单击"曲面裁剪除料"按钮，拾取旋转曲面，选择好除料方向后单击"确定"按钮，结果如图 4-113 所示。

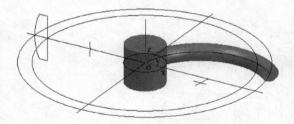

图 4-108　轮辋截面图

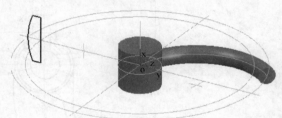

图 4-109　轮辋截面线草图

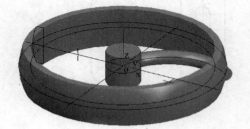

图 4-110　轮辋实体

图 4-111　轮辐环形阵列

图 4-112　旋转曲面

图 4-113　裁剪多余轮辐

9）做出轮毂轴孔并倒角，删除所有曲面和曲线，再做出 R5mm 圆角过渡，结果如图 4-114所示。

图 4-114　手轮实体造型

例4 按照图 4-115 所示尺寸，完成叉架零件的实体造型。

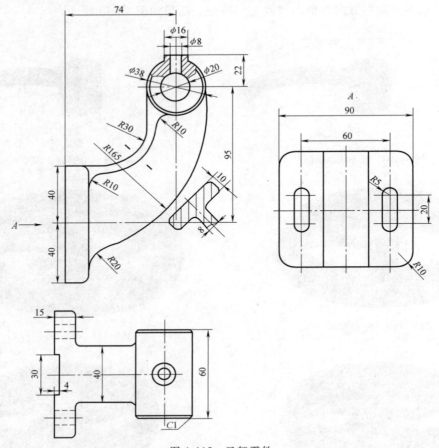

图 4-115 叉架零件

分析：按照零件图样与尺寸，得知此零件主要由三部分组成。如果按照一般思路会依次把这三部分分别造型，这样会增加步骤。比较高效的方法是：将初始草图基准面选定在零件的中心对称面（也是零件的最大截面处），对座板和柱体同时做一次基本拉伸，然后按照俯视图将柱体和底板增料拉伸到应有尺寸，弯梁的筋可以单独生成，圆柱顶部的凸台可用"拉伸到面"命令生成，最后再进行减料及打孔处理。

操作过程如下。

1. 先画出零件中心对称面的轮廓曲线，为投影草图面做准备

1）按 < F5 > 键，选择 XOY 为当前工作面。

2）单击"整圆"按钮 ⊕ →选择"圆心_半径"，拾取坐标原点为圆心，分别输入半径"19"、"10"，得到两同心圆，如图 4-116 所示。

3）单击"矩形"按钮 □ →选择"中心_长_宽"，"长度 = 15，宽度 = 80"，中心坐标点为（-66.5，-95），得到长方形，如图 4-117 所示。

图 4-116 同心圆

4）单击"曲线拉伸"按钮 ⤵ ，将矩形顶边拉伸约 20，如图 4-118 所示。

5）单击"直线"按钮 ✐ →选择"水平/铅垂线""铅垂""长度 = 100"，拖至与外圆相切处，如图 4-119 所示。

6）单击"曲线过渡"按钮 ✐ →选择"半径 = 30"、"裁剪曲线 1"、"裁剪曲线 2"，拾取前面做的两条直线，并裁剪多余线段，得到结果如图 4-120 所示。

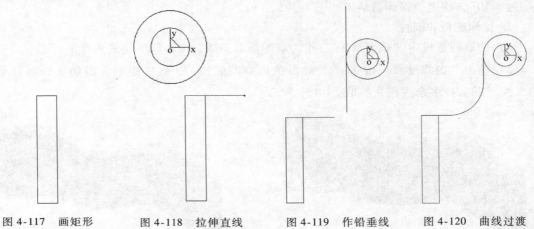

| 图 4-117 画矩形 | 图 4-118 拉伸直线 | 图 4-119 作铅垂线 | 图 4-120 曲线过渡 |

7）单击"等距线"按钮 ▤ →选择"距离 = 10"，拾取圆弧线，选择方向，得到如图 4-121 所示。

8）单击"曲线过渡"按钮 ✐ →选择"圆弧过渡""半径 = 10""裁剪曲线 1""裁剪曲线 2"，分别以上一步的等距线为曲线 1，大圆和直线为曲线 2，按左下角状态栏提示拾取相应曲线后，得到的结果如图 4-122 所示。

2. 用投影法作草图，做基本体拉伸

1）拾取特征树内"平面 XOY"作为草图基准面，单击按钮 ✐，进入草图状态。

2）单击"曲线投影"按钮 ✐，拾取所有轮廓线，结果原来空间曲线全部投影在草图平面上，如图 4-123 所示。

3）单击"曲线裁剪"按钮 ✐，将图 4-124 中箭头所指的部分裁剪掉。注意，箭头所指

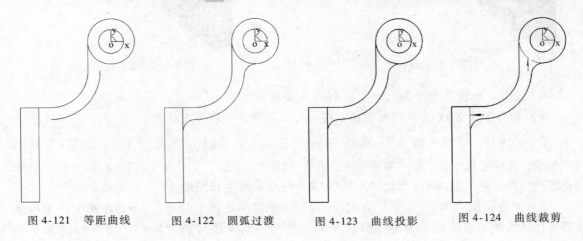

| 图 4-121 等距曲线 | 图 4-122 圆弧过渡 | 图 4-123 曲线投影 | 图 4-124 曲线裁剪 |

的部分是原来空间曲线。

4）单击"草图环是否封闭"按钮 ⊡，需确保出现"草图不存在开口环"的提示，确定后退出草图。

5）按 < F8 > 键进入轴测图显示状态，单击"拉伸增料"按钮 ⓡ →选择"双向拉伸"、"深度 = 40"，确定后得到的结果如图 4-125 所示。

3. 拉伸底板和圆柱

1）拾取特征树内"平面 XOY"作为草图基准平面，按 < F2 > 键进入草图状态。

2）单击"曲线投影"按钮 ⚒，然后拾取空间曲线——底板矩形，得到底板矩形草图轮廓线（裁剪掉多余线段），如图 4-126 所示。

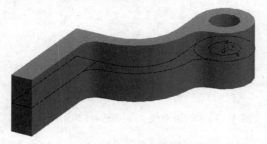

图 4-125　拉伸增料

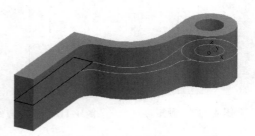

图 4-126　草图矩形线框

3）单击 ⓡ 按钮→选择"双向拉伸""深度 = 90"，单击"确定"按钮后得到图 4-127 所示的结果。

4）同样过程拉伸增料圆柱体，结果如图 4-128 所示。

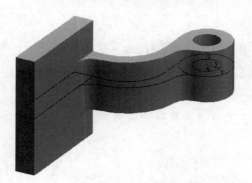

图 4-127　底板拉伸

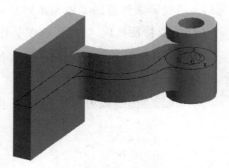

图 4-128　圆柱体的生成

4. 应用"筋板"命令做出厚度为 8mm 的筋板

1）选择平面 XOY 为草图基准面，按 < F2 > 键进入绘制草图状态。

2）按 < F8 > 键进入轴测图。单击"整圆"按钮 ⊕ →选择"两点_半径"，按左下角状态栏提示，选择底板矩形线端点为第一点，按空格键弹出"点"工具菜单，选择"切点"，拾取矩形同一点为第二点，输入半径"20"，得到的结果如图 4-129 所示。

3）同样，用"两点_半径"方式，"点"工具菜单选择"切点"，分别单击上一步的整圆和柱体大圆切点附近，调整图形为所需状态后，输入半径值"165"，得到的结果如图

4-130所示。

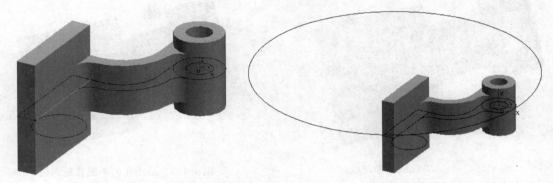

图 4-129　做出小整圆　　　　　　　图 4-130　做出公切圆

　　4）使用"曲线裁剪"功能及"删除"功能，将多余曲线修剪掉，得到的筋板草图线如图 4-131 所示。

　　5）退出草图状态，单击"筋板"按钮，参数选择如图 4-132 所示。单击"确定"按钮后得到的结果如图 4-133 所示。

　　5. 应用"拉伸减料"方式做出底板上两孔和凹槽

　　1）单击"显示旋转"，将底板底面转到正面位置，并以底面作为草图基准面，进入草图绘制状态。

图 4-131　筋板草图线

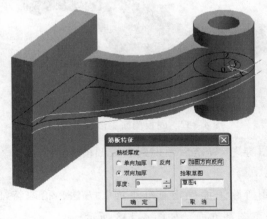

图 4-132　筋板特征操作

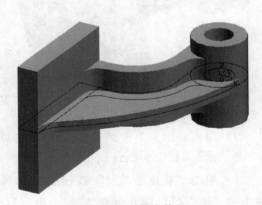

图 4-133　做出筋板

　　2）单击"直线"→选择"水平/铅垂线""铅垂""长度 = 60"，拖至底板矩形线中点位置，画出草图线如图 4-134 所示。

　　3）单击"矩形"→选择"中心_长_宽""长度 = 30""宽度 = 10"，选择上一步做出直线的两端点为中心，画出两矩形线框。

　　4）单击"圆弧"→选择"三点圆弧"，按空格键，在"点"工具菜单中选择"切点"，拾取矩形三条边，画出孔的半圆弧轮廓线，如图 4-135 所示。

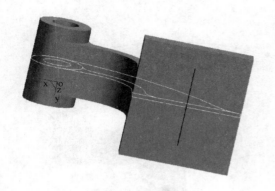
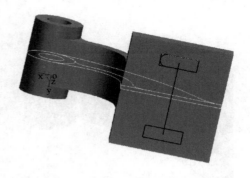

图 4-134　底板背面画一草图线　　　　　　　图 4-135　画出孔的半圆弧轮廓线

5）待 4 个圆弧都画好后，单击"曲线裁剪"，将多余线段修剪掉，结果如图 4-136 所示。

6）单击"拉伸除料"→选择"贯穿"，单击"确定"按钮后生成两特征孔。

7）选取底板侧面为草图基准面，单击 按钮进入草图状态。

8）单击"矩形"→选择"中心_长_宽""长度 = 8""宽度 = 30"，选择底边中点为中心，画出矩形线框，如图 4-137 所示。

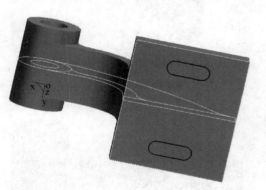
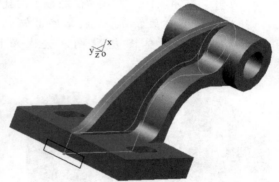

图 4-136　得到孔轮廓线　　　　　　　图 4-137　底板侧面矩形草图线

9）退出草图，单击"拉伸除料"，选择"贯穿"，确定后便得到底板凹槽。

6. 做出圆柱上的凸台和孔

1）单击"构造基准面"按钮 ，选择"用等距平面确定基准平面"方法，拾取特征树中"平面 XZ"，输入距离"22"，确定后得到草图基准面，如图 4-138 所示。

2）按 <F2> 键进入草图绘制状态，单击"整圆"→选择"圆心_半径"，以草图坐标原点为圆心，画一半径为 8mm 的圆，如图 4-139 所示。

3）单击"拉伸增料"→选择"拉伸到面"，拾取外圆柱面，确定后得到圆柱凸台，如图 4-140 所示。

4）单击"打孔"，拾取凸台平面为打孔平面，孔型为直孔，打孔中心定位在圆心（可通过拾取坐标原点得到），参数的选择如图 4-141 所示，单击"确定"按钮后得到的结果如图 4-142 所示。

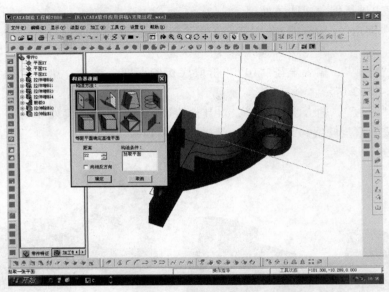

图 4-138 构造草图基准面

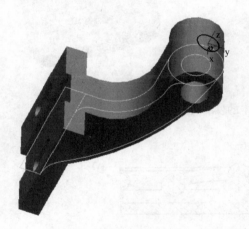

图 4-139 画出草图圆

图 4-140 生成凸台

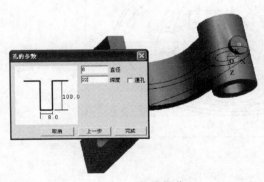

图 4-141 打孔操作

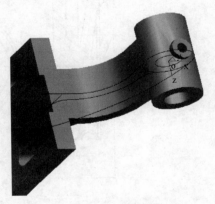

图 4-142 凸台上打孔

7. 对各棱边进行倒角或圆角处理

1）单击"倒角"，输入距离"1"，角度"45"，拾取圆柱端面外圆，单击"确定"按钮后生成倒角。

2）单击"过渡"，输入半径"10"，拾取底板侧面四条棱边，单击"确定"按钮后得到的结果如图4-143所示。

3）单击"过渡"，输入半径"2"，对其他棱边的圆角进行过渡处理。

4）删除或隐藏空间线，最后得到的结果如图4-144所示。

图 4-143　倒角及圆角处理　　　　　　　　图 4-144　叉架造型结果

例5　按图4-145所示尺寸，进行椭圆盘环形体的实体造型。

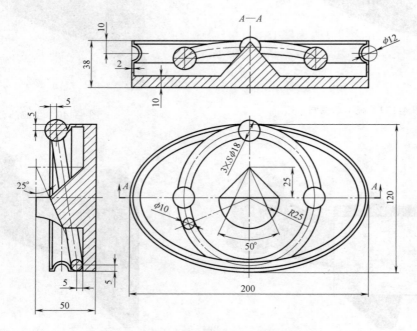

图 4-145　椭圆盘环形体

1. 分析

分析二维视图可知，此形体是由椭圆形盘体、圆环体、半圆柱与三棱锥的组合体（简称柱锥组合体）三部分构成。椭圆盘腰部有一 φ12 的椭圆凹环槽，侧壁厚 2，底板厚 10；φ10 圆环体斜置在椭圆盘中，且环上有 3 个 φ18 球体，从右视图可以得到环体中心线的直径和环体中心平面的倾斜角度；柱锥组合体由半圆柱与三棱锥叠加以及圆锥体被截切而成。

2. 具体操作过程

1）选择 XOY 为作图平面，单击 ⊙ 按钮，画椭圆，长半轴"100"，短半轴"60"，定其中心线，如图 4-146 所示。

2）在状态树中选择 XOY 为草图基准面，单击 ✐ 按钮绘制草图，利用"曲线投影" ，拾取椭圆线，得到椭圆草图线框，退出草图，做"拉伸增料"操作，得到椭圆柱体如图 4-147 所示。

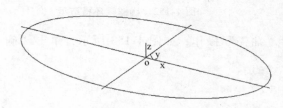

图 4-146 画椭圆

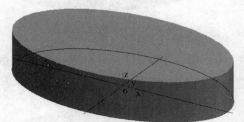

图 4-147 椭圆柱体

3）单击 按钮→选择"偏移量""拷贝""DX = 0、DY = 0、DZ = 28"，将椭圆线、中心线上移→单击 按钮，将上移的椭圆线在 – X 方向交点处打断→按 < F9 > 键，切换作图平面为 XOZ，画出 φ12mm 圆，如图 4-148 所示。

4）隐藏前半椭圆线，选择 XOZ 为草图基准面，单击 ✐ 按钮绘制草图→利用"曲线投影" ，拾取 φ12 圆，得到草图线圆，退出草

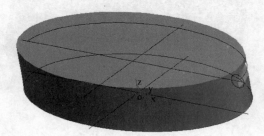

图 4-148 画出 φ12mm 圆

图→单击 按钮，做导动除料操作，拾取后半椭圆线为导动轨迹线，选择"固接导动"，如图 4-149 所示，单击"确定"按钮后得到的结果如图 4-150 所示。

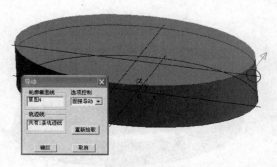

图 4-149 导动除料操作

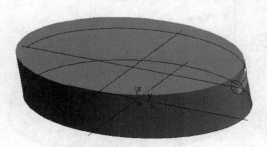

图 4-150 得到后半椭圆凹环

5）同理，再以前半椭圆线为导动轨迹线进行"导动除料"操作，如图 4-151 所示，得到的结果如图4-152 所示。

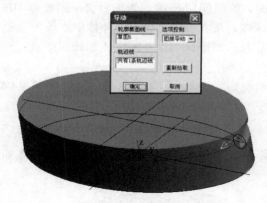

图 4-151　导动除料操作

图 4-152　椭圆腰环槽造型

6）单击 按钮，对椭圆柱体上表面进行"抽壳"操作，如图 4-153 所示，单击"确定"按钮后得到的结果如图 4-154 所示。

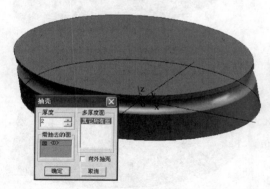

图 4-153　抽壳操作

图 4-154　椭圆柱抽壳结果

7）将椭圆绘制草图后，进行"拉伸增料"操作，如图 4-155 所示，加厚底板至"10"，得到椭圆盘造型，如图 4-156 所示。

图 4-155　加厚底板操作

图 4-156　椭圆盘造型

8）按 < F9 > 键，切换作图平面为 YOZ，根据零件二维视图图 4-145 右视图所示尺寸，确定出圆环截面中心点，如图 4-157 所示。

9）将圆环两截面中心点连接成一直线段，并使用"角度线"做出此线段的中垂线；再以线段端点为圆心绘制 φ10 圆，如图 4-158 所示。

图 4-157　得到圆环截面中心点 　　　　　图 4-158　绘制中垂线及截面圆

10）选择 YOZ 为草图基准面，单击 按钮绘制草图→利用"曲线投影"，拾取 φ10 圆，得到草图线圆，退出草图→单击 按钮，以中垂线为旋转轴线，做"旋转增料"操作，如图 4-159，单击"确定"按钮后得到的结果如图 4-160 所示。

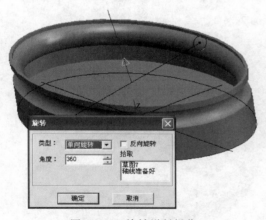
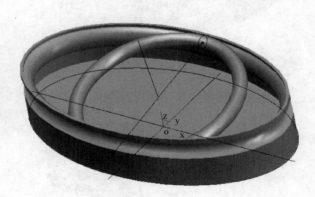

图 4-159　旋转增料操作 　　　　　　　　图 4-160　得到圆环

11）单击 按钮，拉伸中心连线至适当位置，绘制 φ18 圆，如图 4-161 所示。

12）以 YOZ 为草图基准面，单击 按钮绘制草图→利用"曲线投影"，拾取 φ18 圆及中心线，得到半圆草图线，退出草图→单击 按钮，以中心线为旋转轴线，做"旋转增料"操作，如图 4-162 所示，单击"确定"按钮后得到 φ18 球体，结果如图4-163所示。

13）单击 按钮，分别对球体进行"环形阵列"，如图 4-164、图 4-165 所示。得到的结果如图 4-166 所示。

14）选择 XOY 为作图平面，绘出半圆柱、三棱柱底面图形以及高度为 40 的 Z 向轴线，然后单击 按钮，将以上各条线及中心线向上平移 10 至椭圆盘上底表面，如图 4-167 所示。

15）按 < F9 > 键，切换作图平面为 YOZ，过三角形顶点做高线 H = 40，再过两高线顶点做一水平线，然后再过三角形顶点高线做一条 25°斜线，如图 4-168 所示。

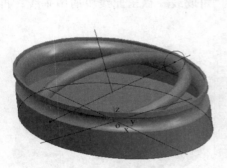

图 4-161　绘制 φ18 截面线

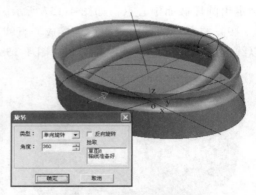

图 4-162　旋转增料操作

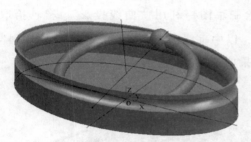

图 4-163　环上球体

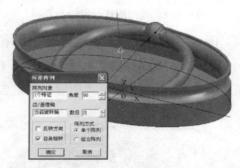

图 4-164　环形阵列 1

图 4-165　环形阵列 2

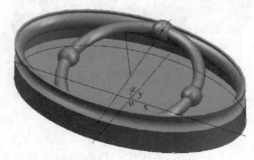

图 4-166　环上球体造型结果

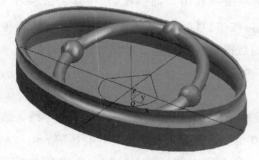

图 4-167　绘制柱锥组合体底面图形

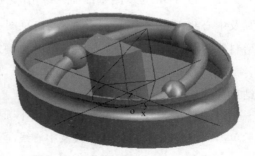

图 4-168　求得锥面顶点、轴线及母线

16）单击"旋转面"按钮 🔔，得到圆锥面，再单击 🔲 按钮，以圆锥面为裁剪曲面，裁剪半圆柱体，如图4-169所示，并删除圆锥面，得到的结果如图4-170所示。

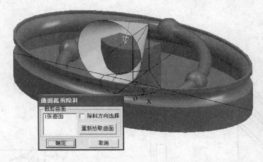

图4-169 曲面裁剪除料操作

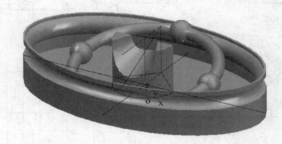

图4-170 曲面裁剪除料结果

17）连接三棱锥各个顶点，得到三棱锥线框造型，如图4-171所示。

18）用"边界面"工具，做出三棱锥的四个表面，再用"曲面加厚"工具的"封闭曲面填充"功能，得到椭圆盘环形体的三维实体造型，如图4-172所示。

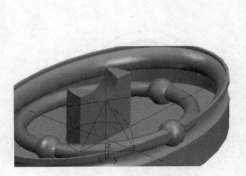

图4-171 三棱锥线框造型

图4-172 椭圆盘环形体的三维实体造型

 思 考 与 练 习 题

4-1 根据图4-173中各图形所示尺寸，完成组合图零件的实体造型。

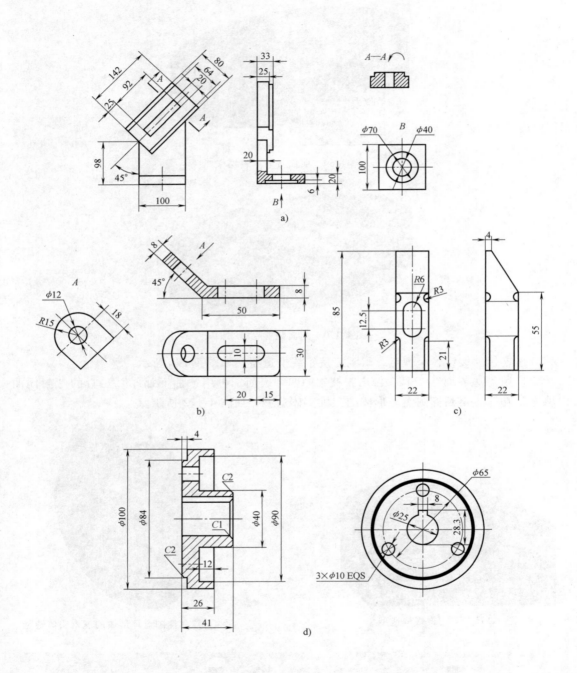

图 4-173　组合体零件

4-2 根据图 4-174 所示尺寸，完成鼠标的实体造型。

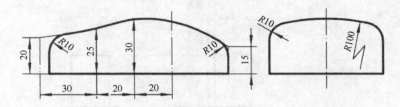

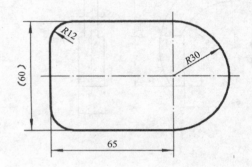

图 4-174 鼠标

4-3 根据图 4-175 所示尺寸，完成曲形槽零件的实体造型。

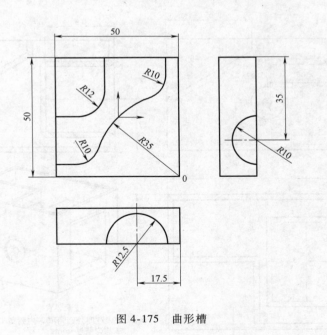

图 4-175 曲形槽

4-4 根据图 4-176 所示尺寸，完成拨叉零件的实体造型，并按图示分模面做出零件凹模三维实体造型。

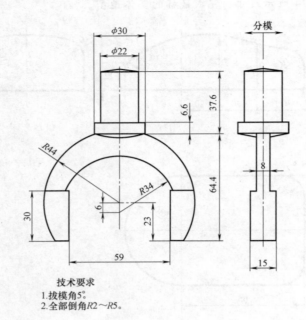

图 4-176　拨叉

4-5　根据图 4-177 所示尺寸，完成薄壁壳零件的三维实体造型。

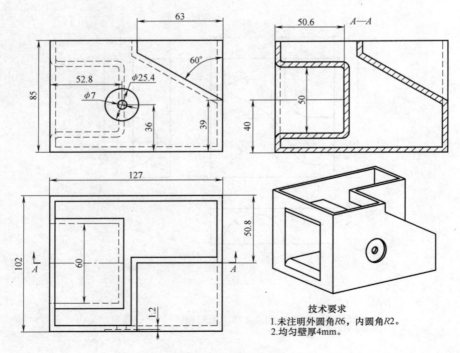

图 4-177　薄壁壳

4-6　根据图 4-178 所示尺寸，完成支架零件的三维实体造型。

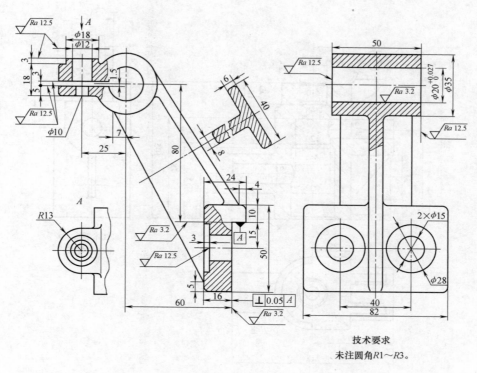

图 4-178 支架

4-7 根据图 4-179 所示尺寸，完成带轮的三维实体造型。

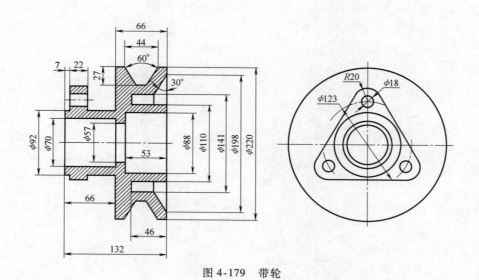

图 4-179 带轮

4-8 根据图 4-180 所示尺寸，完成阀体的三维实体造型。

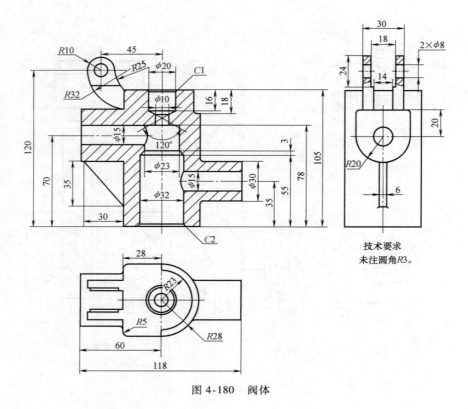

图 4-180　阀体

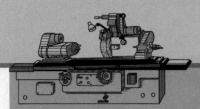

第5章

数控加工自动编程

学习目标

本章讲解了数控加工的基本概念，要求学生理解各种加工功能中参数的含义以及参数的设置方法，掌握关于平面、曲面、轮廓、区域、沟槽、空等常见几何要素的加工方法及质量保证方法，学会根据不同的零件结构和技术要求选择合理的工序以及合理的加工功能来生成经济适用的加工轨迹和 G 代码，并能够进行轨迹仿真操作和轨迹的编辑、修改以及通过典型案例学习 2.5 轴、三轴、四轴和五轴加工，掌握各种加工功能的特点及应用。

5.1　数控加工的基本知识

5.1.1　数控加工概述

数控加工就是将加工数据和工艺参数输入到机床，机床的控制系统对输入信息进行运算与控制，并不断地向直接指挥机床的伺服机构发送脉冲信号，伺服机构对脉冲信号进行转换与放大处理，然后由传动机构驱动机床，从而加工零件。所以，数控加工的关键是加工数据和工艺参数的获取，即数控编程。数控加工一般包括以下几个内容。

1）对图样进行分析，确定需要数控加工的部分。

2）利用图形软件对需要数控加工的部分造型。

3）根据加工条件，选择合适的加工参数，生成加工轨迹（包括粗加工、半精加工、精加工轨迹）。

4）轨迹的仿真检验。

5）生成 G 代码。

6）传输给机床加工。

要学好数控加工自动编程，除了熟练掌握本软件所提供的各种轨迹生成功能外，更重要的是要具有扎实的机械加工基础知识和生产实践经验，能够综合应用有关刀具、夹具、工艺和材料等相关知识，培养学生正确地分析和解决生产实际问题的能力。

每一种加工轨迹的生成方式并不是孤立的，而是有联系的，可以互相配合、互相补充，要根据零件的结构和技术要求综合考虑，以保证加工出合格零件为最终目的。

要说明的一点是，所谓粗加工功能和精加工功能，仅仅指生成的轨迹是单层的还是多层的，并非完全针对零件的某道工序，如用区域式粗加工功能，完全可以生成某个零件平面区域的粗加工以及精加工轨迹，加工精度和加工余量是通过设置加工参数来实现的。

5.1.2 数控加工基本概念

用 CAXA 制造工程师实现加工的过程：首先，在后置设置中需配置好机床，这是正确输出代码的关键；其次，看懂图样，用曲线、曲面和实体表达工件；然后，根据工件形状、加工精度等技术要求，选择合适的加工方式，生成刀具轨迹；最后，生成 G 代码，传给机床。

1. 两轴加工

机床坐标系的 X 轴和 Y 轴两轴联动，而 Z 轴固定，即机床在同一高度下对工件进行切削。2 轴加工适合于铣削平面图形。

在 CAXA 制造工程师软件中，机床坐标系的 Z 轴即是绝对坐标系的 Z 轴，平面图形均指投影到绝对坐标系 XOY 面的图形。

2. 2.5 轴加工

2.5 轴加工在二轴的基础上增加了 Z 轴的移动，当机床坐标系的 X 轴和 Y 轴固定时，Z 轴可以有上下的移动。

利用 2.5 轴加工可以实现分层加工，即刀具在同一高度（指 Z 向高度，下同）上进行 2 轴加工，层间有 Z 向的移动。

3. 三轴加工

机床坐标系的 X、Y 和 Z 三轴联动。三轴加工适合于进行各种非平面图形即一般的曲面的加工。

4. 轮廓

轮廓是一系列首尾相接曲线的集合，如图 5-1 所示。

在进行数控编程、交互指定待加工图形时，常常需要用户指定图形的轮廓，用来界定被加工的区域或被加工的图形本身。如果轮廓是用来界定被加工区域的，则要求指定的轮廓是闭合的；如果加工的是轮廓本身，则轮廓也可以不闭合。

由于 CAXA-ME 对轮廓做到当前坐标系的当前平面投影，所以组成轮廓的曲线可以是空间曲线，但要求指定的轮廓不应有自交点。

5. 区域和岛

区域指由一个闭合轮廓围成的内部空间，其内部可以有"岛"。岛也是由闭合轮廓界定的。

区域指外轮廓和岛之间的部分。由外轮廓和岛共同指定待加工的区域，外轮廓用来界定加工区域的外部边界，岛用来屏蔽其内部不需加工或需保护的部分，如图 5-2 所示。

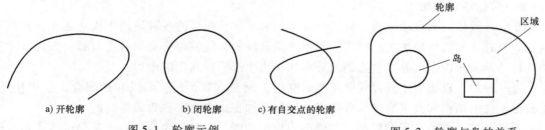

a) 开轮廓　　b) 闭轮廓　　c) 有自交点的轮廓

图 5-1　轮廓示例　　　　　图 5-2　轮廓与岛的关系

6. 刀具

CAXA 制造工程师主要针对数控铣削加工，目前提供三种铣刀：球头刀（r＝R）、端刀（r＝0）和 R 刀（r＜R），其中 R 为刀具半径、r 为刀角半径。刀具参数中还有刀杆长度 L 和切削刃长度 l，如图 5-3 所示。

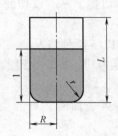

图 5-3　刀具参数示意

在三轴加工中，端刀和球头刀的加工效果有明显区别，当曲面形状复杂有起伏时，建议使用球头刀，适当调整加工参数可以达到好的加工效果。在二轴中，为提高效率建议使用端刀，因为相同的参数下球头刀会留下较大的残留高度。选择切削刃长度和刀杆长度时，请考虑机床的情况及零件的尺寸是否会干涉。

对于刀具，还应区分刀尖与刀心，两者均是刀具对称轴上的点，两者之间差一个刀角半径，如图 5-4 所示。

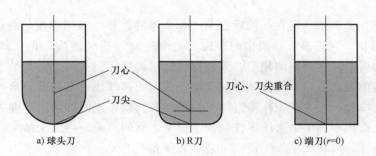

图 5-4　刀尖与刀心

7. 刀具轨迹和刀位点

刀具轨迹是系统按给定工艺要求生成的对给定加工图形进行切削时刀具行进的路线，如图 5-5 所示。系统以图形方式显示。刀具轨迹由一系列有序的刀位点和连接这些刀位点的直

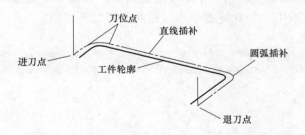

图 5-5　刀具轨迹和刀位点

线（直线插补）或圆弧（圆弧插补）组成。

>> **注意**　本系统的刀具轨迹是按刀尖位置来计算和显示的。

8. 干涉

在切削被加工表面时，如果刀具切到了不应该切的部分，则称为出现干涉现象，或者称为过切。

在 CAXA-ME 系统中，干涉分为以下两种情况。

自身干涉：指被加工表面中存在刀具切削不到的部分时存在的过切现象，如图 5-6 所示。

面间干涉：指在加工一个或一系列表面时，可能会对其他表面产生过切的现象，如图 5-7 所示。

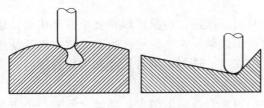

图 5-6　自身干涉

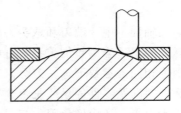

图 5-7　面间干涉

9. 模型

一般情况下，模型指系统存在的所有曲面和实体的总和（包括隐藏的曲面或实体）。

（1）几何精度　在造型时，模型的曲面是光滑连续（法矢连续）的，如球面是一个理想的光滑连续的面。这样理想的模型，我们称为几何模型。但在加工时，是不可能完成这样一个理想的几何模型。所以，一般地我们会把一张曲面离散成一系列的三角片。由这一系列三角片所构成的模型，称为加工模型。加工模型与几何模型之间的误差，称为几何精度。另外，加工精度是按轨迹加工出来的零件与加工模型之间的误差，当加工精度趋近于 0 时，轨迹对应的加工工件的形状就是加工模型（忽略残留量）。

（2）注意事项　由于系统中所有曲面及实体（隐藏或显示）的总和为模型，所以用户在增删曲面时一定要小心，因为删除曲面或增加实体元素都意味着对模型的修改，这样会造成已生成的轨迹可能会不再适用于新的模型，严重的话会导致过切。

强烈建议用户使用加工模块过程中不要增删曲面，如果一定要这样做的话，请重新计算所有的轨迹。如果仅仅用于 CAD 造型中的增删曲面可以另当别论。

5.2　加工功能中参数设置

5.2.1　毛坯

毛坯指用于定义待加工模型毛坯，如图 5-8 所示。

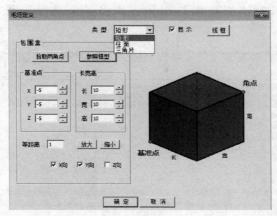

图 5-8 "毛坯定义" 对话框

1. 类型

使用户能够根据所要加工工件的形状选择毛坯的形状，分为矩形、柱面和三角片三种毛坯方式。其中三角片方式为自定义毛坯方式。

2. 毛坯定义

系统提供了三种毛坯定义的方式。

两点方式：通过拾取毛坯的两个角点（与顺序，位置无关）来定义毛坯。

参照模型：系统自动计算模型的包围盒，以此作为毛坯。

基准点：毛坯在世界坐标系（.sys.）中的左下角点。

长宽高是毛坯在 X 方向、Y 方向、Z 方向的尺寸。

3. 毛坯显示

显示毛坯：设定是否在工作区中显示毛坯。

5.2.2 起始点

起始点指定义全局加工起始点，如图 5-9 所示。

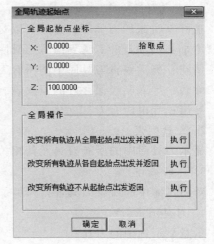

图 5-9 刀具起始点对话框

提示：提示起始点所在的加工坐标系。

坐标：用户可以通过输入或者单击拾取点按钮来设定刀具起始点。

注意事项：

1）计算轨迹时默认以全局刀具起始点作为刀具起始点，计算完毕后，用户可以对该轨迹的刀具起始点进行修改。

2）"全局起始点"按钮此处不可用。

5.2.3 刀具库

定义、确定刀具的有关数据，以使用户从刀具库中调用信息和对刀具库进行维护。

用鼠标双击加工轨迹树的"刀具库"图标，弹出"刀具库"设置对话框，如图 5-10 所示。

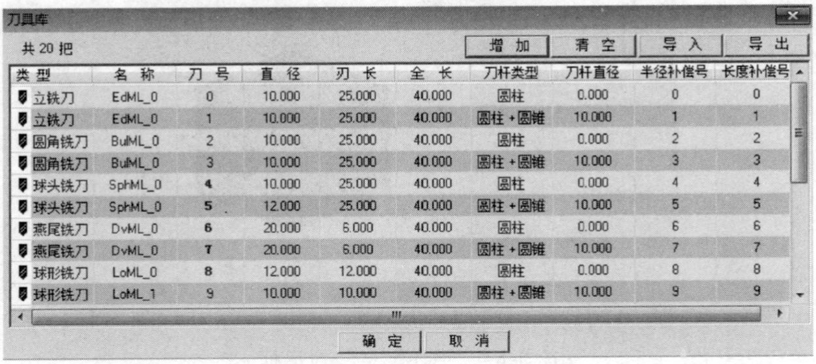

图 5-10 "刀具库"设置对话框

【参数说明】

1. 选择刀具库

选择某机床的刀具库，然后可以对其进行增加刀具、清空刀库等编辑操作。

增加：增加新的刀具到编辑刀具库。

清空：删除编辑刀具库中的所有刀具。

导入：导入已经保存好的刀具表。

导出：导出所有刀具。

2. 刀具列表

显示刀具库中的所有刀具及其相关主要参数。

3. 一般操作

对刀具库中的所有刀具进行拷贝、剪切、粘贴、排序等操作。

4. 刀具示意

示意显示选中的刀具。

【注意事项】

刀具编辑后不能取消，所以在做删除刀具、删除刀库等操作时一定要小心。

5.2.4 刀具参数

在每一个加工功能参数表中，都有刀具参数设置，如图 5-11 所示。

【参数说明】

刀具库中能存放用户定义的不同刀具，包括钻头、铣刀等，用户在使用中可以很方便地从刀具库中取出所需的刀具。刀具库中会显示这些刀具主要参数的值：刀具参数主要包括"刀具类型"、"刀具名称"、"刀具号"、"刀具半径 R"、"圆角半径 r"、刃长等。

刀具主要由切削刃、刀杆、刀柄三部分组成，各参数含义如下。

刀具类型：铣刀或钻头。

刀具名称：刀具的名称。

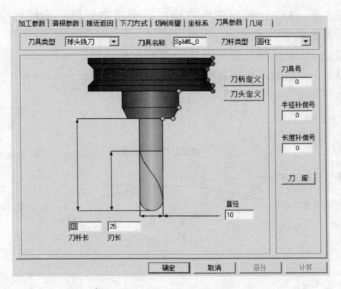

图 5-11 "刀具参数"对话框

刀具号：刀具在加工中心里的位置编号，便于加工过程中换刀。

刀具补偿号：刀具半径补偿值对应的编号。

刀具半径：切削刃部分最大截面圆的半径大小。

刀角半径：切削刃部分球形轮廓区域半径的大小，只对铣刀有效。

刀柄半径：刀柄部分截面圆半径的大小。

刀尖角度：只对钻头有效，钻尖的圆锥角。

刃长：切削刃部分的长度。

刀柄长：刀柄部分的长度。

刀具全长：刀杆与刀柄长度的总和。

5.2.5 几何

在每一个加工功能参数表中都有几何设置，根据不同的加工类型，选项内容不同，设置对话框如图 5-12 所示，用于拾取和删除在加工中所有需要选择的曲线和曲面以及加工方向和进、退刀点等参数。

5.2.6 切削用量

在每一个加工功能参数表中都有切削用量设置，用于设定轨迹各位置的相关进给速度及主轴转速。

主轴转速：设定主轴转速的大小，单位 r/min（转/分）。

慢速下刀速度（F0）：设定慢速下刀轨迹段的进给速度大小，单位 mm/min。

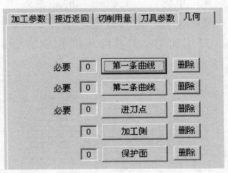

图 5-12 "几何参数"项对话框

切入切出连接速度（F1）：设定切入轨迹段、切出轨迹段、连接轨迹段、接近轨迹段、返回轨迹段的进给速度大小，单位 mm/min。

切削速度（F2）：设定切削轨迹段的进给速度大小，单位 mm/min。

退刀速度（F3）：设定退刀轨迹段的进给速度大小，单位 mm/min，如图 5-13 所示。

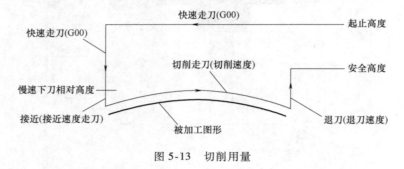

图 5-13　切削用量

5.3　常用加工功能介绍

5.3.1　平面区域粗加工

平面区域粗加工生成具有多个岛的平面区域的刀具轨迹，适合 2/2.5 轴粗加工，与区域式粗加工类似，所不同的是该功能支持轮廓和岛屿的分别清根设置，可以单独设置各自的余量、补偿及上下刀信息。最明显的就是该功能轨迹生成速度较快。

1. 加工参数

每种加工方式的对话框中都有"确定""取消""悬挂"三个按钮，单击"确定"按钮确认加工参数，开始随后的交互过程；按"取消"按钮取消当前的命令操作；按"悬挂"按钮表示加工轨迹并不马上生成，交互结束后并不计算加工轨迹，而是在执行轨迹生成批处理命令时才开始计算，这样就可以将很多计算复杂、耗时轨迹的生成任务准备好，直到空闲的时间，如夜晚才开始真正计算，大大提高了工作效率。

（1）走刀方式

平行加工：刀具以平行走刀方式切削工件。可改变生成的刀位行与 X 轴的夹角，如图 5-14 所示。可选择单向还是往复方式。

1）单向：刀具以单一的顺铣或逆铣方式加工工件。

2）往复：刀具以顺逆混合方式加工工件。

环切加工：刀具以环状走刀方式切削工件。可选择从里向外还是从外向里的方式，如图 5-15 所示。

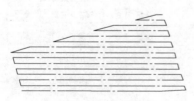

图 5-14　平行走刀

图 5-15　环切加工示意图

（2）标识钻孔点 选择该项自动显示出下刀打孔的点。

2. 清根参数

（1）轮廓清根 延轮廓线清根。轮廓清根余量是指清根之前所剩的量。

（2）岛清根 延岛曲线清根。岛清根余量是指清根之前所剩的量。

（3）清根进退刀方式 分为垂直、直线、圆弧三种方式。

3. 接近返回参数

（1）接近方式 分为不设定、直线方式、圆弧方式和强制在某一点的方式。

（2）返回方式 分为不设定、直线方式、圆弧方式和强制在某一点的方式。

4. 下刀方式参数

（1）安全高度 刀具快速移动而不会与毛坯或模型发生干涉的高度，有"相对"与"绝对"两种模式，单击"相对"或"绝对"按钮可以实现二者的互换。

相对：以切入或切出、切削开始或切削结束位置的刀位点为参考点。

绝对：以当前加工坐标系的 XOY 平面为参考平面。

拾取：单击后可以从工作区选择安全高度的绝对位置高度点。

（2）慢速下刀距离 在切入或切削开始前的一段刀位轨迹的位置长度，这段轨迹以慢速下刀速度垂直向下进给。它有"相对"与"绝对"两种模式，单击"相对"或"绝对"按钮可以实现二者的互换。

相对：以切入或切削开始位置的刀位点为参考点。

绝对：以当前加工坐标系的 XOY 平面为参考平面。

拾取：单击后可以从工作区选择慢速下刀距离的绝对位置高度点。

（3）退刀距离 在切出或切削结束后的一段刀位轨迹的位置长度，这段轨迹以退刀速度垂直向上进给。它有"相对"与"绝对"两种模式，单击"相对"或"绝对"按钮可以实现二者的互换。

相对：以切出或切削结束位置的刀位点为参考点。

绝对：以当前加工坐标系的 XOY 平面为参考平面。

拾取：单击后可以从工作区选择退刀距离的绝对位置高度点。

（4）切入方式 此处提供了四种通用的切入方式，几乎适用于所有的铣削加工策略，其中的一些切削加工策略有其特殊的切入切出方式（切入切出属性页面中可以设定）。如果在切入切出属性页面里设定了特殊的切入切出方式后，此处的通用切入方式将不会起作用。

垂直：刀具沿垂直方向切入。

螺旋：刀具以螺旋方式切入。

倾斜：刀具以与切削方向相反的倾斜线方向切入。

渐切：刀具沿加工切削轨迹切入。

长度：切入轨迹段的长度，以切削开始位置的刀位点为参考点。

节距：螺旋和倾斜切入时走刀的高度。

角度：渐切和倾斜线走刀方向与 XOY 平面的夹角。

>> 注意

1）轮廓与岛应在同一平面内，最好应按它所在实际高度来画。这样便于检查刀具轨迹，减少错误的产生。

2）CAXA 制造工程师不支持平面区域加工时岛中的岛的加工。图 5-16 所示为轮廓线与岛示意图。

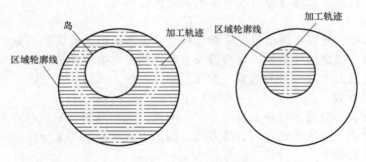

图 5-16　轮廓线与岛示意图

5.3.2　等高线粗加工

等高线粗加工生成分层等高式粗加工轨迹，适合三轴加工方式，加工轨迹如图 5-17 所示。

1. 加工参数

（1）加工顺序　加工顺序设定有以下两种选择，区域优先和深度优先。

（2）层高和行距

层高：Z 向每加工层的切削深度。

行距：输入 X、Y 方向的切入量。

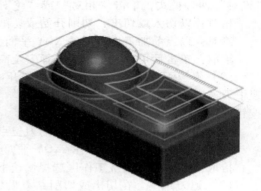

图 5-17　等高线粗加工轨迹

插入层数：两层之间插入轨迹。

拔模角度：加工轨迹会出现的角度。

平坦部的等高补加工：对平坦部位进行两次补充加工。

切削宽度自适应：自动内部计算切削宽度。

（3）加工精度　输入模型的加工精度。计算模型的加工轨迹的误差小于此值。加工精度越大，模型形状的误差也增大，模型表面越粗糙。加工精度越小，模型形状的误差也减小，模型表面越光滑。但是，轨迹段的数目增多，轨迹数据量变大。

（4）加工余量　输入相对加工区域的残余量，也可以输入负值。加工余量的示意图如图 5-18 所示。

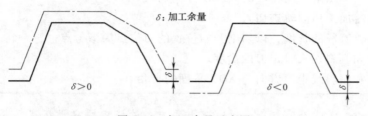

图 5-18　加工余量示意图

2. 区域参数

（1）加工边界参数　选择使用可以拾取已有的边界曲线。刀具中心位于加工边界　如图 5-19 所示。

重合：刀具位于边界上。

内侧：刀具位于边界的内侧。

外侧：刀具位于边界的外侧。

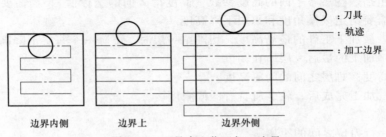

○：刀具
- - - -：轨迹
——：加工边界

边界内侧　　　　边界上　　　　　边界外侧

图 5-19　刀具中心位于加工边界

（2）工件边界　选择使用后以工件本身为边界。工件边界的定义如下。

工件的轮廓：刀心位于工件轮廓上。

工件底端的轮廓：刀尖位于工件底端轮廓。

刀触点和工件确定的轮廓：刀接触点位于轮廓上。

（3）高度范围

自动设定：以给定毛坯高度自动设定 Z 的范围。

用户设定：用户自定义 Z 的起始高度和终止高度。

（4）补加工参数　选择使用可以自动计算前一把刀加工后的剩余量进行补加工。

1）填写前一把刀的直径。

2）填写前一把刀的刀角半径。

3）填写粗加工的余量。

3. 连接参数

（1）接近/返回　从设定的高度接近工件和从工件返回到设定高度。选择"加下刀"后可以加入所选定的下刀方式。

（2）行间连接　每行轨迹间的连接。选择"加下刀"后可以加入所选定的下刀方式。

（3）层间连接　每层轨迹间的连接。选择"加下刀"后可以加入所选定的下刀方式。

（4）区域间连接　两个区域间的轨迹连接。选择"加下刀"后可以加入所选定的下刀方式。

4. 下/抬刀参数

（1）中心可切削刀具　可选择自动、直线、螺旋、往复、沿轮廓五种下刀方式。倾斜角和斜面长度前面已介绍。

（2）预钻孔点　标示需要钻孔的点。

5. 光滑参数

（1）光滑设置　将拐角或轮廓进行光滑处理。

（2）删除微小面积　删除面积大于刀具直径百分比面积的曲面的轨迹。

（3）消除内拐角剩余　删除在拐角部的剩余余量。

5.3.3　平面轮廓精加工

平面轮廓精加工属于 2 轴加工方式，由于它可以指定拔模斜度，所以也可以做 2.5 轴加工，主要用于加工封闭和不封闭的轮廓，支持具有一定拔模斜度的轮廓轨迹生成，可以为生成的每一层轨迹定义不同的余量。其生成轨迹速度较快。

1. 切削用量

切削用量包括一些参考平面的高度参数（高度指 Z 向的坐标值），当需要进行一定的锥度加工时，还需要给定拔模角度和每层下降高度。

当前高度：被加工工件的最高高度，切削第一层时，下降一个每层下降高度。

底面高度：加工的最后一层所在高度。

每层下降高度：每层之间的间隔高度。

拔模斜度：加工完成后，轮廓所具有的倾斜度。

2. 切削参数

行距：每一行刀位之间的距离。

刀次：生成的刀位的行数。

轮廓加工余量：给轮廓留出的预留量。

加工误差：对由样条曲线组成的轮廓系统将按给定的误差把样条转化成直线段，用户可按需要来控制加工的精度。

3. 拔模基准

当加工的工件带有拔模斜度时，工件顶层轮廓与底层轮廓的大小不一样。用"平面轮廓"功能生成加工轨迹时，只需画出工件顶层或底层的一个轮廓形状即可，无需画出两个轮廓。"拔模基准"用来确定轮廓是工件的顶层轮廓或是底层轮廓。

底层为基准：加工中所选的轮廓是工件底层的轮廓。

顶层为基准：加工中所选的轮廓是工件顶层的轮廓。

4. 轮廓补偿

ON：刀心轨迹与轮廓重合。

TO：刀心轨迹未达到轮廓一个刀具半径。

PAST：刀心轨迹超过轮廓一个刀具半径。

>> **注意** 补偿是左偏还是右偏取决于加工的是内轮廓还是外轮廓，如图 5-20 所示。

5. 机床自动补偿（G41/G42）

选择该项机床自动偏置刀具半径，那么在输出的代码中会自动加上 G41/G42（左偏/右偏）、G40（取消补偿）。输出代码中是自动加上 G41 还是 G42，与拾取轮廓时的方向有关系。自动加上 G41/G42 以后的 G 代码格式是否正确，需看机床说明书中有关刀具半径补偿部分的叙述。

5.3.4 轮廓导动精加工

平面轮廓法平面内的截面线沿平面轮廓线导动生成加工轨迹，如图 5-21 所示，也可以理解为平面轮廓的等截面导动加工。

其特点如下。

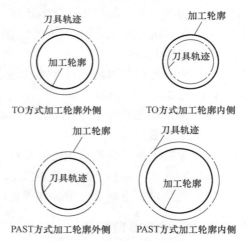

图 5-20 轮廓补偿示意图

1）做造型时，只做平面轮廓线和截面线，不用做曲面，因而简化了造型。

2）做加工轨迹时，因为它的每层轨迹都是用二维的方法来处理的，所以拐角处如果是圆弧，那么它生成的 G 代码中就是 G02 或 G03，充分利用了机床的圆弧插补功能。因此它生成的代码最短，加工效果最好。如加工一个半球，用导动加工生成的代码长度是用其他方式（如参数线）加工半球生成代码长度的几十分之一到上百分之一。

3）生成轨迹的速度非常快。

4）能够自动消除加工的刀具干涉现象。无论是自身干涉还是面干涉都可以自动消除，因为它的每一层轨迹都是按二维平面轮廓加工来处理的。

5）加工效果最好。由于使用圆弧插补，而且刀具轨迹沿截面线按等弧长分布，所以可以达到很好的加工效果。

6）适用于上述的三种刀具。

7）截面线由多段曲线组合，可以分段来加工。

8）沿截面线由下往上、还是由上往下加工，可以根据需要任意选择。

 注意 截面线必须在轮廓线的法平面内且与轮廓线相交于轮廓的端点。

5.3.5 曲面轮廓精加工

曲面轮廓精加工生成沿一个轮廓线加工曲面的刀具轨迹。

 注意 在其他加工方式中刀次和行距是单选的，最后生成的刀具轨迹只使用其中的一个参数，而在曲面轮廓加工中刀次和轮廓是关联的，生成的刀具轨迹由刀次和行距两个参数决定。

如图 5-22 所示，此图刀次为 4 ，行距为 5mm，如果想将轮廓内的曲面全部加工，又无法给出合适的刀次数，可以给一个大的刀次数，系统会自动计算并将多余的刀次删除。图5-23 所示刀次数为 100，但实际刀具轨迹的刀次数为 9，刀具轨迹如图所示。

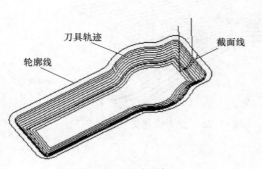

图 5-21 导动面加工

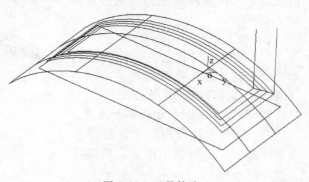

图 5-22 刀具轨迹 1

5.3.6 曲面区域精加工

曲面区域精加工生成加工曲面上封闭区域的刀具轨迹。给出封闭轮廓后，拾取岛，得到

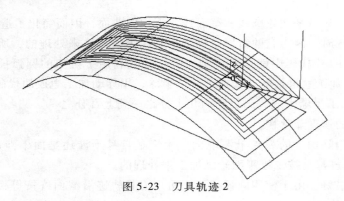

图 5-23 刀具轨迹 2

的刀具轨迹如图 5-24 所示。

5.3.7 参数线精加工

参数线精加工针对曲面生成沿参数线加工轨迹。

（1）加工参数 设定是否使用第一或第二系列限制面在重置时不能使用。加工轨迹树窗口中的几何元素编辑框不能使用，双击几何元素时，系统提示重新拾取几何元素。

（2）下刀方式 切入方式不使用。

（3）接近返回 在切入切出后的轨迹上添加接近返回的切入切出。

图 5-24 曲面区域精加工轨迹

5.3.8 投影线精加工

投影线精加工是将已有的刀具轨迹投影到曲面上而生成刀具轨迹，如图 5-25 所示。

【操作】

1）拾取刀具轨迹：一次只能拾取一个刀具轨迹。拾取的轨迹可以是 2D 轨迹，也可以是 3D 轨迹。

2）拾取加工面：允许多个曲面。

3）拾取干涉曲面：允许拾取多个干涉曲面，也可以不拾取。用鼠标右键中断拾取。

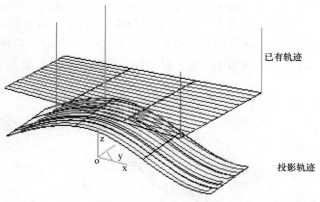

已有轨迹

投影轨迹

图 5-25 投影线加工轨迹

5.3.9 等高线精加工

它生成等高线加工轨迹，生成除平面以外曲面、斜面、铅垂面的等高线精加工轨迹，如图 5-26 所示。

5.3.10 扫描线精加工

它生成沿参数线加工轨迹，如图 5-27 所示。

5.3.11 平面精加工

它在平坦部生成平面精加工轨迹，如图 5-28 所示。

5.3.12 曲线投影加工

它拾取平面上的曲线，在模型某一区域内投影生成加工轨迹，如图 5-29 所示。

5.3.13 轮廓偏置加工

它根据模型轮廓形状生成加工轨迹，如图 5-30 所示。

图 5-26 等高线精加工轨迹

图 5-27 扫描线精加工轨迹

图 5-28 平面精加工轨迹

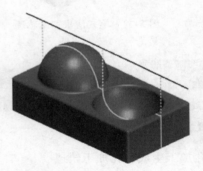

图 5-29 曲线投影加工轨迹

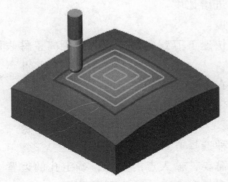

图 5-30 轮廓偏置加工轨迹

5.3.14　投影加工

它生成投影加工轨迹，如图 5-31 所示。

（1）投射方式

1）沿直线：沿直线方向投射。

2）绕直线：环绕直线方向投射。

（2）加工角度　设定为两种：与 X 轴夹角和与 Y 轴夹角。

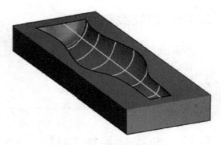

图 5-31　投影加工轨迹

5.3.15　笔式清根加工

它生成笔式清根加工轨迹，如图 5-32 所示。

5.3.16　三维偏置加工

它生成三维偏置加工轨迹，如图 5-33 所示。

图 5-32　笔式清根加工轨迹

图 5-33　三维偏置加工轨迹

5.4　其他加工

5.4.1　孔加工

孔加工生成钻孔加工轨迹。

1. 参数

钻孔速度：钻孔刀具的进给速度。

钻孔深度：孔的加工深度。

安全间隙：钻孔时钻头快速下刀到达的位置，即距离工件表面的距离，由这一点开始按钻孔进给速度进行钻孔。

暂停时间：攻螺纹时刀在工件底部的停留时间。

下刀增量：钻孔时每次钻孔深度的增量值。

2. 钻孔位置定义

钻孔位置定义有以下两种选择方式。

输入点位置：可以根据需要，输入点的坐标，确定孔的位置。

拾取存在点：拾取屏幕上的存在点，确定孔的位置。

5.4.2 工艺钻孔设置

设置工艺孔加工工艺。

添加：将选中的孔加工方式添加到工艺孔加工设置文件中。

删除：将选中的孔加工方式从工艺孔加工设置文件中删除。

增加孔类型：设置新工艺孔加工设置文件文件名。

删除当前孔：删除当前工艺孔加工设置文件。

关闭：保存当前工艺孔加工设置文件，并退出。

5.4.3 工艺钻孔加工

根据设置的工艺孔加工工艺加工孔。

1. 提供 3 种孔定位方式

1）输入点：可以根据需要，输入点的坐标，确定孔的位置。

2）拾取点：通过拾取屏幕上的存在点，确定孔的位置。

3）拾取圆：通过拾取屏幕上的圆，确定孔的位置。

2. 路径优化

1）默认情况不进行路径优化。

2）最短路径依据拾取点间距离和的最小值进行优化。

3）规则情况该方式主要用于矩形阵列情况，有两种方式，如图 5-34 所示。

X 优先：依据各点 X 坐标值的大小排列。

Y 优先：依据各点 Y 坐标值的大小排列。

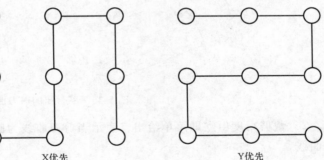

图 5-34 规则情况

5.4.4 轨迹编辑

轨迹编辑是编辑生成的加工轨迹。

1. 轨迹裁剪

用曲线（也称为剪刀曲线）对刀具轨迹进行裁剪。

在曲线上：轨迹裁剪后，临界刀位点在剪刀曲线上。

不过曲线：轨迹裁剪后，临界刀位点未到剪刀曲线，投影距离为一个刀具半径。

超过曲线：轨迹裁剪后，临界刀位点超过裁剪线，投影距离为一个刀具半径。

以上三种轨迹裁剪方式，如图 5-35 所示。

【说明】

1）剪刀曲线可以是封闭的，也可以是不封闭的。对于不封闭的剪刀曲线，系统自动将其卷成封闭曲线。卷动的原则是沿不封闭的曲线两端切矢各延长 100 单位，再沿裁剪方向垂直延长 1000 单位，然后将其封闭，如图 5-36 所示。

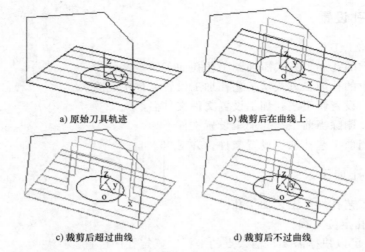

a)原始刀具轨迹　　　　　　　　b)裁剪后在曲线上

c)裁剪后超过曲线　　　　　　　d)裁剪后不过曲线

图 5-35　裁剪边界

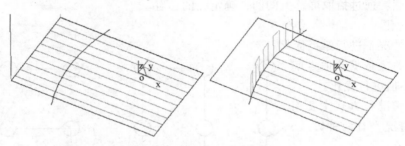

图 5-36　不封闭的剪刀曲线

2）裁剪精度由立即菜单给出，表示当剪刀曲线为圆弧和样条时用此裁剪精度离散该剪刀曲线。

2. 轨迹反向

轨迹反向是对刀具轨迹进行反向处理。按照提示拾取刀具轨迹后，刀具轨迹的方向为原来刀具轨迹的反方向，如图 5-37 所示。

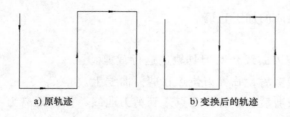

a)原轨迹　　　　　　　　b)变换后的轨迹

图 5-37　轨迹反向

3. 插入刀位点

在刀具轨迹上插入一个刀位点，使轨迹发生变化。其有两种方式，一种是在拾取轨迹的刀位点前插入新的刀位点，另一种是在拾取轨迹的刀位点后插入新的刀位点。可以在立即菜单中选择"前"还是"后"来决定新刀位点的位置，如图 5-38 所示。

a) 原始刀具轨迹   b) 选择"前"产生的刀位轨迹   c) 选择"后"产生的刀位轨迹

图 5-38   插入刀位点

4. 删除刀位点

即把所选的刀位点删除掉，并改动相应的刀具轨迹。删除刀位点后改动刀具轨迹有两种方式，一种是抬刀，另一种是直接连接，可以在立即菜单中来选择以哪种方式来删除刀位。

"抬刀"在删除刀位点后，删除和此刀位点相连的刀具轨迹，刀具轨迹在此刀位点的上一个刀位点切出，并在此刀位点的下一个刀位点切入。

"直接连接"在删除刀位点后，刀具轨迹将直接连接此刀位点的上一个刀位点和下一个刀位点，如图 5-39 所示。

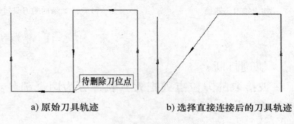

a) 原始刀具轨迹   b) 选择直接连接后的刀具轨迹

图 5-39   删除刀位点

5. 两刀位点间抬刀

选中刀具轨迹，然后再按照提示先后拾取两个刀位点，则删除这两个刀位点之间的刀具轨迹，并按照刀位点的先后顺序分别定为切出起始点和切入结束点。如图 5-40 所示。

>> **注意** | 不能够把切入起始点、切入结束点和切出结束点作为要拾取的刀位点。

a) 抬刀前   b) 抬刀后

图 5-40   两刀位点之间的抬刀

6. 清除抬刀

有两种方式，在立即菜单中选择。

全部删除：当选择此命令时，根据提示选择刀具轨迹，则所有的快速移动线被删除，切入起始点和上一条刀具轨迹线直接相连。

指定删除：当选择此命令时，根据提示选择刀具轨迹，然后再拾取轨迹的刀位点，则经过此刀位点的快速移动线被删除，经过此点的下一条刀具轨迹线将直接和下一个刀位点相连。如图 5-41 所示。

>> **注意**　当选择"指定删除"时，不能拾取切入结束点作为要抬刀的刀位点。

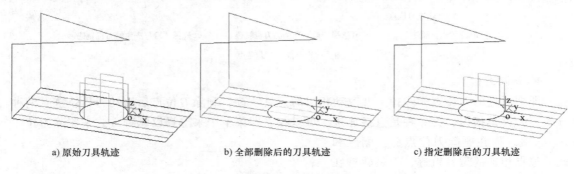

a) 原始刀具轨迹　　　　b) 全部删除后的刀具轨迹　　　　c) 指定删除后的刀具轨迹

图 5-41　清除抬刀

7. 轨迹打断

在被拾取的刀位点处把刀具轨迹分为两个部分。首先拾取刀具轨迹，然后再拾取轨迹要被打断的刀位点。

8. 轨迹连接

轨迹连接就是把两条不相干的刀具轨迹连接成一条刀具轨迹。按照提示要拾取刀具轨迹，轨迹连接的方式有两种。

抬刀连接：第一条刀具轨迹结束后，首先抬刀，然后再和第二条刀具轨迹的接近轨迹连接。其余的刀具轨迹不发生变化。

直接连接：第一条刀具轨迹结束后，不抬刀就和第二条刀具轨迹的接近轨迹连接。其余的刀具轨迹不发生变化。因为不抬刀，所以很容易发生过切。

5.4.5　后置处理

后置处理就是结合特定机床把系统生成的二轴或三轴刀具轨迹转化成机床能够识别的 G 代码指令，生成的 G 指令可以直接输入到数控机床用于加工，这是本系统的最终目的。考虑到所生成程序的通用性，本软件针对不同的机床，可以设置不同的机床参数和特定的数控代码程序格式，同时还可以对所生成所的机床代码的正确性进行校核。

后置处理模块包括后置设置、生成 G 代码、校核 G 代码和生成工序卡功能。

1. 后置设置

用于设置所生成程序代码文件的保存路径、数控系统、机床类型、指令定义、程序格式等。

2. 生成 G 代码

生成 G 代码就是按照当前机床类型的配置要求，把已经生成的刀具轨迹转化生成 G 代码数据文件，即 CNC 数控程序。后置生成的数控程序是三维造型的最终结果，有了数控程序就可以直接输入机床进行数控加工。

3. 校核 G 代码

校核 G 代码就是把生成的 G 代码文件反读进来，生成刀具轨迹，以检查生成的 G 代码的正确性。如果反读的刀位文件中包含圆弧插补，需用户指定相应的圆弧插补格式，否则可能得到错误的结果。若后置文件中的坐标输出格式为整数，且机床分辨率不为 1 时，反读的结果是不对的，即系统不能读取坐标格式为整数且分辨率为非 1 的情况。

5.5 多轴加工

单击"加工"下拉菜单，多轴加工功能菜单如图 5-42 所示。

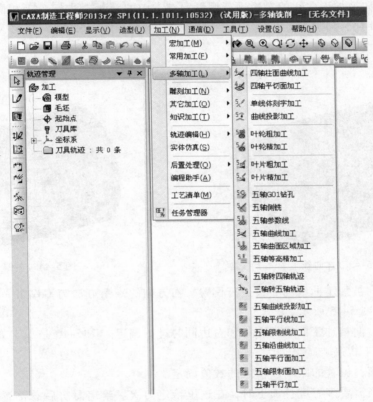

图 5-42 多轴加工功能菜单

5.5.1 四轴加工

1. 四轴柱面曲线加工

根据给定的曲线，生成四轴加工轨迹，多用于回转体上加工槽。铣刀刀轴的方向始终垂直于第 4 轴的旋转轴。

【参数说明】

旋转轴：

X 轴：机床的第 4 轴绕 X 轴旋转，生成加工代码时角度地址为 A。

Y 轴：机床的第 4 轴绕 Y 轴旋转，生成加工代码时角度地址为 B。

2. 加工方向

生成四轴加工轨迹时，下刀点与拾取曲线的位置有关，在曲线的哪一端点拾取，就会在曲线的哪一端点下刀。生成轨迹后如想改变下刀点，则可以不用重新生成轨迹，而只需双击轨迹树中的"加工参数"，在"加工方向"中的"顺时针"和"逆时针"两项之间进行切换即可改变下刀点。

3. 偏置选项

用四轴曲线方式加工槽时，有时也需要像在平面上加工槽那样对槽宽做一些调整，以达到图样所要求的尺寸。可以通过偏置选项来达到目的。

1）曲线上：铣刀的中心沿曲线加工，不进行偏置，如图 5-43 所示。

2）左偏：向被加工曲线的左边进行偏置。左方向的判断方法与 G41 相同，即刀具加工方向的左边，如图 5-44 所示。

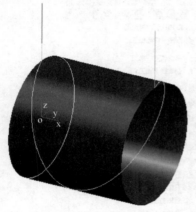 

图 5-43　在曲线上　　　　　　　　　图 5-44　左偏

3）右偏：向被加工曲线的右边进行偏置。右方向的判断方法与 G42 相同，即刀具加工方向的右边，如图 5-45 所示。

4）左右偏：向被加工曲线的左边和右边同时进行偏置。图 5-46 是加工方式为"单向"左右偏置时的加工轨迹。

5）偏置距离：偏置的距离以输入的数值确定。

6）刀次：当需要多刀进行加工时，在这里给定刀次。给定刀次后总偏置距离 = 偏置距离×刀次。图 5-47 为偏置距离为 1、刀次为 4 时的单向加工刀具轨迹。

4. 加工深度

从曲线当前所在的位置向下要加工的深度称为加工深度。

5. 进给量

为了达到给定的加工深度，需要在深度方向多次进刀时的每刀进给量称为进给量。

6. 起止高度

即刀具初始位置。起止高度通常大于或等于安全高度。

7. 安全高度

刀具在此高度以上任何位置，均不会碰伤工件和夹具。

8. 下刀相对高度

这是在切入或切削开始前的一段刀位轨迹的长度，这段轨迹以慢速下刀方式垂直向下进给。

图 5-45　右偏

图 5-46　左右偏

图 5-47　刀次

5.5.2　四轴平切面加工

用一组垂直于旋转轴的平面与被加工曲面的等距面求交而生成四轴加工轨迹的方法称为四轴平切面加工，多用于加工旋转体及上面的复杂曲面。铣刀刀轴的方向始终垂直于第 4 轴的旋转轴。

【参数说明】

1. 行距定义方式

平行加工：用平行于旋转轴的方向生成加工轨迹。

角度增量：平行加工时用角度的增量来定义两平行轨迹之间的距离。

环切加工：用环绕旋转轴的方向生成加工轨迹。

2. 边界保护

保护：在边界处生成保护边界的轨迹，如图 5-48 所示。

不保护：到边界处停止加工，不生成轨迹，如图 5-49 所示。

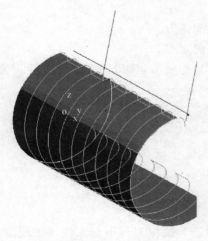

图 5-48　边界保护

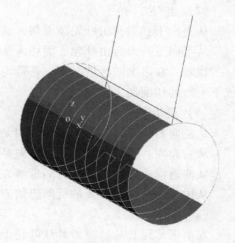

图 5-49　边界不保护

3. 优化

最小刀轴转角：刀轴转角是相邻两个刀轴间的夹角，最小刀轴转角限制的是相邻两个刀位点之间刀轴转角必须大于此数值，如果小了，就会忽略掉。如图 5-50 所示，图 a 为没有添加此限制，图 b 为添加了此限制，且最小刀轴转角为 10°。

最小刀具步长：指相邻两个刀位点之间的直线距离必须大于此数值，若小于此数值，可忽略不要。其效果与设置了最小刀具步长类似。如果此项与最小刀轴转角同时设置，则这两个条件哪个先满足、哪个起作用。

4. 用直线约束刀轴方向

用直线来控制刀轴的矢量方向。刀尖点与直线上对应一点的直线方向为刀轴的矢量方向。

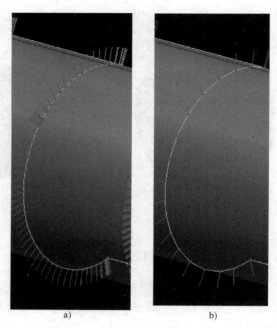

a)   b)

图 5-50　刀轴转角示例图

5.5.3　叶轮叶片加工

1. 叶轮粗加工

这是对叶轮相邻两个叶片之间的余量进行分层粗加工。

【参数说明】

（1）叶轮装卡方位

X 轴正向：叶轮轴线平行于 X 轴，从叶轮底面指向顶面与 X 轴正向同向的安装方式。

Y 轴正向：叶轮轴线平行于 Y 轴，从叶轮底面指向顶面与 Y 轴正向同向的安装方式。

Z 轴正向：叶轮轴线平行于 Z 轴，从叶轮底面指向顶面与 Z 轴正向同向的安装方式。

（2）走刀方向

从上向下：刀具由叶轮顶面切入从叶轮底面切出，单向走刀。

从下向上：刀具由叶轮底面切入从叶轮顶面切出，单向走刀。

往复：在以上四种情况下，一行走刀完后，不抬刀而是切削移动到下一行，反向走刀完成下一行的切削加工。

（3）进给方向

从左向右：刀具的行间进给方向是从左向右。

从右向左：刀具的行间进给方向是从右向左。

从两边向中间：刀具的行间进给方向是从两边向中间。

从中间向两边：刀具的行间进给方向是从中间向两边。

（4）延长

底面上部延长量：当刀具从叶轮上底面切入或切出时，为确保刀具不与工件发生碰撞，将刀具的走刀或进给行程向上延长一段距离，以使刀具能够完全离开叶轮上底面。

底面下部延长量：当刀具从叶轮下底面切入或切出时，为确保刀具不与工件发生碰撞，将刀具的走刀或进给行程向下延长一段距离，以使刀具能够完全离开叶轮下底面。

（5）步长和行距

最大步长：刀具走刀的最大步长，大于"最大步长"的走刀步将被分成两步。

最小步长：刀具走刀的最小步长，小于"最小步长"的走刀步将被合并。

行距：走刀行间的距离，以半径最大处的行距为计算行距。

每层切深：在叶轮旋转面上刀触点的法线方向上的层间距离。

切深层数：加工叶轮流道所需要的层数。叶轮流道深度 = 每层切深 × 切深层数。

（6）加工余量和精度

叶轮底面加工余量：粗加工结束后，叶轮底面（即旋转面）上留下的材料厚度。也是下道精加工工序的加工工作量。

叶轮底面加工精度：加工精度越大，叶轮底面模型形状的误差也增大，模型表面越粗糙；加工精度越小，模型形状的误差也减小，模型表面越光滑，但是轨迹段的数目增多，轨迹数据量变大。

叶面加工余量：叶轮槽左右两个叶片侧面上留下的下道工序的加工材料厚度。

（7）第一刀切削速度　第一刀进刀切削时按一定的百分比速度进刀。

2. 叶轮精加工

这是对叶轮每个单一叶片的两个侧面进行精加工。

【参数说明】

（1）加工顺序

层优先：叶片两个侧面的精加工轨迹同一层的加工完成后再加工下一层。叶片两侧交替加工。

深度优先：叶片两个侧面的精加工轨迹同一侧的加工完成后再加工下一侧面。完成叶片的一个侧面后再加工另一个侧面。

（2）走刀方向

从上向下：叶片两侧面的每一条加工轨迹都是由上向下进行精加工。

从下向上：叶片两侧面的每一条加工轨迹都是由下向上进行精加工。

往复：叶片两侧面的一面为由下向上精加工，一面为由上向下精加工。

（3）延长

叶片上部延长量：当刀具从叶轮上底面切入或切出时，为确保刀具不与工件发生碰撞，将刀具的走刀或进给行程向上延长一段距离，以使刀具能够完全离开叶轮上底面。

叶片下部延长量：当刀具从叶轮下底面切入或切出时，为确保刀具不与工件发生碰撞，将刀具的走刀或进给行程向下延长一段距离，以使刀具能够完全离开叶轮下底面。

（4）层切入

最大步长：刀具走刀的最大步长，大于"最大步长"的走刀步将被分成两步。

最小步长：刀具走刀的最小步长，小于"最小步长"的走刀步将被合并。

（5）深度切入

加工层数：同一层轨迹沿着叶片表面的走刀次数。

（6）加工余量和精度

叶面加工余量：叶片表面加工结束后所保留的余量。

叶面加工精度：加工精度越大，叶轮底面模型形状的误差也增大，模型表面越粗糙；加工精度越小，模型形状的误差也减小，模型表面越光滑，但是轨迹段的数目增多，轨迹数据量变大。

（7）叶轮底面让刀量　加工结束后，叶轮底面（即旋转面）上留下的材料厚度。

（8）起止高度　即刀具初始位置。起止高度通常大于或等于安全高度。

（9）安全高度　刀具在此高度以上任何位置，均不会碰伤工件和夹具。

（10）下刀相对高度　在切入或切削开始前的一段刀位轨迹的长度，这段轨迹以慢速下刀方式垂直向下进给。

3. 叶片粗加工

这是对单一叶片类造型进行整体粗加工，如图 5-51 所示。

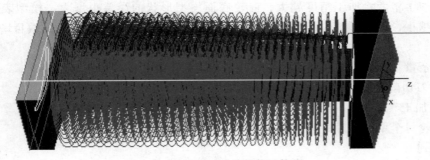

图 5-51　叶片粗加工轨迹

【参数说明】

（1）在毛坯定义选项中提供了两种毛坯的选择　一种是方形毛坯，一种是圆形毛坯。

1）方形毛坯：所要加工的叶片为方形毛坯。

基准点：拾取一个点，以此点为基准。

大小：毛坯的大小，以长、宽、高的形式表示。

2）圆形毛坯：所要加工的叶片为圆形毛坯。

底面中心点：毛坯的底面中心点。

大小：毛坯的大小，以半径和高度的形式表示。

（2）切入切出点　拾取空间中任意一点作为切入切出点。

（3）切入切出参数

圆弧：以圆弧的形式进行切入切出。

切线：沿切线的方向切入切出。

无切入切出：不进行切入切出。

（4）余量与精度

端面加工余量：端面在加工结束后所残留的余量。

叶片加工余量：叶片在加工结束后所残留的余量。

加工精度：即输入模型的加工误差。计算模型轨迹的误差小于此值。加工误差越大，模型形状的误差也增大，模型表面越粗糙；加工精度越小，模型形状的误差也减小，模型表面越光滑，但是轨迹段的数目增多，轨迹数据量变大。

（5）其他

前倾角：刀具轴向加工前进方向倾斜的角度。

安全高度：系统认为刀具在此高度以上任何位置，均不会碰伤工件和夹具。

回退最大距离：加工一刀结束后沿轴向回退的最大距离。

4. 叶片精加工

这是对单一叶片类造型进行整体精加工，如图5-52所示。

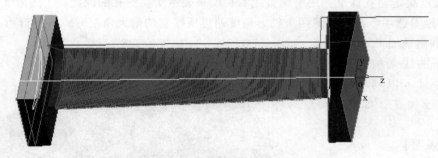

图5-52 叶片精加工轨迹

【参数说明】

螺旋方向：

左旋：向左方向旋转。

右旋：向右方向旋转。

5.5.4 五轴加工

1. 五轴G01钻孔

按曲面的法矢或给定的直线方向用G01直线插补的方式进行空间任意方向的五轴钻孔。

【参数说明】

（1）安全高度（绝对） 系统认为刀具在此高度以上任何位置，均不会碰伤工件和夹具，所以应该把此高度设置得高一些。

（2）主轴转速 机床主轴的转速。

（3）钻孔速度 钻孔时刀具的切削进给速度。

（4）接近速度 刀具切入工件前慢下刀速度。

（5）回退速度 钻孔后刀具回退的速度。

（6）安全间隙 钻孔时钻头快速下刀到达的位置，即距离工件表面的距离，也称R平面高度，由这一点开始按钻孔进给速度进行钻孔加工。

（7）钻孔深度 孔的加工深度，即进给速度段的长度。

（8）回退最大距离 每次回退到钻孔方向上高出钻孔点的最大距离。

（9）钻孔方式

下刀次数：当孔较深使用啄式钻孔时，以下刀的次数完成所要求的孔深。

每次深度：当孔较深使用啄式钻孔时，以每次钻孔深度完成所要求的孔深。

（10）拾取方式

输入点：可以输入数值或以捕捉到的点来确定孔位。

拾取存在点：拾取用做点工具生成的点来确定孔位。

拾取圆：拾取圆来确定孔位。

（11）刀轴控制

曲面法矢：用钻孔点所在曲面上的法线方向确定钻孔方向。

直线方向：用孔的轴线方向确定钻孔方向。

直线长度决定钻孔深度：用所画直线的长度来表示所要钻孔的深度。

（12）抬刀选项　当相邻的两个投影角度超过所给定的最大角度时，将进行抬刀操作。

2. 五轴侧铣加工

用两条曲线来构建所要加工的面，并且可以利用铣刀的侧刃来进行加工，如图 5-53 所示。

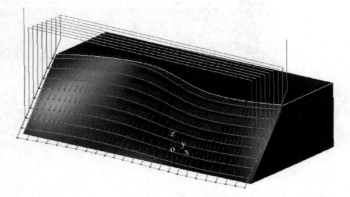

图 5-53　五轴侧铣示例

【参数说明】

（1）刀具摆角　在这一刀位点上应该具有的刀轴矢量基础上在轨迹的加工方向上再增加的刀具摆角。

（2）最大步长　在满足加工误差的情况下，为了使曲率变化较小的部分不至于生成的刀位点过少，用这一项参数来增加刀位，使相邻两刀位点之间的距离不大于此值。

（3）切削行数　用此值确定加工轨迹的行数。

（4）刀具角度　当刀具为锥形铣刀时，在这里输入锥刀的角度，支持用锥刀进行五轴侧铣加工。

（5）相邻刀轴最大夹角　生成五轴侧铣轨迹时，相邻两刀位点之间的刀轴矢量夹角不大于此值，否则将在两刀位之间插值新的刀位，用以避免两相邻刀位点之间的角度变化过大。

（6）保护面干涉余量　对于保护面所留的余量。

（7）扩展方式

进刀扩展：给定在进刀的位置向外扩展距离，以实现零件外进刀。

退刀扩展：给定在退刀的位置向外延伸距离，以实现完全走出零件外再抬刀。

（8）偏置方式

刀轴偏置：加工时刀轴向曲面外偏置。

刀轴过面：加工时刀轴不向曲面外偏置，刀轴通过曲面。

3. 五轴参数线加工

用曲面参数线的方式来建立五轴加工轨迹，每一点的刀轴方向为曲面的法向，并可根据加工的需要增加刀具倾角。

【参数说明】

（1）行距定义方式

刀次：以给定加工的次数来确定走刀的次数。

行距：以给定行距来确定轨迹行间的距离。

（2）刀轴方向控制

刀具前倾角：刀具轴向加工前进方向倾斜的角度。

通过曲线：通过刀尖一点与对应的曲线上一点所连成的直线方向来确定刀轴的方向。

通过点：通过刀尖一点与所给定的一点所连成的直线方向来确定刀轴的方向。

（3）通过点

点坐标：可以手工输入空间中任意点的坐标或拾取空间中任意存在点。

4. 五轴曲线加工

用五轴的方式加工空间曲线，刀轴的方向自动由被拾取的曲面法向进行控制。

【参数说明】

（1）切深定义

顶层高度：加工时第一刀能切削到的高度值。

底层高度：加工时最后一刀能切削到的高度值。

每层下降：单层下降的高度，也可以称之为层高。

这三个值决定切削的刀次。

（2）走刀顺序

深度优先顺序：先按深度方向加工，再加工平面方向。

曲线优先顺序：先按曲线的顺序加工，加工完这一层后再加工下一层，即深度方向。

（3）层间走刀方式

单向：沿曲线加工完后抬刀回到起始下刀切削处，再次加工。

往复：加工完后不抬刀，直接进行下次加工。

5. 五轴曲面区域加工

生成曲面的五轴精加工轨迹，刀轴的方向由导向曲面控制。导向曲面只支持一张曲面的情况。

【参数说明】

（1）加工余量　加工后工件表面所保留的余量。

（2）轮廓余量　加工后对于加工轮廓所保留的余量。

（3）岛余量　加工后对于岛所保留的余量。

（4）干涉余量　加工后对于干涉面所保留的余量。

（5）轮廓精度　对于加工范围内的轮廓的加工精度。

（6）行距　平行轨迹的行间距离。

（7）拐角过渡方式。

尖角：刀具从轮廓的一边到另一边的过程中，以两条边延长后相交的方式连接。

圆角：刀具从轮廓的一边到另一边的过程中，以圆弧的方式过渡。

（8）轮廓补偿

ON：刀心线与轮廓重合。

TO：刀心线未到轮廓一个刀具半径。

PAST：刀心线超过轮廓一个刀具半径。

（9）轮廓清根

清根：进行轮廓清根加工。

不清根：不进行轮廓清根加工。

（10）岛补偿

ON：刀心线与轮廓重合。

TO：刀心线未到轮廓一个刀具半径。

PAST：刀心线超过轮廓一个刀具半径。

（11）岛清根

清根：进行轮廓清根加工。

不清根：不进行轮廓清根加工。

6. 五轴等高精加工

生成五轴等高精加工轨迹，刀轴的方向为给定的摆角。刀具目前只支持球头刀。

【参数说明】

（1）Z层参数

模型高度：用加工模型的高度进行加工，给定层高来生成加工轨迹。

指定高度：给定高度范围，在这个范围内按给定的层高生成加工轨迹。

（2）其他参数

最大走刀步长：刀具走刀的最大步长，大于"最大步长"的走刀步将被分成两步。

相邻刀轴最大夹角：生成五轴侧铣轨迹时，相邻两刀位点之间的刀轴矢量夹角不大于此值，否则将在两刀位之间插值新的刀位，用以避免两相邻刀位点之间的角度变化过大。

预设刀具侧倾角：指预先设定的刀具倾角，刀具按这个倾角加工。

（3）干涉检查

垂直避让：当遇到干涉时机床将垂直抬刀避让。

水平避让：当遇到干涉时机床将水平抬刀避让。

调整侧倾角：当角度大于给定的角度时，将增加刀位点，调整侧倾角，用来避免相邻刀位点之间的角度变化过大。

7. 五轴转四轴加工

把五轴加工轨迹转为四轴加工轨迹，使一部分既可用五轴方式也可用四轴方式进行加工的零件，先用五轴生成轨迹，再转为四轴轨迹进行四轴加工。

【参数说明】

旋转轴

X轴：机床第四轴绕X轴旋转，生成加工代码角度地址为A。

Y轴：机床第四轴绕Y轴旋转，生成加工代码角度地址为B。

五轴轨迹转为四轴轨迹后刀轴方向发生了改变，由两个摆角变为一个摆角，相应轨迹形状也发生了改变。

8. 三轴转五轴轨迹

把三轴加工轨迹转为五轴加工轨迹,将只可用五轴加工方式进行加工的零件,先用三轴方式生成轨迹,再转为五轴轨迹进行五轴加工。

【参数说明】

(1) 刀轴矢量规划方式

固定侧倾角:以固定的侧倾角度来确定刀轴矢量的方向。

通过点:通过空间中一点与刀尖点的连线方向来确定刀轴矢量的方向。

(2) 固定侧倾角

侧倾角度:侧倾角的度数。

(3) 通过点

点坐标:输入点的坐标或直接拾取空间点来确定这个点的坐标。

9. 五轴定向加工

首先在所要加工的方向上建立加工坐标系,用坐标系确定要进行加工的刀轴方向。在这个坐标中可以使用三轴加工中的所有加工功能。

【操作说明】

1) 生成加工轨迹可自由地使用三轴加工的所有加工功能。

2) 生成加工代码时,请注意"生成后置代码"对话框中的"五轴定向铣选项",如图5-54所示进行设置。

3) 需注意图5-54中"抬刀绝对高度(装夹坐标系)"输入数值的设置一定要比工件的最高点还要高,以便在一个方向加工完成后切换到另一个加工方向可能会跨越工件时,不会与工件发生碰撞。

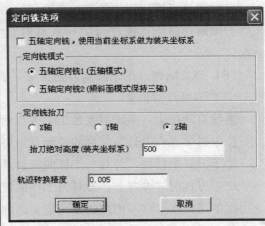

图 5-54 五轴定向加工

10. 五轴限制线加工

用五轴添加限制线的方式加工曲面。

CAD/CAM技术应用（CAXA）

【参数说明】

（1）加工方向

顺时针：刀具沿顺时针方向移动加工。

逆时针：刀具沿逆时针方向移动加工。

顺铣：刀具沿顺时针方向旋转加工。

逆铣：刀具沿逆时针方向旋转加工。

（2）行进策略

行优先：生成优先加工每一行的轨迹。

区域优先：生成优先加工每一个区域的轨迹。

（3）加工顺序

标准：生成标准的由工件一侧向另一侧加工的轨迹。

从里向外：环切加工轨迹由里向外加工。

从外向里：环切加工轨迹由外向里加工。

（4）加工余量　加工后工件表面所保留的余量。

（5）控制策略

刀轴不倾斜，同曲面法矢方向：刀轴始终与曲面法矢方向保持一致。

基于走刀方向的刀轴倾斜：刀轴沿走刀方向倾斜一个固定角度。

前倾角：曲面法矢方向与走刀方向的夹角。

侧倾角：曲面法矢方向与所选定的侧倾定义的夹角。

相对于轴有倾斜角：刀轴与机床主轴的倾斜角。

刀轴通过点：通过刀尖一点与所给定的一点所连成的直线方向来确定刀轴的方向。

绕轴旋转：刀轴沿机床主轴旋转一个角度来确定刀轴方向。

刀轴通过直线：用一条直线来确定刀轴方向。

刀轴通过曲线：通过刀尖一点与对应的曲线上一点所连成的直线方向来确定刀轴的方向。

（6）摆角限制　用来限制刀轴在某一平面内的角度范围。

（7）刀触点的位置

系统自动确定：系统根据加工工件自动计算。

位于刀尖点：刀具与工件的接触点始终是刀尖点。

位于刀具半径处：刀具与工件的接触点始终是刀具的半径处。

位于刀具前进方向上：刀具与工件的接触点始终是刀具行进方向上的一点。

位于用户指定点：用户通过给定前进方向的偏移量和侧向的偏移量来确定刀触点。

（8）轴向偏移

轨迹轮廓上固定偏移：沿轨迹轮廓偏移固定的距离后进行加工。

从每行上渐变偏：每加工一行轨迹后都将轨迹偏移一个距离后加工下一行。

从轨迹轮廓上渐变偏：沿轨迹轮廓偏移，随加工的进行偏移距离跟随变化。

11. 五轴平行线加工

用五轴的方式加工曲面，生成的每条轨迹都是平行的，如图 5-55 所示。

12. 五轴沿曲线加工

用五轴的方式加工曲面，生成的每条轨迹都是沿给定曲线的法线方向，如图 5-56 所示。

图 5-55　五轴平行线加工轨迹

图 5-56　五轴沿曲线加工轨迹

13. 五轴曲线投影加工

用五轴的投影方式加工曲面，如图 5-57 所示。

【参数说明】

（1）最大步距　生成加工轨迹的刀位点沿曲线按弧长均匀分布的最大距离。当曲线的曲率变化较大时，不能保证每一点的加工误差都相同。

（2）用户定义　拾取用户自己定义的曲线进行投影加工。

（3）中心点　放射曲线的中心点。

半径：放射曲线的放射半径。

角度：放射曲线的放射角度。

（4）螺旋方向

顺时针：沿顺时针方向螺旋加工。

逆时针：沿逆时针方向螺旋加工。

（5）轮廓　拾取用户自定义轮廓进行偏置。

（6）行距和残留高度

行距：轨迹的行间距离。

残留高度：工件上残留的余量。

14. 五轴限制面加工

用五轴添加限制面的方式加工曲面，如图 5-58 所示。

15. 五轴平行面加工

用五轴添加限制面的方式加工曲面，生成的每条轨迹都是平行的，如图 5-59 所示。

16. 五轴平行加工

用五轴平行加工的方式加工曲面，生成五轴平切面加工轨迹，如图 5-60 所示。

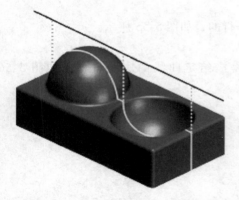

图 5-57　五轴曲线投影加工轨迹

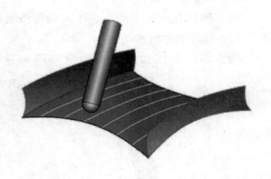

图 5-58　五轴限制面加工轨迹

图 5-59　五轴平行面加工轨迹

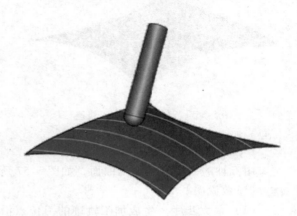

图 5-60　五轴平行加工轨迹

【参数说明】　加工角度

与 Y 轴夹角：刀轴在 XOY 平面内与 Y 轴的角度。

与 XOY 平面夹角：刀轴与 XOY 平面的角度。

5.6　加工功能应用案例

案例一　平面区域粗加工

用平面区域式粗加工功能生成图 5-61 所示零件的加工轨迹，并生成 FANUC 系统铣床的数控加工程序。

分析：从零件图可以看出，待加工零件上有两个平面加工区域，平面区域式粗加工属于 2.5 轴加工，无需零件造型，直接根据各个轮廓边界就可产生加工轨迹。

操作步骤如下。

1）在 XOY 平面绘制零件平面区域轮廓曲线图，如图 5-62 所示。

2）设定毛坯，在矩形外轮廓线的一个角上做一条长 25mm 的 Z 向线，然后在"轨迹管理"特征树上单击"毛坯"，弹出"毛坯定义"对话框，选取"拾取两角点"，然后选择对角点 1、2，生成毛坯如图 5-63 所示。

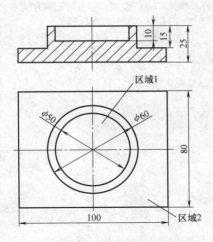

图 5-61　平面区域加工零件图

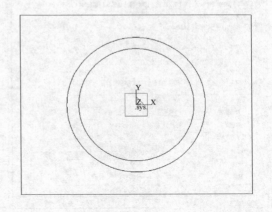

图 5-62　零件平面区域轮廓曲线

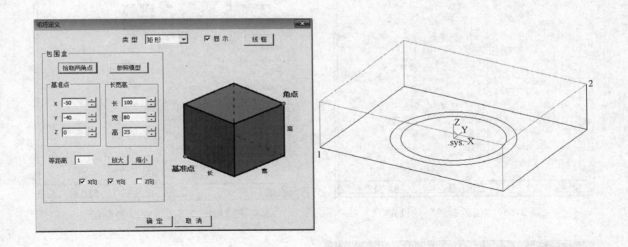

图 5-63　毛坯的设定

3）先加工区域 1，填写参数表：如图 5-64 ~ 图 5-71 所示。

>> **注意**　顶层高度与底层高度。

4）单击"确定"按钮后，按左下角状态栏提示拾取轮廓 φ50mm 圆，选择链搜索方向后，提示拾取岛，由于没有岛，所以单击鼠标右键确定，便生成平面区域 1 的加工轨迹，如图 5-71 所示。

5）再加工平面区域 2，填写加工参数，如图 5-72 所示，其余参数同前（为了不影响视线，可拾取轨迹 1，单击鼠标右键，将其隐藏）。

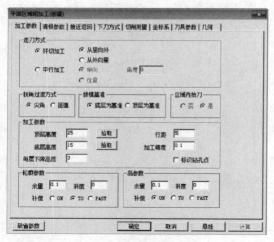

图 5-64　"加工参数"的设定

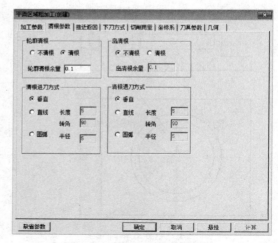

图 5-65　"清根参数"的设定

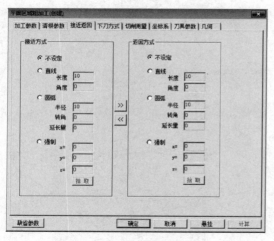

图 5-66　"接近返回"的设定

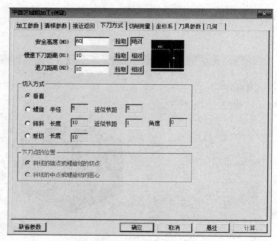

图 5-67　"下刀方式"的设定

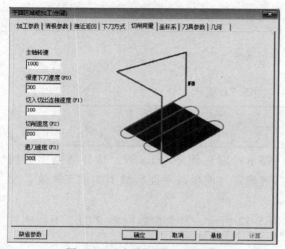

图 5-68　"切削用量"的设定

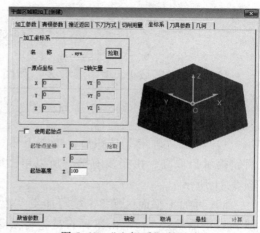

图 5-69　"坐标系"的选定

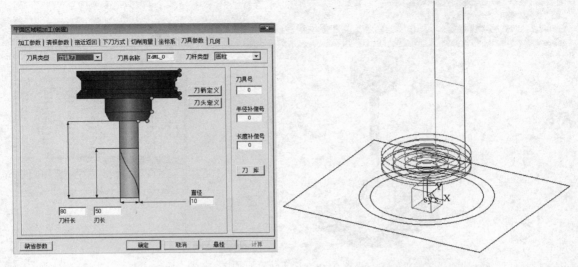

图 5-70 "刀具参数"的设定

图 5-71 平面区域 1 加工轨迹

> **注意** 顶层高度与底层高度的变化，轮廓参数与岛参数的变化。

6）单击"确定"按钮后，按左下角状态栏提示拾取轮廓为 100mm×80mm 矩形边界，确定链搜索方向后，提示拾取岛，选择 φ60mm 圆曲线为岛，确定方向，单击右键，生成平面区域 2 的加工轨迹，如图 5-73 所示。

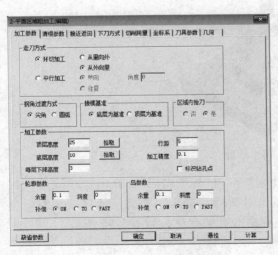

图 5-72 区域 2 加工参数

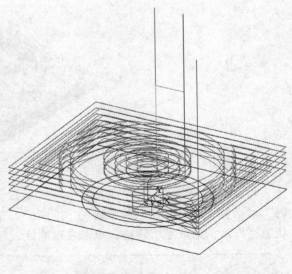

图 5-73 平面区域 2 加工轨迹

7）加工仿真。单击主菜单"加工"→"实体仿真"，然后拾取加工轨迹，单击右键确认，则弹出加工仿真页面，单击"播放"按钮 ▶，开始加工仿真，如图 5-74 所示。

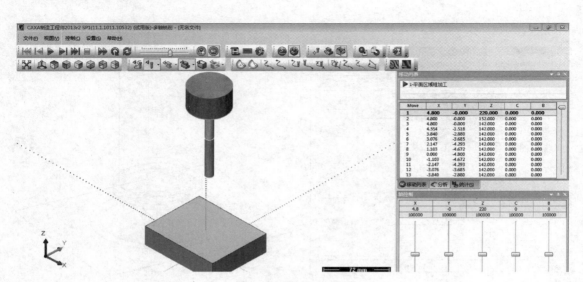

图 5-74　加工仿真页面

8）仿真结果如图 5-75 所示。单击"退出加工仿真"按钮 ，退出仿真，回到绘图界面。

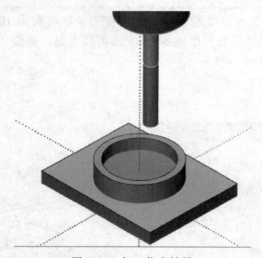

图 5-75　加工仿真结果

9）生成 G 代码：单击"加工"→"后置处理"→"生成 G 代码"，弹出"生成后置代码"对话框，选择机床数控系统为"fanuc"，单击对话框"确定"按钮。然后按照左下角状态栏提示，拾取加工轨迹，单击右键确认，则弹出 G 代码程序，如图 5-76 所示。

>> 注意　　　由于两条轨迹不存在换刀及切削用量的改变，所以可以将两条轨迹合并生成一个加工程序，方法是拾取轨迹时连续拾取轨迹 1 和轨迹 2 后，单击鼠标右键即可。

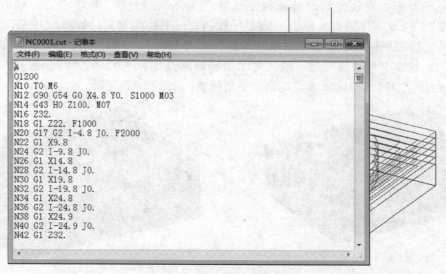

图 5-76　生成 G 代码

案例二　球面十字槽的加工

用等高线粗加工、等高线精加工和平面精加工功能生成图 5-77 所示零件的加工轨迹，并进行零件的加工仿真。

分析：毛坯尺寸为 200mm×150mm×60mm，材料为 YL12，选择 φ10mm 立铣刀完成粗加工，精加工采用球头刀加工曲面，采用立铣刀加工平面。

操作过程如下。

1）造型：零件造型过程略，结果如图 5-78 所示。

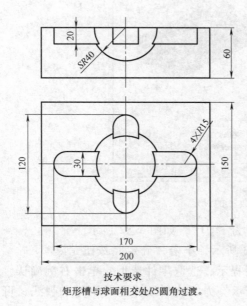

技术要求
矩形槽与球面相交处R5圆角过渡。

图 5-77　球面十字槽零件

图 5-78　球面十字槽零件造型

2）毛坯设定：在轨迹管理特征树上选择"毛坯"，弹出"毛坯定义"对话框，选择"参照模型"，拾取零件造型，单击"确定"按钮完成毛坯的定义，如图5-79所示。

3）建立加工坐标系：单击主菜单"工具"→"坐标系"→"创建坐标系"，立即菜单中选择"单点"，按左下角状态栏提示输入加工坐标系原点坐标（0，0，60），按回车键，再输入坐标系名称"O1"，按回车键，得到加工坐标系，如图5-80所示。

图5-79　毛坯的定义

图5-80　加工坐标系的创建

4）等高线粗加工：单击加工工具条中"等高线粗加工"按钮，弹出"等高线粗加工（创建）"对话框，"加工参数"的设定如图5-81所示。

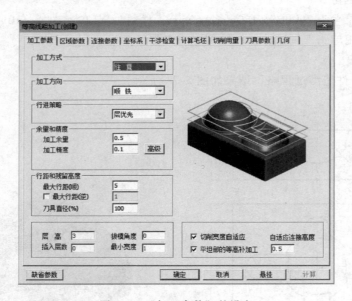

图5-81　"加工参数"的设定

5）加工坐标系的设定：加工坐标系名称选择为"O1"，如图5-82所示。

6）刀具参数的设定：选择刀具参数如图5-83所示，单击"确定"按钮完成。

7）生成等高线粗加工轨迹：按左下角状态栏提示，选取零件造型，单击右键确认，经过计算机自动计算后，生成加工轨迹如图5-84所示。为了使后续操作时不影响视线，可以暂时把轨迹隐藏。

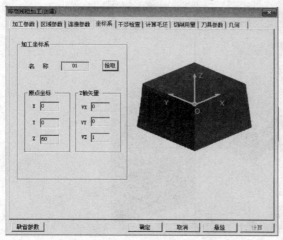

图 5-82　加工坐标系的设定

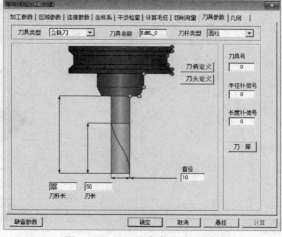

图 5-83　"刀具参数"的设定

8）生成等高线精加工轨迹：单击工具条 按钮，弹出"等高线精加工（创建）"对话框，"加工参数"的设定如图 5-85 所示。

9）加工边界的设定：（事先以 O_1 点为圆心，画出半径 R45mm 的圆。）选择"区域参数"选项卡，勾选"使用"加工边界，单击"拾取加工边界"，拾取 R45mm 圆，完成加工边界的设定，如图 5-86 所示。

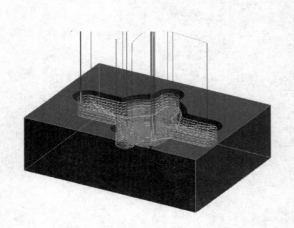

图 5-84　等高线粗加工轨迹

图 5-85　"加工参数"的设定

10）刀具参数的设定：加工曲面选择 ϕ10mm 的球头铣刀，如图 5-87 所示。单击"确定"按钮完成。

11）生成等高线精加工轨迹：按左下角状态栏提示，选取零件造型，单击右键确认，计算后得到加工轨迹，如图 5-88 所示。可暂时隐藏。

12）生成平面精加工轨迹：单击工具条中 按钮，弹出"平面精加工（创建）"对话框，"加工参数"的设定如图 5-89 所示。

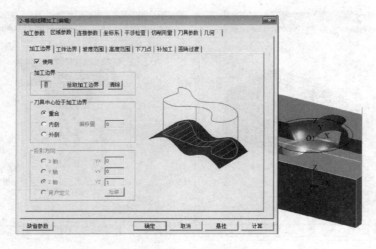

图 5-86　加工边界的设定

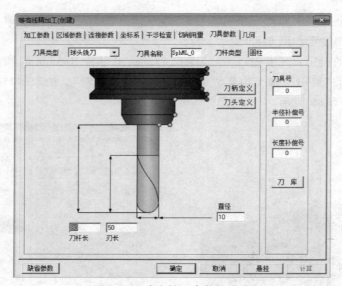

图 5-87　球头铣刀参数的设定

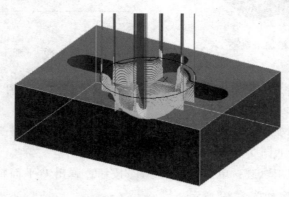

图 5-88　等高线精加工轨迹

图 5-89　"加工参数"的设定

（3）高度范围的设定：选择"区域参数"选项卡，如果不需要加工零件上表面平面轮廓，则选择"用户设定"，起始高度就设定在上平面以下，如图 5-90 所示。

（4）刀具参数的选择：如图 5-91 所示，单击"确定"按钮完成。

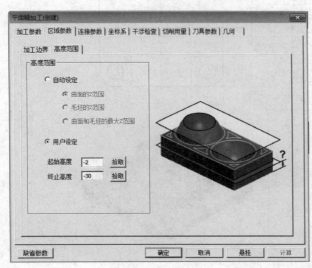

图 5-90　高度范围的设定　　　　图 5-91　刀具参数的选择

（5）生成平面精加工轨迹：拾取零件造型，单击鼠标右键确认，计算后生成加工轨迹，如图 5-92 所示。

（6）加工轨迹实体仿真：全部显示加工轨迹，单击主菜单"加工"→"实体仿真"，弹出仿真页面，单击"播放键"开始仿真，结果如图 5-93 所示。

案例三　底座零件的加工编程

根据图 5-94 所示零件的尺寸和技术要求，完成底座零件的加工编程。已知零件毛坯为 82mm×82mm×22mm 的 45 钢板，底面及侧面已经粗加工过，单边留有 1mm 的余量，单件生产。

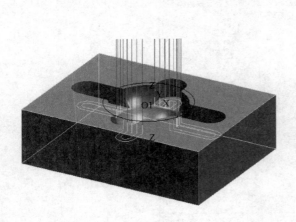

图 5-92　平面精加工轨迹

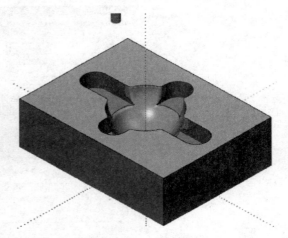

图 5-93　零件加工轨迹实体仿真结果

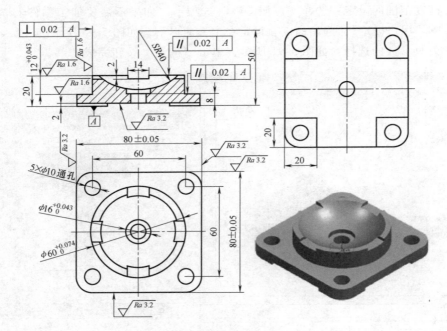

图 5-94　底座

分析如下。

1）加工选用台虎钳装夹，下面放垫铁，打表找正。

2）坐标原点建立在零件上表面中心点处。

3）先加工底面，翻面操作，使用"平面区域粗加工"生成外轮廓、十字槽底平面的粗、精加工轨迹，然后钻 5 个 ϕ10mm 的通孔。

4）再加工零件上表面，使用"等高线粗加工"、"参数线精加工"、"平面轮廓粗加工"及"平面轮廓精加工"来生成各面粗、精加工轨迹。

操作步骤如下。

1. 零件实体造型

按〈F5〉键，选择 XOY 为当前绘图平面，坐标原点为盘体底面中心。绘制零件空间轮廓曲线，利用"曲线投影"、"拉伸增料"、"拉伸除料"、"旋转除料"完成零件实体造型。以点（0，0，20）为坐标原点，建立加工坐标系 O，如图 5-95 所示。

图 5-95　底座零件实体造型

2. 零件翻面操作

①单击"保存"按钮 ，将底座零件实体造型保存为"1. mxe"；②单击主菜单"文件"→"另存为"，再将底座零件实体造型保存为"2. X_T"；③单击"新建"按钮 ，打开一个新文件，单击"布尔运算"按钮 ，弹出"打开"对话框，打开"2. X_T"文件，弹出"输入特征"对话框，选择"当前零件∪输入零件"，按左下角状态栏提示，选择坐标原点为定位点，选择"给定旋转角度"，"角度二"输入"180"，单击"确定"按钮后，零件翻转操作完成，如图 5-96 所示。参照模型方式生成毛坯。

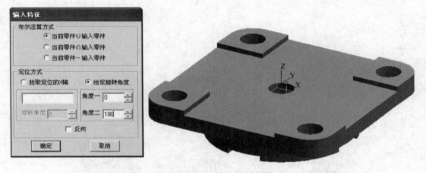

图 5-96　零件翻转操作

3. 绘制轮廓、岛屿及加工边界线

选择 XOY 为当前作图平面，以坐标原点为中心画矩形 92mm × 92mm 为加工边界线，并按零件尺寸绘制轮廓线及岛屿曲线，如图 5-97 所示。（提示：为了便于拾取，将轮廓边线在与岛屿线相交处打断。）

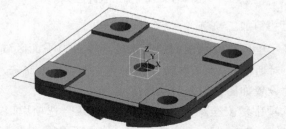

图 5-97　绘制轮廓、岛屿及加工边界线

CAD/CAM技术应用（CAXA）

4. 生成孔加工轨迹

单击主菜单"加工"→"其他加工"→"孔加工"，或直接单击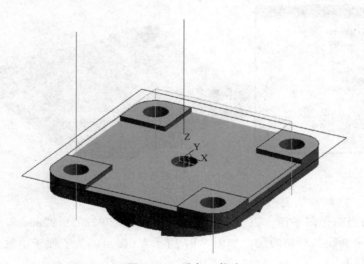按钮，弹出"钻孔（创建）"对话框，"加工参数"的设置如图 5-98 所示。坐标系选项中，起始高度输入"60"。"刀具参数"的设置如图 5-99 所示。单击"确定"按钮后，生成孔加工刀具轨迹，如图 5-100 所示。

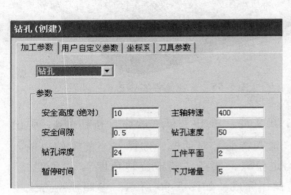

图 5-98 "加工参数"的设置

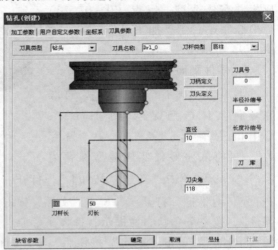

图 5-99 "刀具参数"的设置

图 5-100 孔加工轨迹

5. 生成平面区域粗、精加工轨迹

1）第一次生成 -2~0mm 高度范围的加工轨迹。单击"平面区域粗加工"按钮，弹出"平面区域粗加工"对话框，"加工参数"的设置如图 5-101 所示。

2）"清根参数"的设置如图 5-102 所示。

3）"下刀方式"选项中取安全高度"30"，"坐标系"选项中取起始高度"60"，刀具选择直径为 10mm 的钻头，单击"确定"按钮后，按左下角状态栏提示，选择加工边界线为轮廓线，四个凸台为岛屿曲线，如图5-103所示。

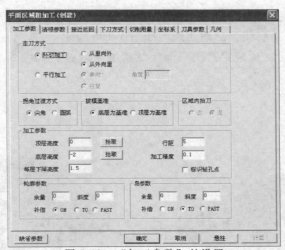

图 5-101   "加工参数"的设置

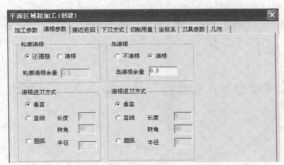

图 5-102   "清根参数"的设置

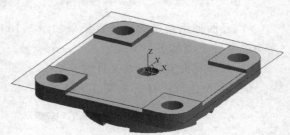

图 5-103   选择轮廓线、岛屿曲线

4）单击鼠标右键后，得到第一次平面区域粗加工轨迹，如图 5-104 所示。

5）第二次生成 -12 ~ -2mm 高度范围的加工轨迹。单击 回 按钮，弹出"平面区域粗加工（创建）"对话框，"加工参数"的设置如图 5-105 所示。

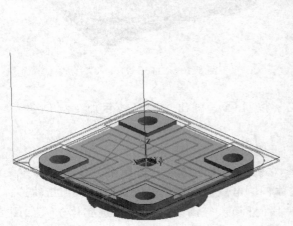

图 5-104   第一次平面区域粗加工轨迹

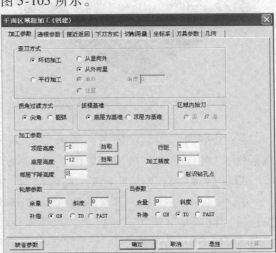

图 5-105   "加工参数"的设置

6）其他参数的设置同前。单击"确定"按钮后，按照左下角状态栏提示，拾取加工边界线为轮廓线，零件外轮廓线为岛屿曲线，如图 5-106 所示。

7）单击鼠标右键后，生成第二次平面区域粗加工轨迹，如图 5-107 所示。并且保存为文件"3. mxe"。

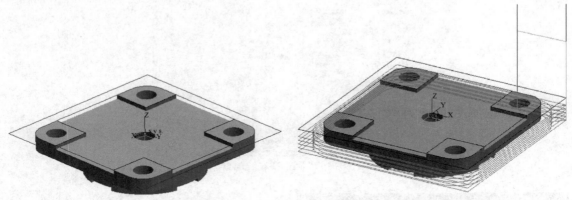

图 5-106　轮廓线、岛屿曲线的拾取　　　　　图 5-107　第二次平面区域粗加工轨迹

8）底面加工轨迹实体仿真结果如图 5-108 所示。

6. 零件上面加工

1）打开零件实体造型文件"1. mxe"，只留下零件外轮廓曲线、$\phi 60$mm 和 $\phi 16$mm 圆曲线，参照模型生成毛坯，如图 5-109 所示。

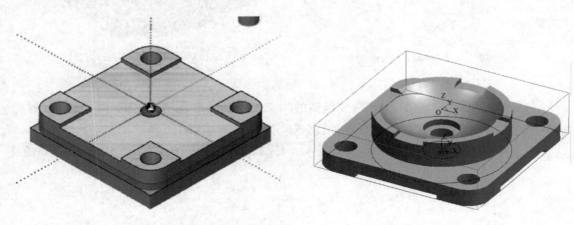

图 5-108　底面加工轨迹实体仿真　　　　　　图 5-109　打开"1. mxe"文件

2）各曲面粗加工：单击"等高线粗加工"按钮 ，弹出"等高线粗加工（创建）"对话框，"加工参数"的设置如图 5-110 所示。

3）"区域参数"选项卡中"高度范围"的设置如图 5-111 所示。

4）坐标系选择 O，刀具参数选择 $\phi 10$mm 立铣刀，其他参数的选择略。单击"确定"按钮后，按照左下角状态栏提示，选择零件实体，单击鼠标右键，得到等高线粗加工轨迹，如图 5-112 所示（注意：轨迹计算需要等待一段时间）。等高线粗加工轨迹实体仿真如图 5-113所示。

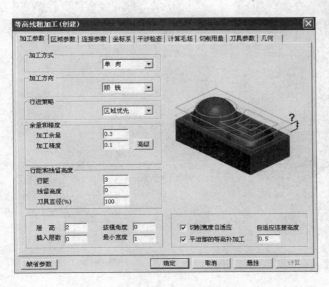

图 5-110　"加工参数"的设置

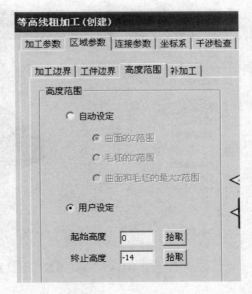

图 5-111　单击"高度范围"的设置

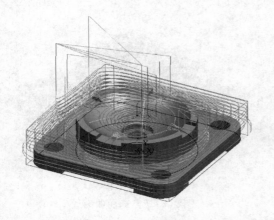

图 5-112　等高线粗加工轨迹图

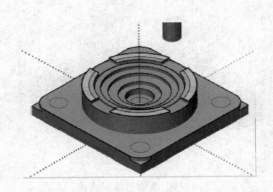

图 5-113　等高线粗加工轨迹实体仿真

5）平面精加工：单击"平面加工"按钮 ，弹出"平面精加工（创建）"对话框，"加工参数"的设置如图 5-114 所示。

6）"区域参数"选项卡中"高度范围"的设置如图 5-115 所示。坐标系选择 O，其他参数同前。单击"确定"按钮后，按照左下角状态栏提示，选择零件实体，单击鼠标右键，得到平面精加工轨迹，如图 5-116 所示。

7）球面参数线精加工：选择"特征管理"，为了生成比较简捷的球面加工轨迹，从特征树上将球面上沿的四个拉伸粗料特征删除，再单击实体表面 按钮，选择零件上球面部分，单击鼠标右键完成，得到球面曲面，如图 5-117 所示。

8）回到轨迹管理，单击主菜单"加工"→"常用加工"→"参数线精加工"，或者直接单击 按钮，弹出"参数线精加工（创建）"对话框。"加工参数"的设置如图 5-118 所示。

CAD/CAM技术应用（CAXA）

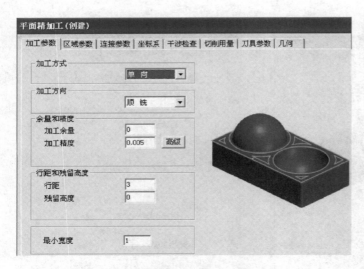

图 5-114　"加工参数"的设置

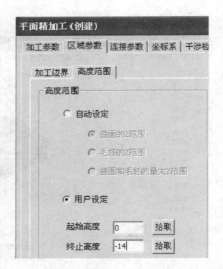

图 5-115　"高度范围"的设置

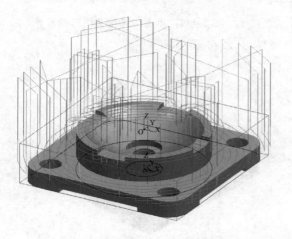

图 5-116　平面精加工轨迹

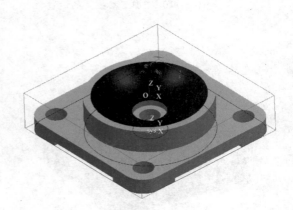

图 5-117　球面曲面

9）"下刀方式"选项卡中"安全高度"输入"30"，坐标系选 O，切削用量合理，刀具选择 φ16mm 的球头铣刀，单击"确定"按钮，按左下角状态栏提示选球面曲面，单击鼠标右键，单击箭头根部加工曲面的加工方向为球面内侧，再单击鼠标右键，再单击零件上方为进刀点，单击箭头改变走刀方向，再单击鼠标右键，没有干涉曲面可直接单击鼠标右键，则生成球面参数线精加工轨迹，如图 5-119 所示。至此，零件所有加工轨迹完成。零件上面加工轨迹实体仿真结果如图 5-120 所示。

案例四　滑杆支架的五轴钻孔加工编程

如图 5-121 所示，完成滑杆支架的轮廓加工及五轴 G01 钻孔加工轨迹的生成。

分析如下。

1）毛坯选用 150mm×60mm×40mm 的长方体，材料为 45 钢。

2）先加工底面，完成底板侧面轮廓的粗、精加工（本题略）。

3）翻面，装夹。使用等高线粗加工方法去除零件的大部分余量。

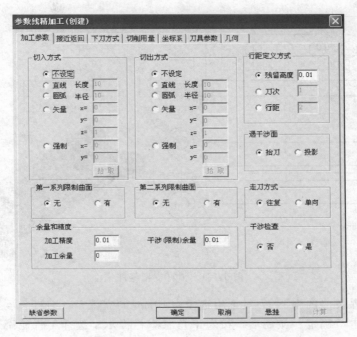

图 5-118　"加工参数"的设置

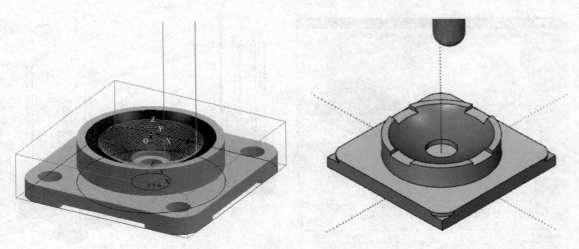

图 5-119　球面参数线精加工轨迹　　　　　　图 5-120　零件上面加工轨迹实体仿真

4）使用等高线精加工方法完成立板及 R10mm 圆弧过渡面的精加工。

5）使用平面精加工方法完成底板上表面及 φ16mm 沉孔的精加工。

6）使用五轴 G01 钻孔加工方法完成底板、立板 9 个孔的加工。

操作步骤如下。

1）零件实体造型过程省略。

2）按参照模型方式建立毛坯，单击"等高线粗加工"按钮 ，弹出"等高线粗加工（创建）"对话框，"加工参数"的设置如图 5-122 所示。

3）"区域参数"选项卡中，拾取矩形外轮廓线（150mm×60mm）为加工边界线，刀具

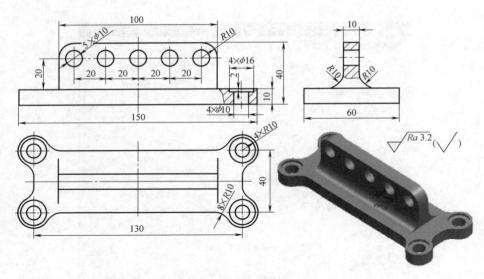

图 5-121　滑杆支架零件

中心位于加工边界线"内侧"。刀具选用直径为10mm的立铣刀，刀杆长度100mm，其他参数适当设置。单击"确定"按钮后，按左下角状态栏提示，选择工件轮廓为加工表面，计算后得到等高线粗加工轨迹，如图5-123所示。

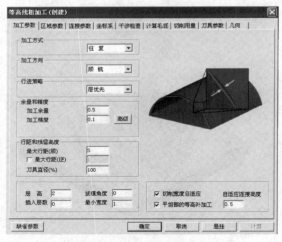

图 5-122　"加工参数"的设置

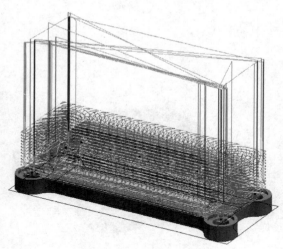

图 5-123　等高线粗加工轨迹

4）单击"等高线精加工"按钮，弹出"等高线精加工（创建）"对话框，"加工参数"的设置如图5-124所示。

5）在"区域参数"选项卡中，拾取矩形线框（118mm×35mm）作为加工边界。刀具选择直径18mm的球头铣刀，其他参数适当设置，单击"确定"按钮后拾取零件轮廓，计算后得到等高线精加工轨迹，如图5-125所示。

6）单击"平面精加工"按钮，弹出"平面精加工（创建）"对话框，"加工参数"的设置如图5-126所示。

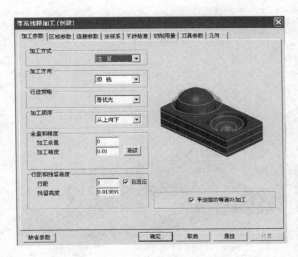

<table>
</table>

图 5-124　"加工参数"的设置　　　　　　　图 5-125　等高线精加工轨迹

7）刀具选择直径为 10mm 的立铣刀，其他参数适当设置，单击"确定"按钮后选择零件轮廓，得到平面精加工轨迹，如图 5-127 所示。

 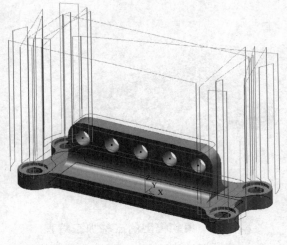

图 5-126　"加工参数"的设置　　　　　　　图 5-127　平面精加工轨迹

8）单击"五轴 G01 钻孔"按钮，弹出"五轴 G01 钻孔（创建）"对话框，"加工参数"的设置如图 5-128 所示。

9）刀具选择直径为 10mm 的钻头，单击"确定"按钮后，按左下角状态栏提示，依次选择底板上四个孔的中心点，单击鼠标右键确定；选择 Z 向直线为刀轴控制直线，单击鼠标右键，得到加工轨迹，如图 5-129 所示。

10）加工参数同前设置，选择 Y 向直线为刀轴控制直线，得到加工轨迹，如图 5-130所示。

11）滑杆支架加工轨迹实体仿真结果如图 5-131 所示。

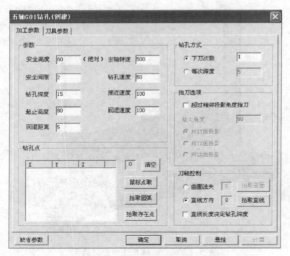

图 5-128　"加工参数"的设置

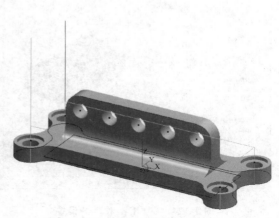

图 5-129　底板上四个孔的加工轨迹

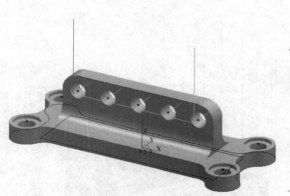

图 5-130　立板上五个孔的加工轨迹

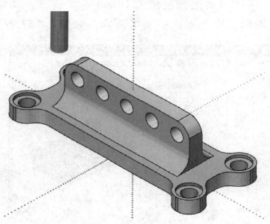

图 5-131　滑杆支架加工轨迹实体仿真

案例五　吊钩模型的五轴加工编程

吊钩模型来自 CAXA 制造工程师软件安装目录下的 "sample" 文件夹，如图 5-132 所示，完成锻模电极加工轨迹的生成。

分析如下。

1）对模型曲面进行处理：将吊钩上主曲面缝合成一张曲面，侧面（铅垂面）缝合成一张曲面（注：均不包括吊钩顶端平面）。

2）使用等高线粗加工方法生成粗加工轨迹，去除余量。

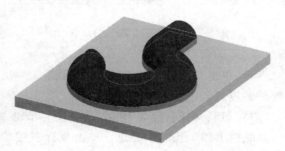

图 5-132　吊钩模型

3）使用五轴参数线精加工方法生成吊钩主曲面精加工轨迹。

4）使用平面区域粗加工方法生成吊钩侧面和平台上表面精加工轨迹。

操作步骤如下。

1. 模型曲面处理

单击"曲面缝合"按钮，将吊钩上主曲面缝合成一张曲面，侧面（铅垂面）缝合成一张曲面（注：均不包括吊顶钩端平面），如图5-133所示。注意：曲面缝合工具不支持裁剪曲面，所以需要把吊钩主曲面柄部柱面换成直纹面。

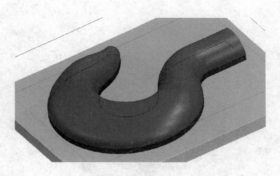

图5-133 曲面缝合操作

2. 生成粗加工轨迹

1）按照参照模型方式生成毛坯，单击"等高线粗加工"按钮，"加工参数"的设置如图5-134所示。

2）刀具选择直径16mm的立铣刀，刀杆长100mm，刃长60mm，切削用量参数适当设置，其余参数默认，确定后框选所有曲面，单击鼠标右键确认，经过计算后得到等高线粗加工轨迹，如图5-135所示。粗加工实体仿真结果如图5-136所示。

图5-134 "加工参数"的设置

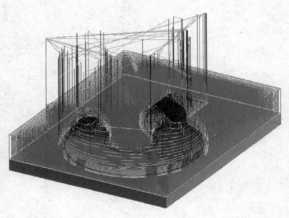

图5-135 等高线粗加工轨迹

3. 生成吊钩主曲面精加工轨迹

1）单击"五轴参数线精加工"按钮，"加工参数"的设置如图5-137所示（注意："刀轴方向控制"选择"通过曲线"→"指向曲线方式"）。

2）刀具选择直径20mm的球头铣刀，刀杆长120mm，刃长60mm，切削用量适当设置，其他参数默认，单击"确定"按钮后选择加工曲面为吊钩主曲面，方向向上，单击吊钩顶部上方为进刀点，加工方向为吊钩纵向，选择刀轴控制曲线为吊钩轮廓线的等距线，距离为"720"，等距方向为Z向，如图5-138所示，生成吊钩主曲面五轴参数线精加工轨迹，结果如图5-139所示。

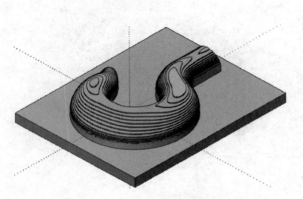

图 5-136　粗加工实体仿真

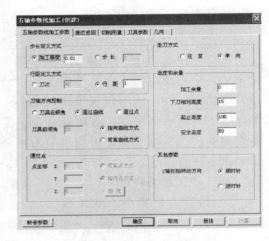

图 5-137　"加工参数"的设置

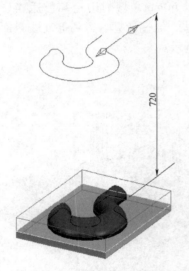

图 5-138　刀轴控制曲线

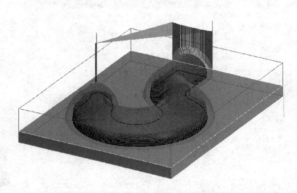

图 5-139　吊钩主曲面五轴参数线精加工轨迹

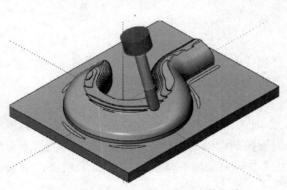

图 5-140　五轴参数线精加工实体仿真

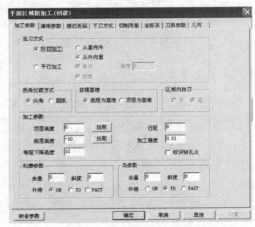

图 5-141　"加工参数"的设置

3）五轴参数线精加工轨迹实体仿真如图5-140所示。

4. 生成吊钩侧面、平台上表面精加工轨迹

1）单击"平面区域粗加工"按钮，"加工参数"的设置如图5-141所示。

2）设置"清根参数"如图5-142所示。

3）刀具选择直径20mm的立铣刀，刀杆长100mm，刃长60mm，切削用量适当设置，其他选项默认，确认后选择平台边界线为轮廓线，选择吊钩轮廓线为岛屿，单击鼠标右键确认，生成吊钩侧面、平台上表面精加工轨迹，如图5-143所示。

4）吊钩五轴加工轨迹实体仿真如图5-144所示。

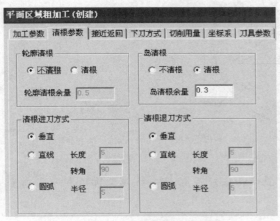

图5-142　"清根参数"的设置

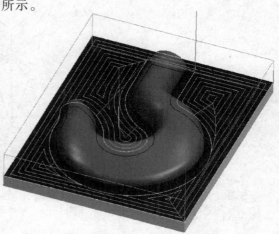

图5-143　吊钩侧面、平台上表面精加工轨迹

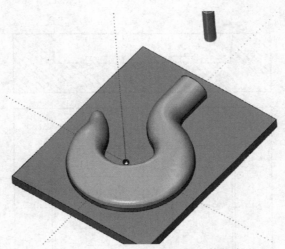

图5-144　吊钩五轴加工轨迹实体仿真

思 考 与 练 习 题

5-1　对图5-145所示五角星零件进行加工造型，选择适当的方法进行加工，并进行加工轨迹仿真及生成G代码。

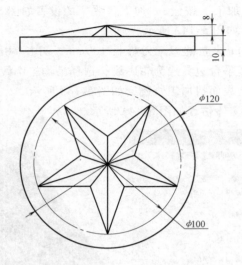

图 5-145　五角星

　　5-2　对图 5-146 所示凹模零件进行加工造型，并生成型腔粗、精加工轨迹和分型面精加工轨迹。

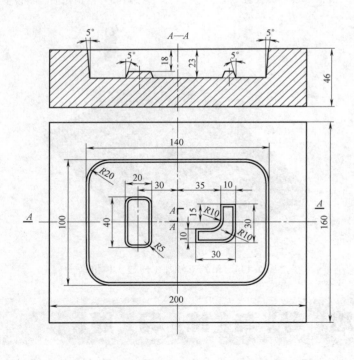

图 5-146　凹模

5-3 对图5-147所示平面轮廓凸台、凹槽零件进行加工造型，并选择适当的加工方法进行加工，自定义毛坯。

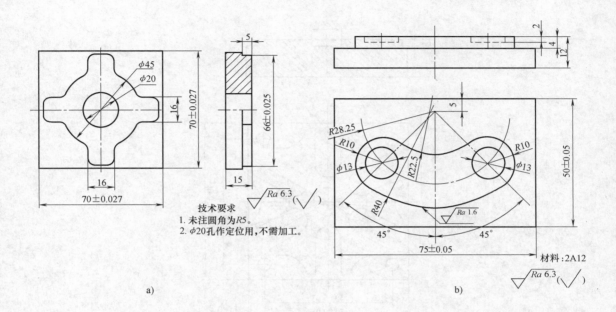

技术要求
1. 未注圆角为R5。
2. φ20孔作定位用，不需加工。

a)

b)

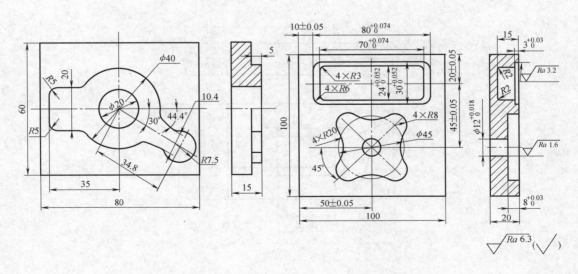

图 5-147

5-4 对图5-148所示盘类零件进行加工造型，并选择适当的加工方法生成零件的粗、精加工轨迹。

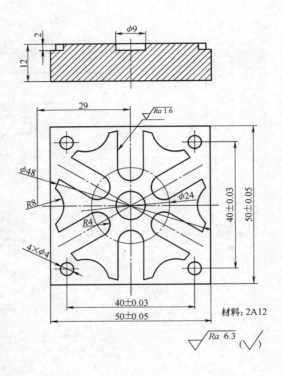

图5-148 盘

5-5 对图5-149所示零件造型并选择适当的加工方法进行加工，毛坯尺寸自定。

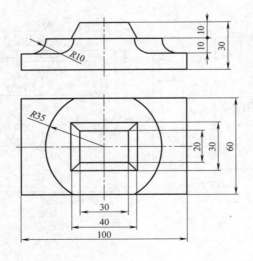

图5-149

5-6 根据图 5-150 所示曲面槽零件进行加工造型,并生成曲面槽粗、精加工轨迹,进行零件的仿真加工,生成 G 代码。

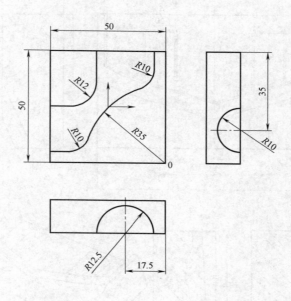

图 5-150 曲面槽

5-7 对图 5-151 所示梅花印零件进行加工造型,并进行加工。

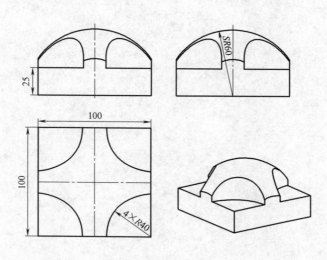

图 5-151

5-8 如图 5-152 所示，已知零件毛坯尺寸 150mm×90mm×40mm，完成零件造型并生成刀具加工轨迹（分粗、精加工），生成加工参数表，并保存造型和轨迹文件。

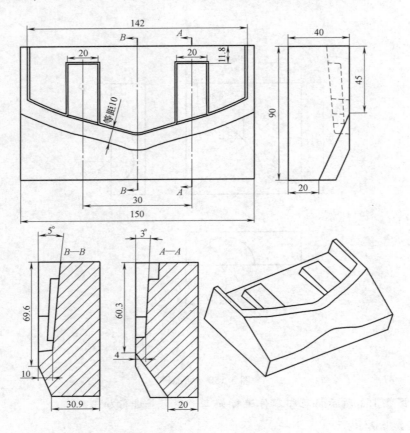

注：1. 凹槽及凸台（岛）的拔模斜度 5°
　　2. 凹槽内角允许 R2 圆角过渡

图 5-152　曲面凹槽

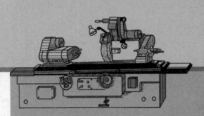

第6章
CAXA数控车2013 应用技术

学习目标

CAXA 数控车 2013 是在全新的数控加工平台上开发的数控车床加工编程和二维图形设计软件。本章主要学习二维图形的绘制及图形编辑功能、通用后置设置、数控车削基本加工功能、车螺纹及高级加工功能。

6.1　CAXA 数控车 2013 软件的基本操作

6.1.1　数控车界面介绍

用户界面是交互式绘图软件与用户进行信息交流的中介。系统通过界面反映当前信息状态或将要执行的操作，用户按照界面提供的信息做出判断，并经由输入设备进行下一步的操作。因此，用户界面被认为是人机对话的桥梁。

CAXA 数控车的用户界面主要包括三个部分，即菜单栏、工具栏和状态栏。

另外，需要特别说明的是 CAXA 数控车提供了立即菜单的交互方式，用来代替传统的逐级查找的问答式交互，使交互过程更加直观和快捷。

菜单与工具条

CAXA 数控车使用最新流行界面，如图 6-1 所示，更贴近用户，更简明易懂。

单击任意一个菜单项（例如"设置"），都会弹出一个下拉菜单（子菜单）。

移动鼠标到"绘制工具"工具栏，在弹出的当前绘制工具栏中单击任意一个按钮，系统通常会弹出一个立即菜单，并在左下角状态栏显示相应的操作提示和执行命令状态。

在立即菜单环境下，用鼠标单击其中的某一项（例如"两点线"）或按〈Alt + 数字〉组合键（例如〈Alt + 1〉），会在其上方出现一个选项菜单以及改变该项的内容。另外，在这种环境下，工具菜单提示为"屏幕点"，单击空格键，屏幕上会弹出一个被称为"工具点菜单"的选项菜单，用户可以根据作图需要从中选取特征点进行捕捉，如图 6-2 所示。

6.1.2　基本操作

1. 命令的执行

CAXA 数控车在执行命令的操作方法上，为用户设置了鼠标选择和键盘输入两种并行的

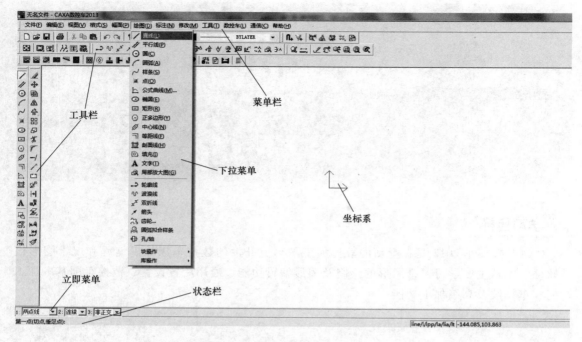

图 6-1　用户界面

输入方式，两种输入方式并行存在，为不同程度的用户提供了操作方面
上的方便性。

　　鼠标选择方式主要适合于初学者或是已经习惯于使用鼠标的用户。
所谓鼠标选择就是根据屏幕显示出来的状态或提示，用鼠标去单击所需
的菜单或者工具栏按钮。菜单或者工具栏按钮的名称与其功能相一致。
选中菜单或者工具栏按钮就意味着执行了与其对应的键盘命令。由于菜
单或者工具栏选择直观、方便，减少了背记命令的时间。因此，很适合
初学者采用。

　　键盘输入方式是由键盘直接键入命令或数据，它适合于习惯键盘操
作的用户。键盘输入要求操作者熟悉了解软件的各条命令以及它们相应的功能，否则将给输
入带来困难，经实践证明，键盘输入方式比菜单选择输入效率更高，希望初学者能尽快掌握
和熟悉它。

　　在操作提示为"命令"时，使用鼠标右键和键盘回车键可以重复执行上一条命令，命
令结束后会自动退出该命令。

　　2. 点的输入

　　点是最基本的图形元素，点的输入是各种绘图操作的基础。因此，各种绘图软件都非常
重视点的输入方式的设计，力求简单、迅速、准确。

　　CAXA 数控车也不例外，除了提供常用的键盘输入和鼠标选择输入方式外，还设置了若
干种捕捉方式。例如：智能点的捕捉、工具点的捕捉等。

　　（1）由键盘输入点的坐标　点在屏幕上的坐标有绝对坐标和相对坐标两种方式。它们
在输入方法上是完全不同的，初学者必须正确地掌握它们。

图 6-2　工具点菜单

绝对坐标的输入方法很简单，可直接通过键盘输入 X、Y 坐标，但 X、Y 坐标值之间必须用逗号隔开，例如：（30，40）等。

相对坐标是指相对系统当前点的坐标，与坐标系原点无关。输入时，为了区分不同性质的坐标，CAXA 数控车对相对坐标的输入做了如下规定：输入相对坐标时必须在第一个数值前面加上一个符号@，以表示相对。例如：输入 "@60，84"，它表示相对参考点来说，输入了一个 X 坐标为 60，Y 坐标为 84 的点。另外，相对坐标也可以用极坐标的方式表示。例如："@60＜84" 表示输入了一个相对当前点的极坐标，相对当前点的极坐标半径为 60，半径与 X 轴的逆时针方向夹角为 84°。

参考点的解释：参考点是系统自动设定的相对坐标的参考基准。它通常是用户最后一次操作点的位置。在当前命令的交互过程中，用户可以按〈F4〉键，确定所需要的参考点。

（2）鼠标输入点的坐标　鼠标输入点的坐标就是通过移动十字光标选择需要输入点的位置。选中后按下鼠标左键，该点的坐标即被输入。鼠标输入的都是绝对坐标。用鼠标输入点时，应一边移动十字光标，一边观察屏幕底部显示坐标数字状态栏的变化，以便快速、准确地确定待输入点的位置。

鼠标输入方式与工具点捕捉配合使用可以准确地定位特征点，如端点、中点、切点、垂足点等。用功能键〈F6〉可以进行捕捉方式的切换。

（3）工具点的捕捉　工具点就是在作图过程中具有几何特征的点，如圆心点、切点、端点等。

工具点捕捉是使用鼠标捕捉工具点菜单中的某个特征点。工具点菜单的内容和使用方法在前面做了说明。

用户进入作图命令，需要输入特征点时，只要按下空格键，即在屏幕上弹出工具点菜单，各项工具点的功能含义如下。

屏幕点（S）：屏幕上的任意位置点。

端点（E）：曲线的端点。

中心（M）：曲线的中点。

圆心（C）：圆或圆弧的圆心。

交点（I）：两曲线的交点。

切点（T）：曲线的切点。

垂足点（P）：曲线的垂足点。

最近点（N）：曲线上距离捕捉光标。

孤立点（L）：屏幕上已存在的点。

象限点（Q）：圆或圆弧的象限点。

工具点的默认状态为屏幕点，用户在作图时拾取了其他的点状态，即在提示区右下角工具点状态栏中显示出当前工具点捕获的状态。但这种点的捕获一次有效，用完后立即自动回到 "屏幕点" 状态。

工具点捕获状态的改变，也可以不通过工具点菜单的弹出与拾取，用户在输入点状态的提示下，可以直接按相应的键盘字符（如 "E" 代表端点、"C" 代表圆心等）进行切换。

当使用工具点捕获时，其他设定的捕获方式暂时被取消，这就是工具点捕获优先原则。图 6-3 所示为用 "直线（line）" 命令绘制公切线，并利用工具点捕获进行作图。

3. 选择（拾取）实体

绘图时所用的直线、圆弧、块或图符等，在交互软件中称为实体。每个实体都有其相对应的绘图命令。CAXA 数控车中的实体有下面一些类型：直线、圆或圆弧、点、椭圆、块、剖面线、尺寸等。

拾取实体的目的就是根据作图的需要在已经画出的图形中，选取作图所需的某个或某几个实体。拾取实体的操作是经常要用到的操作，应当熟练地掌握它。

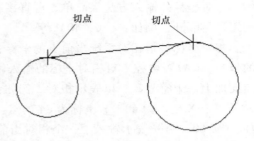

图 6-3　捕捉切点

通过移动鼠标的十字光标，将其交叉点或靶区方框对准待选择的某个实体，然后按下鼠标左键，即可完成拾取的操作。被拾取的实体呈拾取加亮颜色的显示状态（缺省为红色），以示与其他实体的区别。在后面讲述具体操作时出现的拾取实体，其含义和结果是等效的。

4. 鼠标左、右键直接操作功能

本系统提供面向对象的功能，即用户可以先拾取操作的对象（实体），后选择命令进行相应的操作。该功能主要适用于一些常用的命令操作，以提高交互速度，尽量减少作图中的菜单操作，使界面更为友好。

操作步骤如下。

在无命令执行状态下，用鼠标左键或窗口拾取实体，被选中的实体将变成拾取加亮颜色（缺省为红色），此时用户可单击任一被选中的元素，然后按下鼠标左键移动鼠标来随意拖动该元素。对于圆、直线等基本曲线，还可以单击其控制点（屏幕上的亮点 1，如图 6-4a）来进行拉伸操作。进行了这些操作后，图形元素依然是被选中的，即依然是以拾取加亮颜色显示。系统认为被选中的实体为操作对象，此时按下鼠标右键，则弹出相应的命令菜单（如图 6-4b），单击菜单项，则将对选中的实体进行操作。拾取不同的实体（或实体组），将会弹出不同的功能菜单。

5. 其他常用的操作

本系统具有计算功能，它不仅能进行加、减、乘、除、平方、开方和三角函数等常用的数值计算，还能完成复杂表达式的计算。

例如：35/72 ＋（25.31）/32；sqrt（18）；sin（45 ＊ 3.1415926/180）等。

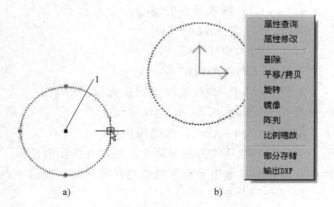

a)　　　　　　　b)

图 6-4　鼠标左、右键直接操作

6.1.3　文件管理

计算机中各种各样的信息数据都是以文件的形式存储在计算机中，并由计算机管理。因此，文件管理的功能将直接影响用户对系统使用的信赖程度，也直接影响到绘图设计工作的可靠性。

CAXA 数控车为用户提供了功能齐全的文件管理系统。其中包括文件的建立与存储、文件的打开与并入、绘图输出、数据接口和应用程序管理等。用户使用这些功能可以灵活、方便地对原有文件或屏幕上的绘图信息进行文件管理。有序的文件管理环境既方便了用户的使用，又提高了绘图工作的效率，它是数控车系统中不可缺少的重要组成部分。

文件管理功能通过主菜单中的"文件"菜单来实现，单击该菜单项，系统弹出子菜单，如图 6-5 所示。

单击相应的菜单项，即可实现对文件的管理操作。下面将按照子菜单列出的菜单内容，介绍主要文件管理项目的操作方法。

1. 新建文件

创建基于模板的图形文件。

图 6-5　文件管理菜单项

命令名：new

1）单击子菜单中的"新文件"菜单项，系统弹出"新建"对话框，如图 6-6 所示。

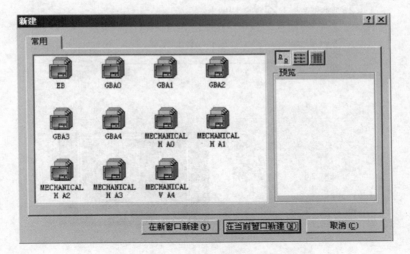

图 6-6　新建文件管理对话框

对话框中列出了若干个模板文件，它们是国标规定的 A0～A4 图幅、图框及标题栏模板以及一个名称为"EB. TPL"的空白模板文件。这里所说的模板，实际上就是相当于已经印好图框和标题栏的一张空白图纸，用户调用某个模板文件相当于调用一张空白图纸。模板的作用是减少用户的重复性操作。

2）选取所需模板，单击"在当前窗口新建"按钮，一个用户选取的模板文件被调出，并显示在屏幕绘图区，这样就建立了一个新文件。由于调用的是一个模板文件，在屏幕顶部显示的是一个无名文件。从这个操作及其结果可以看出，在 CAXA 数控车中建立文件，是用选择一个模板文件的方法建立一个新文件，实际上是为用户调用一张有名称的绘图纸，这样大大地方便了用户，减少了不必要的操作，提高了工作效率。如果选择模板后，单击

CAD/CAM技术应用（CAXA）

"在新窗口中新建"将新打开一个数控车绘图窗口。

3）建立好新文件后，用户就可以应用前面介绍的图形绘制、编辑、标注等各项功能进行各种操作。需要注意的是，当前的所有操作结果都记录在内存中，只有在存盘以后，用户的绘图成果才会被永久地保存下来。

4）用户在画图以前，也可以不执行本操作，采用调用图幅、图框的方法或者以无名文件方式直接画图，最后以给出文件名存储文件。

2. 打开文件

打开一个 CAXA 数控车的图形文件或其他绘图文件的数据。

命令名：open

1）单击子菜单中的"打开文件"菜单项，系统弹出"打开文件"对话框，如图 6-7 所示。

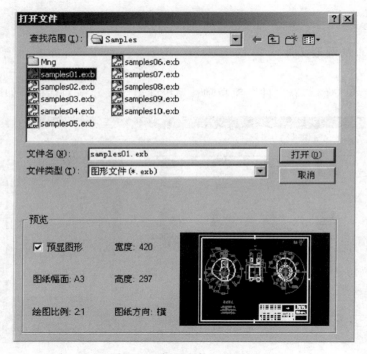

图 6-7 "打开文件"对话框

2）该对话框上部为 Windows 标准文件对话框，下部为图纸属性和图形的预览。

3）选取要打开的文件名，单击"确定"按钮，系统打开一个图形文件。

4）也可单击📂按钮打开一个文件。

在"打开文件"对话框中，单击"文件类型"下拉列表，可以显示出 CAXA 数控车所支持的数据文件类型，通过类型的选择打开不同类型的数据文件。

3. 存储文件

将当前绘制的图形以文件形式存储到磁盘上。

命令名：save

1）单击子菜单中"存储文件"菜单项，如果当前没有文件名，则系统弹出图 6-8 所示的"另存文件"对话框。

图 6-8　"另存文件"对话框

2）在对话框的"文件名"输入框内，输入一个文件名，单击"确定"按钮，系统即按所给文件名存盘。

3）如果当前文件名存在（即状态区显示的文件名），则直接按当前文件名存盘。此时不出现对话框，系统以当前文件名存盘。一般在第一次存盘以后，当再次选择"存储文件"菜单项或输入 save 命令时不会弹出对话框，这是正常的，不必担心因无对话框而没有存盘的现象。经常把自己的绘图结果保存起来是一个好习惯，这样可以避免因发生意外而使绘图成果丢失。

4）要对所存储的文件设置密码，按"设置"按钮，按照提示重复设置两次密码就可以了。

>> **注意**　对于有密码的文件在打开时要输入密码。

5）要存储一个文件，也可以单击 ■ 按钮。

在"保存文件"对话框中，单击"文件类型"下拉菜单，可以显示出 CAXA 数控车所支持的数据文件的类型，通过类型的选择可以保存不同类型的数据文件。

4. 并入文件

并入文件是将用户输入的文件名所代表的文件并入到当前的文件中。如果有相同的层，则并入到相同的层中。否则，全部并入当前层。

命令名：merge

1）单击子菜单中"并入文件"菜单项，系统弹出图 6-9 所示的"并入文件"对话框。

2）选择要并入的文件名，单击"打开"按钮。

图 6-9 "并入文件" 对话框

3）系统弹出立即菜单，其中立即菜单选项中"比例"指并入图形放大（缩小）的比例。

4）根据系统提示输入并入文件的定位点后，系统再提示"请输入旋转角:"。

5）输入旋转角后，系统会调入用户选择的文件，并将其在指定点以给定的角度并入到当前的文件中。此时，两个文件的内容同时显示在屏幕上，而原有的文件保留不变，并入后的内容可以用一个新文件名存盘。

>> 注意　将几个文件并入一个文件时最好使用同一个模板，模板中定好这张图纸的参数设置、系统配置以及层、线型、颜色的定义和设置，以保证最后并入时每张图纸的参数设置及层、线型、颜色的定义都是一致的。

5. 部分存储

将图形的一部分存储为一个文件。

命令名：partsave

1）单击子菜单中的"部分存储"菜单项，系统提示"拾取添加:"。

2）拾取要存储的元素，拾取完后单击鼠标右键确认，然后系统提示"请给定图形基点:"。

3）指定图形基点后，系统弹出图 6-10 所示的"部分存储"对话框，输入文件名后，即将所选中的图形存入给定的文件名中。

>> 注意　"部分存储"只存储了图形的实体数据而没有存储图形的属性数据（如系统设置、系统配置及层、线型、颜色的定义和设置），而"存储文件"则将图形的实体数据和属性数据都存储到文件中。

图 6-10 "部分存储"对话框

其部分存储的文件类型选择，参见"存储文件"项。

6.1.4 视图控制

1. 概述

为了便于绘图，CAXA 数控车还为用户提供了一些控制图形的显示命令。一般来说，视图命令与绘制、编辑命令不同，它们只改变图形在屏幕上的显示方式，而不能使图形产生实际尺寸、形状和线型的变化。它们允许操作者按期望的位置、比例、范围等条件进行显示，简而言之，视图命令的作用只是改变了主观视觉效果，而不会引起图形产生客观的实际变化。图形的显示控制对绘图操作，尤其是绘制复杂视图和大型图样时具有重要作用，在图形绘制和编辑过程中要经常使用它们。

视图控制的各项命令安排在屏幕主菜单的"视图"菜单中，如图
6-11 所示。

2. 重画

刷新当前屏幕所有图形。

"命令名"redraw

经过一段时间的图形绘制和编辑，屏幕绘图区中难免留下一些擦除痕迹，或者使一些有用图形上产生部分残缺，这些由于绘制图形后而产生的屏幕垃圾，虽然不影响图形的输出结果，但影响屏幕的视觉效果。使用"重画"功能，可对屏幕进行刷新，清除屏幕垃圾，使屏幕变得整洁美观。

操作方法很简单，只需单击子菜单中的"重画"项，或单击"常用"工具栏中的 按钮，屏幕上的图形发生闪烁，此时屏幕上原有

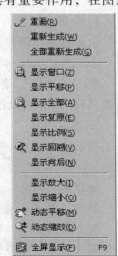

图 6-11 视图子菜单

图形消失，但立即在原位置把图形重画一遍即实现了图形的刷新。

3. 显示窗口

提示用户输入一个窗口的上角点和下角点，系统将两角点所包含的图形充满屏幕绘图区加以显示。

命令名：zoom

在"视图"子菜单中选择"显示窗口"菜单项，或从常用工具箱中选择 按钮。按提示要求在所需位置输入显示窗口的第一个角点，输入后十字光标立即消失。此时再移动鼠标时，出现一个由方框表示的窗口，窗口大小可随鼠标的移动而改变。窗口所确定的区域就是即将被放大的部分，窗口的中心成为新的屏幕显示中心。在该方式下，不需要给定缩放系数，CAXA 数控车将把给定窗口范围按尽可能大的原则，将选中区域内的图形按充满屏幕的方式重新显示出来，如图 6-12 所示。

如在绘制小半径螺纹时，如果在普通显示模式下，将很难画出内螺纹。而用窗口拾取螺杆部分，在屏幕绘图区内按尽可能大的原则显示，这样就可以较容易地绘制出内螺纹。

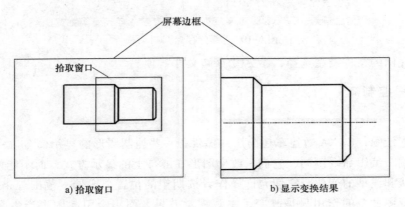

图 6-12　显示窗口

4. 全屏显示

全屏幕显示图形。

命令名：fullview

单击"视图"菜单中"全屏显示"选项，或单击"全屏显示"工具栏中的全屏显示快捷键〈F9〉，即可全屏幕显示图形。按〈Esc〉键可以退出全屏显示状态。

5. 显示平移

提示用户输入一个新的显示中心点，系统将以该点作为屏幕显示的中心，平移显示图形。

命令名：pan

单击"视图"菜单中"显示平移"选项，然后按提示要求在屏幕上指定一个显示中心点，按下鼠标左键，系统立即将该点作为新的屏幕显示中心将图形重新显示出来。本操作不改变缩放系数，只将图形做平行移动。

用户还可以使用上、下、左、右方向键使屏幕中心进行显示的平移。

6. 显示全部

将当前绘制的所有图形全部显示在屏幕绘图区内。

命令名：zooma

单击"视图"子菜单中"显示全部"选项，或单击"常用"工具栏中"显示全部"按钮后，用户当前所画的全部图形将在屏幕绘图区内显示出来，而且系统按尽可能大的原则将图形按充满屏幕的方式重新显示出来。

7. 显示复原

恢复初始显示状态（即标准图纸状态）。

命令名：home

用户在绘图过程中，根据需要对视图进行了各种显示变换，为了返回到初始状态，查看图形在标准图纸下的状态，可在"视图"子菜单中单击"显示复原"菜单命令，或在键盘中按〈Home〉键，系统立即将屏幕内容恢复到初始显示状态。

8. 显示放大/缩小

1）显示放大：按固定比例将绘制的图形进行放大显示。

命令名：zoomin

单击"显示放大"菜单命令，或在键盘中按〈PageUp〉键，系统将所有图形放大1.25倍显示。

2）显示缩小：按固定比例将绘制的图形进行缩小显示。

命令名：zoomout

单击"显示缩小"菜单命令，或在键盘中按〈PageDown〉键，系统将所有图形缩小0.8倍显示。

9. 显示比例

显示放大和显示缩小是按固定比例进行缩放，而显示比例功能有更强的灵活性，可按用户输入的比例系数，将图形缩放后重新显示。

命令名：vscale

按提示要求，由键盘输入一个（0，1000）范围内的数值，该数值就是图形缩放的比例系数，并按下回车键。此时，一个由输入数值决定放大（或缩小）比例的图形被显示出来。

10. 显示回溯

取消当前显示，返回到显示变换前的状态。

命令名：prev

单击"视图"子菜单中"显示回溯"选项，或在"常用"工具栏中单击"显示回溯"按钮，系统立即将图形按上一次的显示状态显示出来。

11. 显示向后

返回到下一次显示的状态（与显示回溯配套使用）。

命令名：next

单击"视图"子菜单中的"显示向后"菜单命令，系统将图形按下一次显示状态显示出来。

此操作与显示回溯操作配合使用可以方便灵活地观察新绘制的图形。

12. 重新生成

将显示失真的图形进行重新生成的操作，可以将显示失真的图形按当前窗口的显示状态进行重新生成。

命令名：refresh

单击"视图（s）"菜中"重新生成"命令，执行重新生成命令。

圆和圆弧等元素都是由一段一段的线段组合而成，当图形放大到一定比例时会出现显示失真的效果，如图6-13a所示，这时便需要使用"重新生成"命令。执行"重新生成"命令，软件会提示"拾取添加"，此时鼠标变为拾取形状，拾取半径为2.5的圆形，单击鼠标右键结束命令，圆的显示已经恢复正常，如图6-13b所示。

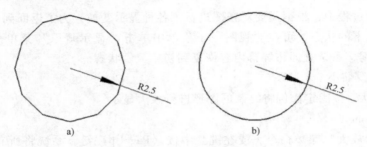

图 6-13　重新生成

13. 全部重新生成

将绘图区内显示失真的图形全部重新生成。

命令名：refreshall

单击"视图（s）"菜单中"全部重新生成"命令，可以使图形中所有元素进行重新生成。

14. 动态平移

拖动鼠标平行移动图形。

命令名：dyntrans

单击"视图"子菜单中"动态平移"选项或者单击"动态平移"按钮，即可激活该功能，鼠标指针变成动态平移图标，按住鼠标左键移动鼠标就能平行移动图形，单击鼠标右键结束动态平移操作。

另外，按住〈Ctrl〉键的同时按住鼠标左键拖动鼠标也可以实现动态平移，而且这种方法更加快捷、方便。

15. 动态缩放

拖动鼠标放大，缩小显示图形。

命令名：dynscale

单击"视图"子菜单中"动态缩放"选项或者单击"动态显示缩放"按钮，即可激活该功能，鼠标变成动态缩放图标，按住鼠标左键，鼠标向上移动为放大，向下移动为缩小，单击鼠标右键结束动态平移操作。

另外，按住〈Ctrl〉键的同时按住鼠标右键拖动鼠标也可以实现动态缩放，而且这种方法更加快捷、方便。

注意 鼠标中键和滚轮也可控制图形的显示，按住中键为平移，动滚轮为缩放。

6.1.5 系统设置

1. 概述

为了使初学者能尽快掌握本软件的功能，并在实践中加深理解，本系统为用户设置了一些初始化的环境和条件。例如，图形元素的线型、颜色、文字的大小等，用户根据这些初始化的条件可以很轻松地使用本软件，而不必产生操作上的顾虑。在系统内，它们被默认设置，用户可以直接使用它们。

在经过一段实践后，如果用户对系统设置的条件不满意，则可以按照一定的操作顺序对它们进行修改，重新设置新的参数或条件。

初学者在学习之初，可以越过本节，直接从下一节"图形绘制"开始学习。在具备了一定的操作能力和技巧之后，再学习本节内容，这样可以对系统设置的内容和条件掌握得更加具体和透彻，对系统中各类参数或条件的重新设置会更加符合专业上的要求。

单击主菜单中的"格式"和"工具"菜单，如图6-14所示，然后再单击子菜单中的菜单项，即可执行该菜单功能允许的相应操作。

2. 线型

单击"格式"菜单中的"线型"一项，弹出"设置线型"对话框，如图6-15所示。

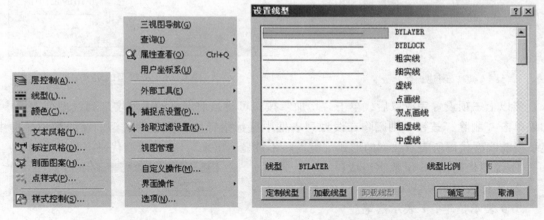

图6-14 系统设置　　　　　　　　　　图6-15 "设置线型"对话框

在"设置线型"对话框中显示出系统已有的线型，同时通过它可以定制线型、加载线型和卸载线型。

（1）定制系统的线型

命令名：ltype

1）在打开设置线型对话框后，单击"定制线型"按钮，弹出"线型定制"对话框，如图6-16所示。

2）单击"文件名"按钮，弹出文件对话框，在该对话框中可以选择一个已有的线型文件进行操作，也可以输入新的线型文件文件名（线型文件的扩展名为".LIN"），系统将弹出消息框进行询问是否创建新的线型文件，如图6-17所示。如果单击"确定"按钮则创建新的线型文件，单击"取消"按钮，创建操作取消。

3）在选择或创建了线型文件后，线型对话框变为图6-18所示。

① 在"名称"输入框中可以输入新线型的名称或浏览在线型列表框中线型的名称；

② 在"代码"输入框中可以输入新线型的代码或浏览在线型列表框中线型的代码；

③ 在"宽度"输入框中可以输入新线型的宽度或浏览在线型列表框中线型的宽度。

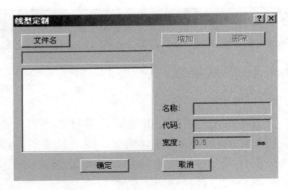

图6-16 "线型定制"对话框

图6-17 创建提示

图6-18 新线型的定义

当以上三项设置完成以后，单击"增加"按钮可将当前定义的线型增加到线型列表框中；如果单击"删除"按钮，则删除在线型列表框中鼠标指针所在位置的线型。在线型预显框中显示当前线型代码所表示线型的形式（宽度将不被显示出来），系统线型代码定制规则如下：

① 线型代码由16位数字组成；

② 各位数字为0或1；

③ 0表示抬笔，1表示落笔。

当所有操作完成以后，单击"确定"按钮，即可将当前的操作结果存入到线型文件中，单击"取消"按钮所进行操作无效。

（2）加载线型 在打开"设置线型"对话框后，单击"加载线型"按钮，弹出"载入线型"对话框，如图6-19所示。

单击"打开文件"，弹出"打开线型文件"对话框，如图6-20所示，选择要加载的线型文件，再单击"打开"按钮，可以把线型文件加入"载入线型"对话框中，如图6-21所示。

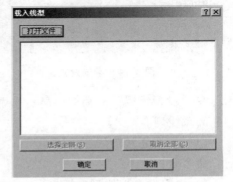

图6-19 "载入线型"对话框

单击"选择全部"或者"取消全部"按钮，能把新线型加入"线型设置"对话框中或者取消加入的线型。

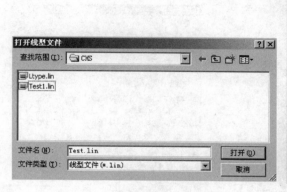

图 6-20　"打开线型文件"对话框

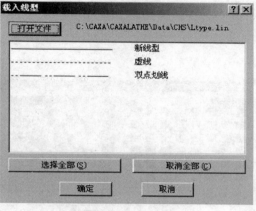

图 6-21　"载入线型"对话框

（3）卸载线型　在"设置线型"对话框中用鼠标单击新线型，"卸载线型"按钮被激活，单击该按钮便可卸载加入的新线型，如图6-22所示。

>> **注意**　系统自带的线型不能卸载。

3. 颜色

设置系统的当前颜色。

命令名：color

1）单击"格式"菜单中"颜色"一项，弹出图6-23所示的对话框。

从对话框可以看出，该系统与 Windows 标准编辑颜色对话框相似，只是增加了两个设置逻辑颜色的按钮："BYLAYER"和"BYBLOCK"。BYLAYER 指当前图形元素的颜色与图形元素所在层的颜色一致。这样设置的好处是当修改图层颜色时，属于此层的图形元素颜色也可以随之改变。

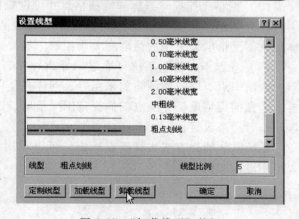

图 6-22　"卸载线型"按钮

BYBLOCK 指当前图形元素的颜色与图形元素所在块的颜色一致。

2）可以选择基本颜色中的备选颜色作为当前颜色，也可以在颜色阵列中调色，然后单击"添加到自定义颜色"按钮，将所调颜色增加到自定义颜色中。

3）单击"确定"按钮以确认操作，单击"取消"按钮则操作无效。

4）设置完后系统属性条上的颜色按钮将变化为对应的颜色。

本菜单的功能与"属性"工具栏上"颜色设置"按钮🔨的功能完全相同。

4. 捕捉点设置

设置鼠标在屏幕上的捕捉方式。

命令名：potset

单击"工具"菜单中"捕捉点设置"一项，或单击 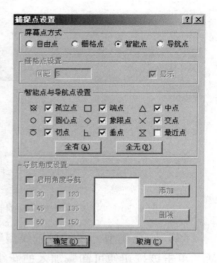 按钮，弹出图 6-24 所示的对话框。从对话框可以看出，系统为鼠标提供了如下捕捉方式。

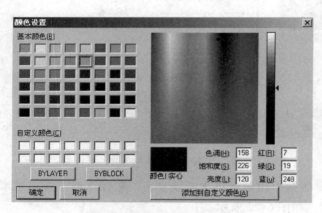

图 6-23 "颜色设置"对话框   图 6-24 "捕捉点设置"对话框

（1）自由点捕捉　点的输入完全由当前鼠标指针的实际定位来确定。

（2）栅格点捕捉　鼠标捕捉栅格点并可设置栅格点的可见与不可见。

（3）智能点捕捉　鼠标自动捕捉一些特征点，如圆心、切点、垂足、中点、端点等。捕捉范围受拾取设置中的拾取盒大小控制。捕捉到特征点时鼠标指针显示发生变化。

（4）导航点捕捉　系统可通过鼠标指针对若干种特征点进行导航，如孤立点、线段端点、线段中点、圆心或圆弧象限点等，同样在使用导航的同时也可以进行像智能点的捕捉一样，增强捕捉精度。导航点的捕捉范围受拾取设置中拾取盒大小的控制，导航角度可以进行选择或者重新设置。

系统默认捕捉方式为智能点捕捉，可以利用热键〈F6〉切换捕捉方式或在状态条的列表框中进行切换。

6.2　二维工程图的绘制

6.2.1　图形绘制

1. 概述

图形的绘制是 CAD 绘图软件构成的基础，CAXA 数控车以先进的计算机技术和简捷的操作方式来代替传统的手工绘图方法。

CAXA 数控车为用户提供了功能齐全的作图方式。利用它可以绘制各种各样复杂的工程图样。在本章中以一些简单的图形绘制为例，介绍其绘图命令和操作方法。

本系统设置了鼠标和键盘两种输入方式，为了叙述上的方便，多数场合下操作方式的介绍主要以鼠标方式为主，必要时，两者予以兼顾。

2. 基本曲线绘制

（1）绘制直线　直线是图形构成的基本要素，而正确、快捷地绘制直线的关键在于点的选择。在 CAXA 数控车中拾取点时，可充分利用"工具点""智能点""导航点""栅格点"等功能，在点的输入时，一般以绝对坐标输入，但根据实际情况，还可以输入点的相对坐标和极坐标。

为了满足各种情况下直线的绘制需求，CAXA 数控车提供了"两点线""平行线""角度线""角等分线""切线—/法线""等分线"这六种方式，下面进行详细介绍，同时将介绍系统的"直线拉伸"与"N 等分"操作。

1）两点线是在屏幕上按给定两点画一条直线段或按给定的连续条件画连续的直线段。在非正交情况下，第一点和第二点均可为三种类型的点：切点、垂足点、其他点（凡工具点菜单上列出的点）。根据拾取点的类型可生成切线、垂直线、公垂线、垂直切线以及任意的两点线。在正交情况下，生成的直线平行于当前坐标系的坐标轴，即由第一点定出首放点，第二点定出与坐标轴平行或垂直的直线线段。

命令名：line

① 单击"绘制工具"工具栏中"直线"按钮 。

② 单击立即菜单"1："，在立即菜单的上方弹出一个直线类型的选项菜单，该菜单中的每一项都相当于一个转换开关，负责直线类型的切换。在选项菜单中单击"两点线"。

③ 单击立即菜单"2："，该项内容由"连续"变为"单个"其中"连续"表示每段直线段相互连接，前一段直线段的终点为下一段直线段的起点，而"单个"指每次绘制的直线段相互独立、互不相关。

④ 单击立即菜单"3：非正交"，其内容变为"正交"，它表示下面要画的直线为正交线段。所谓"正交线段"是指与坐标轴平行的线段。

⑤ 单击立即菜单"4：点方式"，其内容变为"长度方式"，"点方式"是由点确定直线段的起始和终结，如果选择"长度方式"，则通过设定立即菜单"5："中的数值，画出定长直线段。为了准确地做出直线，用户最好使用键盘输入两个点的坐标或距离。

⑥ 此命令可以重复进行，用鼠标右键终止此命令。

2）角度线

① 单击"绘制工具"工具栏中"直线"按钮 。

② 单击立即菜单"1："，从中选取"角度线"方式。

③ 单击立即菜单"2："，弹出立即菜单，用户可选择夹角类型。如果选择"直线夹角"，表示画一条与已知直线段夹角为指定度数的直线段，此时操作提示变为"拾取直线"，待拾取一条已知直线段后，再输入第一点和第二点即可。

④ 单击立即菜单"3：到点"，内容由"到点"转变为"到线上"，即指定终点位置是在选定直线上，此时系统不提示输入第二点，而是提示选定所到的直线。

⑤ 单击立即菜单"4：角度"，在操作提示区出现"输入实数"的提示，要求用户在（-360，360）间输入一所需角度值。编辑框中的数值为当前立即菜单所选角度的默认值。

⑥ 按提示要求输入第一点，则屏幕画面上显示该点标记。此时，操作提示改为"输入长度或第二点"。如果由键盘输入一个长度数值并回车，则按用户刚设定的值而确定的一条

直线段被绘制出来；如果是移动鼠标，则一条绿色的角度线随之出现。待鼠标指针位置确定后，按下鼠标左键立即画出一条给定长度和倾角的直线段。

⑦ 本操作也可以重复进行，按鼠标右键可终止本操作。

（2）绘制圆弧　单击主菜单"绘图"，单击子菜单中"圆弧"，或直接单击工具条中"圆弧"按钮 ，弹出立即菜单，根据绘图已知条件，可以选择："三点圆弧""圆心_起点_圆心角""两点_半径_圆心_半径_起终角""起点_终点_圆心角""起点_半径_起终角"六种方式。由于篇幅所限，此处略。具体操作参照软件"帮助"选项。

（3）绘制圆　单击主菜单"绘图"，单击子菜单中"圆"，或直接单击工具条中"圆"按钮 ，弹出立即菜单，根据绘图已知条件，可以选择"圆心_半径""两点（直径线两端点）""三点""两点_半径"四种方式。由于篇幅所限，此处略。具体操作参照软件"帮助"选项。

（4）绘制矩形　单击主菜单"绘图"，单击子菜单中"矩形"，或直接单击工具条中"矩形"按钮 ，弹出立即菜单，根据绘图已知条件，可以选择"两角点"和"中心_长_宽"两种方式。由于篇幅所限，此处略。具体操作参照软件"帮助"选项。

（5）绘制中心线　此命令用来绘制中心线。如果拾取一个圆、圆弧或椭圆，则直接生成一对相互正交的中心线。如果拾取两条相互平行或非平行线（如锥体），则生成这两条直线的中心线。

单击主菜单"绘图"，单击子菜单中"中心线"，或直接单击工具条中"中心线"按钮 ，弹出立即菜单，设定中心线延伸长度，拾取需绘制中心线的图形元素，则生成中心线。

（6）绘制样条线　生成过给定顶点（样条插值点）的样条曲线。点的输入可由鼠标或键盘输入，也可以从外部样条数据文件中直接读取样条。具体操作参照软件"帮助"选项。

（7）绘制轮廓线　生成由直线和圆弧构成的首尾相接或不相接的一条轮廓线。其中直线与圆弧的关系可通过立即菜单切换为非正交、正交或相切。具体操作参照"帮助"选项。

（8）绘制等距线　绘制给定曲线的等距线。CAXA数控车具有链拾取功能，它能把首尾相连的图形元素作为一个整体进行等距，加快作图过程中某些薄壁零件剖面的绘制。具体操作参照"帮助"选项。

（9）绘制剖面线　根据拾取点的位置，从右向左搜索最小内环，根据环生成剖面线。如果拾取点在环外，则操作无效。具体操作参照"帮助"选项。

3. 高级曲线的绘制

为了提高绘图效率，CAXA数控车软件提供了一些高级曲线的作图工具。

（1）绘制正多边形　在给定点处绘制一个给定半径、边数的正多边形。其定位方式由菜单及操作提示给出。

（2）绘制椭圆　用鼠标或键盘输入椭圆中心，然后按给定长、短轴半径画一个任意方向的椭圆或椭圆弧。

（3）绘制孔/轴　在给定位置画出带有中心线的轴和孔，或画出带有中心线的圆锥孔和圆锥轴。

（4）绘制波浪线　按给定方式生成波浪曲线，改变波峰高度，调整波浪曲线各曲线段的曲率和方向。

（5）绘制双折线　由于图幅限制，有些图形无法按比例画出，可以用双折线表示。在绘制双折线时，对折点距离进行控制。

4. 块操作

CAXA数控车提供了把不同类型的图形元素组合成块（block）的功能。块是复合形式的图形实体，是一种应用广泛的图形元素，它具有如下特点。

1）块是复合型图形实体，可以由用户定义。块被定义生成以后，原来若干相互独立的实体形成统一的整体，对它可以进行类似于其他实体的移动、拷贝、删除等各种操作。

2）块可以被打散，即构成块的图形元素又成为可独立操作的元素。

3）利用块可以实现图形的消隐。

4）利用块可以存储与该块相联系的非图形信息，如块的名称、材料等，这些信息也称为块的属性。

5）利用块可以实现几何公差、表面粗糙度等的自动标注。

6）利用块可以实现图库中各种图符的生成、存储与调用。

7）CAXA数控车中属于块的图素有：图符、尺寸、文字、图框、标题栏、明细栏等，这些图素均可用除"块生成"之外的其他块操作工具。

对块操作时，单击"绘制"→"块操作"，系统弹出块操作工具应用子菜单或者与菜单项对应的按钮菜单，它包括"块生成""块消隐""块属性""块属性表"四项。具体操作参照"帮助"选项。

5. 其他有关的块操作工具

（1）块的线型与颜色　块作为一种特殊的实体，除了拥有普通实体的特性以外，还具有一些自己的特性，如它可以拥有自己的线型和颜色。本节将主要介绍如何设置块的线型和颜色。

1）用户首先应绘制好所需定义成块的图形。

2）用窗口拾取方式拾取绘制好的图形，单击鼠标右键，在弹出的快捷菜单中单击"属性修改"选项。

3）在弹出的菜单中将"线型"和"颜色"均改为"BYBLOCK"。

4）然后按前面介绍的方法将图形定义成块。

5）选择刚生成的块，再次单击鼠标右键，选择"属性修改"选项，修改线型和颜色，这次用户可根据实际情况，选择自己所需的线型和颜色。

6）在"属性修改"对话框中单击"确定"按钮后，可以看到刚才生成的块已变成用户自己定义的线型和颜色。

（2）右键操作功能中的块操作工具　拾取块以后，单击鼠标右键可弹出右键快捷菜单，如图6-25所示。

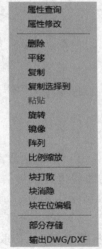

图6-25　右键功能中的块操作

6.2.2　图形编辑

对当前图形进行编辑修改，是交互式绘图软件不可缺少的基本功能，它对提高绘图速度及质量都具有至关重要的作用。CAXA数控车的编辑修改功能包括"曲线编辑"和"图形编辑"两个方面，分别安排在主菜单及绘制工具栏中。曲线编辑主要讲述有关曲线的常用编辑命令及操作方法，图形编辑介绍对图形编辑实施的各种操作。

CAXA数控车支持对象的链接与嵌入（OLE）技术，可以在生成的文件中插入图片、图表、文本、电子表格等OLE对象，也可以插入声音、动画、电影剪辑等多媒体信息，除此以外，还可以将绘制的图形插入到其他支持OLE的软件（如WORD）中。下面分别对这几部分进行介绍。

单击"修改"下拉菜单或选择"编辑"工具栏，根据作图需要用鼠标单击相应按钮弹出立即菜单和操作提示，如图6-26所示。

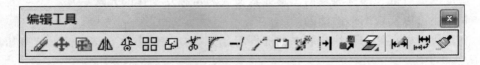

图6-26　编辑工具栏

裁剪：CAXA数控车允许对当前的一系列图形元素进行裁剪操作。裁剪操作分为快速裁剪、拾取边界裁剪和批量裁剪三种方式。

1）快速裁剪：用鼠标直接拾取被裁剪的曲线，系统自动判断边界并做出裁剪响应。如图6-27所示，在快速裁剪操作中，拾取同一曲线的不同位置，将产生不同的裁剪结果。

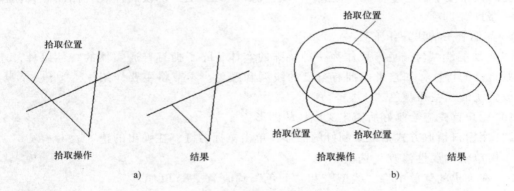

图6-27　快速裁剪实例

2）拾取边界裁剪：拾取一条或多条曲线作为剪刀线，构成裁剪边界，对一系列被裁剪的曲线进行裁剪。系统将裁剪掉所拾取到的曲线段，保留剪刀线另一侧的曲线段，如图6-28所示。另外，剪刀线也可以被裁剪。

3）批量裁剪：当曲线较多时，可以对曲线进行批量裁剪。如图6-29所示实例，选择"批量裁剪"，拾取六边形为剪刀链，单击右键确定，框选平行线为裁剪曲线，单击右键确定，如图6-29a所示。选择箭头方向为内侧，单击右键确定，结果如图6-29b所示。

6.2.3　工程图的标注

依据《机械制图国家标准》，CAXA绘图系统提供了对工程图进行尺寸标注、文字标注和工程符号标注的一整套方法，它是绘制工程图十分重要的手段和组成部分。下面将介绍CAXA绘图系统中标注的内容和使用方法。

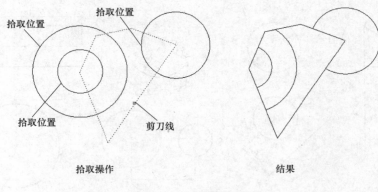

拾取位置　拾取位置　拾取位置　剪刀线

拾取操作　　　　　　结果

图 6-28　拾取边界裁剪

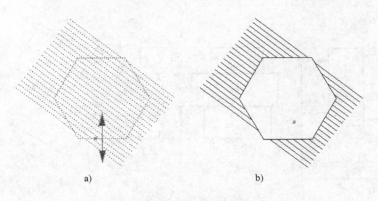

a)　　　　　b)

图 6-29　批量裁剪

单击"标注"主菜单，如图 6-30 所示，出现有关的菜单项。对标注所需参数的设置，应由主菜单"格式"中的"文本风格"和"标注风格"菜单项设定。

（1）尺寸标注　"尺寸标注"是主体命令，由于尺寸类型与形式的多样性，系统在本命令执行过程中提供智能判别，其功能特点如下。

① 根据拾取元素的不同，自动标注相应的线性尺寸、直径尺寸、半径尺寸或角度尺寸。

② 根据立即菜单的条件，由用户选择基本标注、基准标注、连续标注或三点角度等方式。

③ 尺寸文字可采用拖动定位。

④ 尺寸数值可采用测量值或者由用户直接输入。

1）基本标注：自动标注尺寸，可以拾取各元素，根据拾取对象元素的不同，会出现不同的选项。标注示例如图 6-31 所示。

2）基准标注：连续标注同一基准下一系列线性尺寸，标注完成后按〈Esc〉键结束。标注示例如图 6-32 所示。

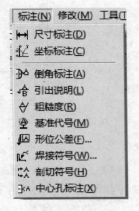

图 6-30　标注菜单

3）连续标注：如拾取一个已标注的线性尺寸，则该线性尺寸就作为连续标注中的第一个尺寸，并按拾取点的位置确定尺寸基准界线，沿另一方向可标注后续的连续尺寸。连续标

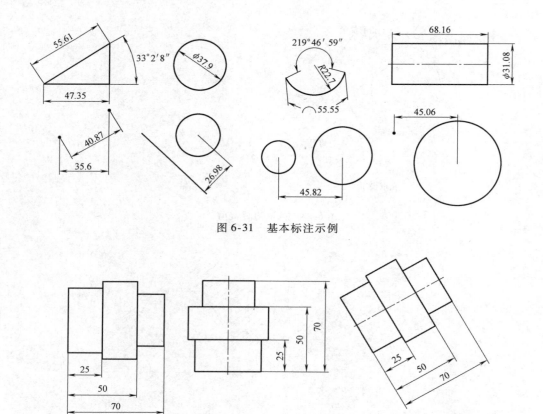

图 6-31　基本标注示例

图 6-32　基准标注示例

注示例如图 6-33 所示。

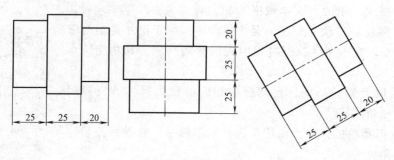

图 6-33　连续标注示例

4）三点角度：通过拾取"顶点""第一点""第二点"三点，标注第一引出点和顶点的连线与第二引出点和顶点连线之间的夹角值。三点角度标注示例如图 6-34 所示。

5）角度连续标注：如果选择标注点，则系统依次提示："拾取第一个标注元素或角度尺寸"→"起始点"→"终止点"→"尺寸线位置"→"拾取下一个元素"→"尺寸线位置"，单击右键选择"退出"。角度连续标注示例如图 6-35 所示。

6）半标注：如果两次拾取的都是点，第一点到第二点距离的 2 倍为尺寸值；如果拾取的为点和直线，点到直线垂直距离的 2 倍为尺寸值；如果拾取的是两条平行的直线，两直线

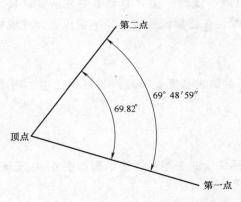

图 6-34　三点角度标注示例

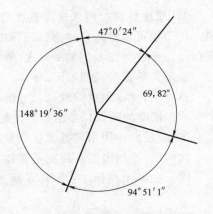

图 6-35　角度连续标注示例

之间距离的 2 倍为尺寸值。尺寸值的测量值在立即菜单中显示，用户也可以输入数值。输入第二个元素后，系统提示"尺寸线位置:"。

　　用鼠标指针动态拖动尺寸线，在适当位置确定尺寸线位置后，即完成标注。在立即菜单中可以选择"直径标注""长度标注"并给出尺寸线的延伸长度。半标注示例如图 6-36 所示。

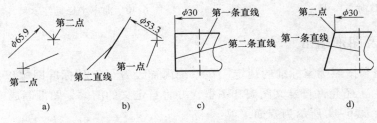

图 6-36　半标注示例

　　7）大圆弧标注：拾取圆弧之后，圆弧的尺寸值在立即菜单中显示。用户也可以输入尺寸值，依次指定"第一引出点""第二引出点""定位点"后即完成大圆弧标注。大圆弧标注示例如图 6-37 所示。

　　8）射线标注：指定"第一点""第二点"后，标注从第一点至第二点之间的距离，用鼠标指针拖动尺寸线，在适当位置指定文字定位点即完成射线标注。射线标注示例如图 6-38 所示。

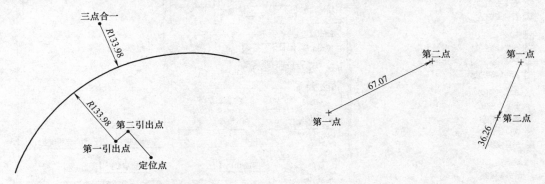

图 6-37　大圆弧标注示例

图 6-38　射线标注示例

9）锥度标注：用来标注直线的锥度或斜度。拾取直线后，在立即菜单中显示默认尺寸值。用户也可以输入尺寸值，用鼠标指针拖动尺寸线，在适当位置输入文字定位点即完成锥度标注。锥度标注示例如图 6-39 所示。

立即菜单选项说明如下。

锥度/斜度：斜度的默认尺寸值为被标注直线相对轴线高度差与直线长度的比值，用 1：X 表示；锥度的默认尺寸值是斜度的 2 倍。

正向/反向：用来调整锥度或斜度符号的方向。

加引线/不加引线：控制是否加不加引线。

10）曲率半径标注：对样条线进行曲率半径的标注。曲率半径标注示例如图 6-40 所示。

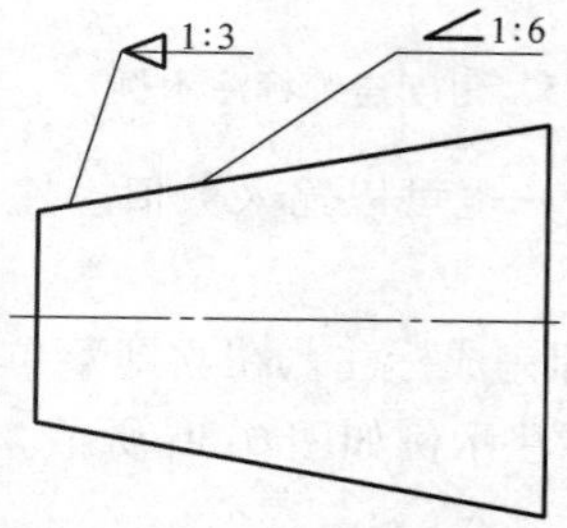

图 6-39　锥度标注示例

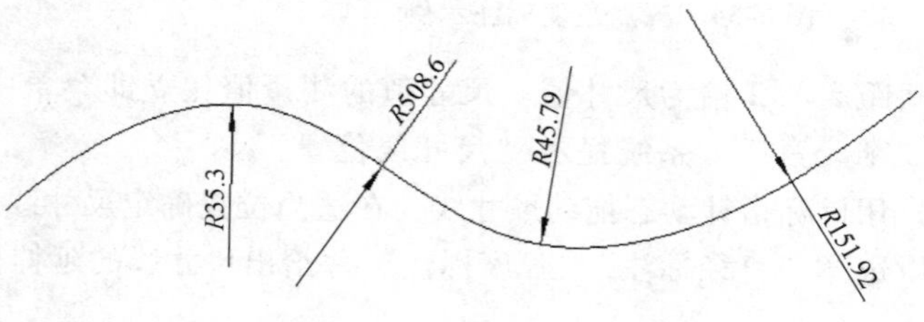

图 6-40　曲率半径标注示例

6.2.4　幅面及图形输出

CAXA 数控车按照国家标准的规定，在系统内部设置了 5 种标准图幅以及相应的图框、标题栏和明细栏，还允许自定义图幅和图框，并将自定义的图幅、图框制成模板文件，以备其他文件调用。图 6-41 所示为幅面菜单。

1. 图幅设置

单击“图幅设置”菜单项，系统弹出“图幅设置”对话框，如图 6-42 所示。选择标准图纸幅面或自定义图纸幅面，也可变更绘图比例或选择图纸放置方向。

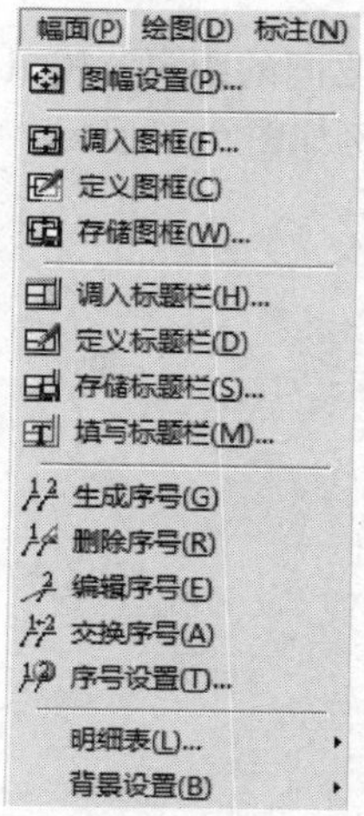

图 6-41　幅面菜单

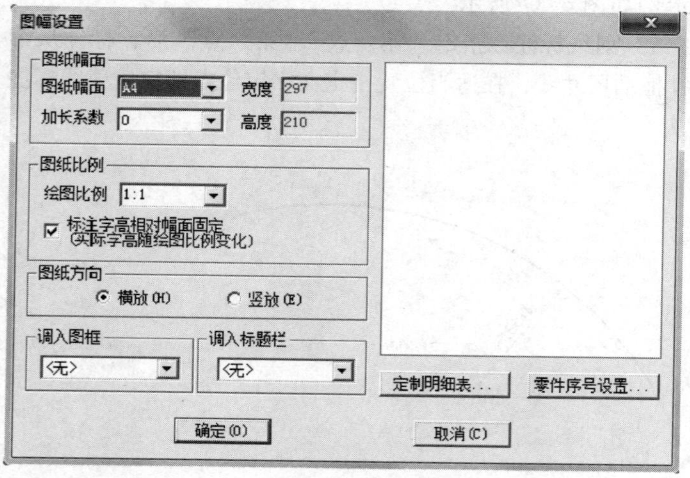

图 6-42　“图幅设置”对话框

（1）选择图纸幅面　用鼠标单击"图纸幅面"项右边的 ▼ 按钮，弹出一个下拉列表框，列表框中有从 A0 到 A4 标准图纸幅面选项和用户定义选项可供选择。当所选择的幅面为标准幅面时，在"宽度"和"高度"编辑框中显示该图纸幅面的宽度值和高度值，但不能修改；当选择用户定义时，在"宽度"和"高度"编辑框中输入图纸幅面的宽度值和高度值。

用户定义图幅时需注意，系统允许的最小图幅为 1mm × 1mm，即图纸宽度最小尺寸为 1mm，图纸高度最小尺寸为 1mm。如果输入的数值小于 1，系统会发出警告信息。

（2）选取绘图比例　系统绘图比例的默认值为 1:1，这个比例直接显示在绘图比例的对话框中。如果希望改变绘图比例，可用鼠标单击"绘图比例"项右边的 ▼ 按钮，弹出一个下拉列表框，列表框中的值为国标规定的系列值。选中某一项后，所选的值在绘图比例对话框中显示。用户也可以激活编辑框，由键盘直接输入新的比例数值。

（3）选择图纸放置方向　图纸放置方向由"横放"或"竖放"两个按钮控制，被选中者呈黑点显示状态。

（4）选择图框　可用鼠标单击"调入图框"项的 ▼ 按钮，弹出一个下拉列表框，列表中的图框为系统默认图框。选中某一项后，所选图框会自动在预显框中显示出来。

（5）选择标题栏　可用鼠标单击"调入标题栏"项的 ▼ 按钮，弹出一个下拉列表框，列表中的标题栏为系统默认图框。选中某一项后，所选标题栏会自动在预显框中显示出来。

（6）标注字高相对幅面固定　如果需要标注字高相对幅面固定，即实际字高随绘图比例变化，请选中此复选框。反之，请将对勾去除。

（7）定制明细表头　单击"定制明细表头"按钮，可进行定制明细表头的操作。

（8）零件序号设置　单击"零件序号设置"按钮，可进行零件序号的设置。

2. 图框设置

CAXA 数控车的图框尺寸可随图纸幅面的变化而做相应的比例调整。比例变化的原点为标题栏的插入点，一般来说即为标题栏的右下角。

除了在"图幅设置"对话框中对图框进行设置，也可通过"调入图框"方法进行图框设置。

（1）调入图框　单击"幅面"菜单中的"调入图框"选项 🔳，弹出"读入图框文件"对话框，如图 6-43 所示。对话框中列出了在"CAXALATHE \ SUPPORT"目录下符合当前图纸幅面的标准图框或非标准图框的文件名。用户可根据当前作图需要从中选取。选中图框文件，单击"确定"按钮，即调入所选取的图框文件。

（2）定义图框　单击"定义图框"菜单 🖉，系统提示"拾取添加："，拾取构成图框的图形元素，然后单击鼠标右键确认。注意选取的图框中心点要与系统坐标原点重合，否则无法生成图框。此时，操作提示变为"基准点："（基准点用来定位标题栏，一般选择图框的右

图 6-43　"读入图框文件"对话框

下角）。输入基准点后，会弹出相应的对话框，如选择"取系统值"，则图框保存在开始设定的幅面下的图框选择项中；如果选择"取定义值"，则图框保存在自定义下的图框选择项中，此后再次定义则不出现此对话框，请注意选择。选择完会提示输入图框名称，然后单击确定，结束定义图框的操作。

（3）存储图框　将定义好的图框存盘，以便其他文件进行调用。

单击"存储图框"按钮，弹出"存储图框文件"的对话框，如图6-44所示。

对话框中列出了已有图框文件的文件名，用户可以在对话框底部的文件输入行内，输入要存储图框文件名，例如"竖A4分区"，图框文件扩展名为".FRM"。然后单击"确定"按钮，系统自动加上文件扩展名".FRM"，一个文件名为"竖A4分区.FRM"的图框文件被存储在"CAXALATHE \ SUPPORT"目录中。

图6-44　"存储图框文件"对话框

3. 标题栏设置

CAXA数控车为用户设置了多种标题栏供调用。同时，也允许用户将图形定义为标题栏，并以文件的方式存储。

单击"幅面"菜单，菜单选项包括"调入标题栏""定义标题栏""存储标题栏""填写标题栏"四项内容，下面依次介绍。

（1）调入标题栏　调入一个标题栏文件，如果屏幕上已有一个标题栏，则新标题栏将替代原标题栏，标题栏调入时的定位点为其右下角点。

单击"调入标题栏"菜单项或单击按钮，弹出"读入标题栏文件"对话框，对话框中列出了已有标题栏的文件名。选取其中之一，然后单击"确定"按钮，一个由所选文件确定的标题栏显示在图框的标题栏定位点处。

（2）定义标题栏　将已经绘制好的图形定义为标题栏（包括文字）。系统允许将任何图形定义成标题栏文件以备调用。

1）单击"定义标题栏"菜单，系统提示"请拾取组成标题栏的图形元素"，拾取构成标题栏的图形元素，然后单击鼠标右键确认。

2）系统提示"请拾取标题栏表格的内环点"，拾取标题栏表格内一点，弹出定义标题栏表格单元对话框。

3）选择表格单元名称以及对齐方式，单击"确定"完成该单元格的定义。

4）重复2）、3）步操作，完成整个标题栏的定义。

（3）存储标题栏　将定义好的标题栏以文件形式存盘，以备调用。单击"存储标题栏"选项，弹出"存储标题栏文件"对话框。对话框中列出了已有标题栏文件的文件名。用户可以在对话框底部的文件名输入行内，输入要存储标题栏文件名，例如"厂标"，标题栏文件扩展名为".HDR"。然后用鼠标单击"确定"按钮，系统自动加上文件扩展名".HDR"，一个文件名为"厂标.HDR"的标题栏文件被存储在"CAXALATHE \ SUPPORT"目录下。

（4）填写标题栏　填写定义好的标题栏。单击"填写标题栏"选项，弹出"填写标题栏"对话框。在对话框中填写图形文件标题的所有内容，单击"确定"按钮即可完成标题栏的填写。其中标题栏的字高除默认的几种大小外，也可以手动输入。

4. 零件序号

系统设置了生成、删除、交换和编辑零件序号功能，为绘制装配图及编制零件序号提供了便利条件。

（1）生成序号 生成或插入零件序号，且与明细栏联动。在生成或插入零件序号的同时，允许用户填写或不填写明细栏中的各表项，而且对于从图库中提取的标准件或含属性的块，其本身带有属性描述，在标注零件序号时，它会自动将块属性中与明细栏表头对应的属性自动填入。

单击"生成序号"菜单项，系统弹出图6-45所示立即菜单。

图6-45 生成序号立即菜单

根据系统提示输入引出点和转折点后，当立即菜单第六项改为"填写"时，弹出"填写明细表"对话框，如图6-46所示。可以在标注完当前零件序号后立即填写明细栏，也可以选择先不填写，以后利用明细栏的填写表项或读入数据等方法填写。也可以选择立即菜单为"5：不生成明细表"，按照系统提示输入引出点和转折点后，单击鼠标右键结束。

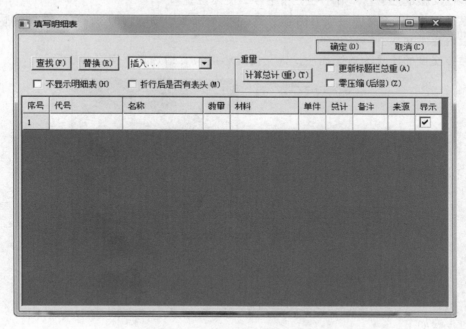

图6-46 "填写明细表"对话框

（2）删除序号 在已有的序号中删除不需要的序号，在删除序号的同时，也删除明细栏中的相应表项。

单击"删除序号"选项，系统提示"拾取零件序号："，用鼠标拾取待删除的序号，该序号即被删除。对于多个序号共用一条指引线的序号结点，如果拾取位置为序号，则删除被拾取的序号，拾取到其他部位，则删除整个结点。如果所要删除的序号没有重名的序号，则同时删除明细栏中相应的表项，否则只删除所拾取的序号。如果删除的序号为中间项，系统会自动将该项以后的序号值顺序减一，以保持序号的连续性。

>> **注意** 如果直接选择序号，单击右键删除，则不适用以上规则，序号不会自动连续，明细表相应表项也不会被删除，建议不要使用此种方法删除序号。

（3）编辑序号　修改指定序号的位置。

用鼠标单击"编辑序号"选项，系统提示"拾取零件序号:"，用鼠标拾取待编辑的序号，根据鼠标拾取位置的不同，可以分别修改序号的引出点或转折点位置。如果鼠标拾取的是序号的指引线，系统提示"引出点:"，输入引出点后，所编辑的是序号引出点及引出线的位置；如果拾取的是序号的序号值，系统提示"转折点:"，输入转折点后，所编辑的是转折点及序号的位置。

>> **注意** 编辑序号只编辑修改其位置，而不能修改序号本身。

（4）交换序号　交换序号的位置，并根据需要交换明细栏内容。

用鼠标单击"交换序号"选项，默认为"交换明细表内容"，如图 6-47 所示，系统提示"请拾取零件序号:"，用鼠标拾取待交换的序号 1，系统提示"请拾取第二个序号"，用鼠标拾取待交换的序号 2，则序号 1 和序号 2 交换位置。

如果选择将"1:交换明细表内容"变为"不交换明细表内容"，则序号更换后，相应的明细栏内容不交换。

如果要交换的序号为连续标注，则交换时会提示"请选择要交换的序号;"。

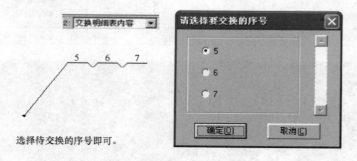

选择待交换的序号即可。

图 6-47　交换序号提示对话框

6.2.5　工程图绘制案例

绘制图 6-48 所示图形，并添加图框和标题栏。

绘图步骤如下。

1. 画出各段轴端面基准线

选择"图层"为"中心线层"，单击"直线"按钮✏，选择"两点线"→"连续"→"正交"→"点方式"，以坐标原点为起点 1，画出直线 12。单击"等距线"按钮┓，按照各段轴的长度尺寸，"等距"得到各段轴的基准线，进而得到各段轴起始和终端的中点，如图 6-49 所示。

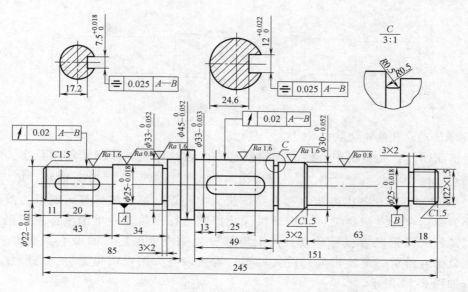

图 6-48 传动轴

图 6-49 等距线

2. 绘制各段轴轮廓线

单击菜单栏"孔/轴"按钮，选择"轴"→"直接给出角度"→"中心线角度 0"，按照左下角状态栏提示"插入点"，单击轴起始中心点，按提示输入直径值，再单击此段轴终端的中心点，画出第一段轴，依此继续画出各段轴（注：圆柱轴只填写起始直径值即可），如图 6-50 所示，再删除各段轴基准线。

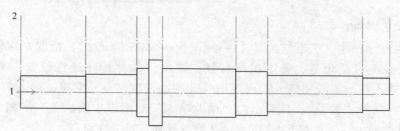

图 6-50 各段轴轮廓线的绘制

3. 绘制倒角

单击"倒角"按钮，选择"倒角"→"裁剪"→"长度：1.5"→"角度：45"，按左下角状态栏提示，分别拾取倒角第一条、第二条直线，得到倒角，结果如图 6-51 所示。

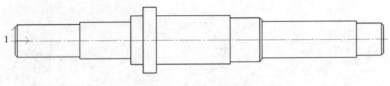

图 6-51　倒角的绘制

4. 完成传动轴其他轮廓结构

绘制剖面图时，先绘制中心线，再绘制整圆，通过等距线绘制出键槽轮廓。绘制砂轮越程槽放大图时，单击"工具"→ ⬚ 按钮→"圆形边界"→"放大倍数：3"→"符号：C"，按照左下角状态栏提示，选择局部放大中心点，拖动鼠标显示圆形边界局部范围的大小，单击鼠标左键确定；再拖动鼠标选择符号标示位置，单击鼠标左键确定；这时出现局部放大图形随着鼠标移动，选取局部放大图位置点后，如果不需要改变转角，直接单击鼠标右键后，便绘出局部放大图形；再选取放大图说明位置后，局部放大图绘制完成，如图 6-52 所示。

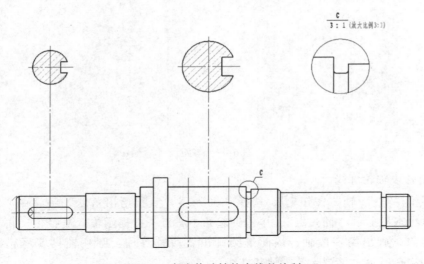

图 6-52　完成传动轴轮廓线的绘制

5. 尺寸及公差标注

（1）直径尺寸标注　单击"工具"→ ↔ 按钮→"基本标注"，拾取左端轴的直径轮廓线，拖动尺寸线至合适位置，单击鼠标右键，弹出"尺寸标注属性设置"对话框。选择"文字替代"输入栏，单击"插入"出现下拉选项，选取"φ"字符，输入数字"22"，再单击"插入"，选择"偏差"，在弹出的"偏差输入"对话框中输入上、下偏差，确定后得到直径尺寸及偏差标注，如图 6-53 所示。其他各段轴直径标注略。

（2）轴向尺寸标注　单击"工具"→ ↔ 按钮→"基准标注"，选择轴线尺寸的起点和终点，自动标注出轴向尺寸。选择某个尺寸，尺寸线变红色后，单击鼠标右键，在弹出的立即菜单中选择"编辑"，便可改变尺寸标注的位置；选择"属性修改"，则可以修改尺寸数值及颜色等，结果如图 6-54 所示。

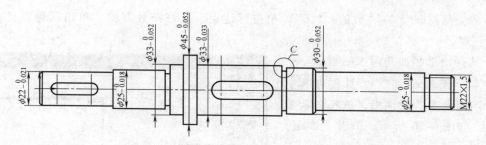

图 6-53　直径尺寸标注

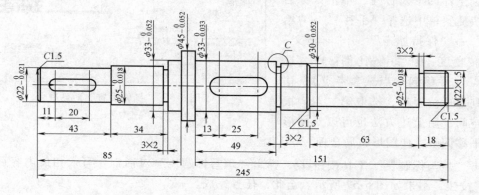

图 6-54　轴向尺寸标注

（3）标注形位公差及表面粗糙度值　单击"基准代号"工具按钮 →"基准标注"→"给定基准"→"默认方式"→"基准名称：A"，拾取基准直线，拖动鼠标将符号位置摆正，单击鼠标左键确定，得到基准代号 A 的标注。基准代号 B 的标注同理。

单击"形位公差"工具按钮 ，弹出"形位公差"对话框，选择公差代号，输入公差值和基准符号，单击"确定"按钮，如图 6-55 所示。选择标注点和指引线拐点，拖动至合适位置，单击鼠标左键确定，完成形位公差的标注。

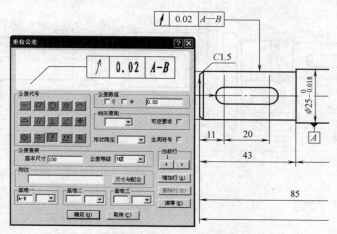

图 6-55　形位公差的标注

（4）表面粗糙度值标注　单击"表面粗糙度"工具按钮 →"简单标注"→"默认方

式"→"去除材料"→"数值：1.6"，单击标注点，选好符号方位后单击鼠标左键确认。其他标注略。

6. 选择图纸幅面并调入标题栏

单击"图纸幅面"工具按钮，弹出"图幅设置"对话框，选择各项参数设置，如图 6-56 所示，单击"确定"按钮。

框选全部图形及标注，单击鼠标右键，在快捷菜单中选择"平移"→"给定两点"→"保持原态"→"非正交"→"旋转角度：0"→"比例：1"。选取第一点（平移起始点、参考点），移动图形到合适位置后，选取第二点。根据幅面空间，用上述方法也可以对图形局部做平移调整，使图形布局合理。

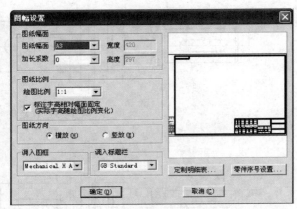

图 6-56 "图幅设置"对话框

单击"填写标题栏"工具按钮，弹出"填写标题栏"对话框，写入相关内容后单击"确定"按钮，结果如图 6-57 所示。至此，任务完成。

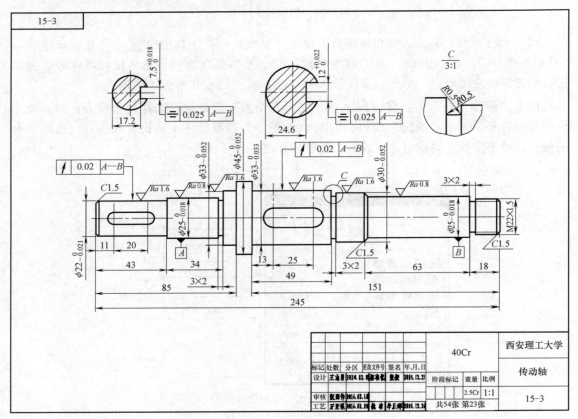

图 6-57 传动轴零件图

6.3　数控加工

6.3.1　数控加工概述

数控加工技术在制造业的各个领域如航空航天、汽车、模具、精密机械、家用电器等有着日益广泛的应用，已成为这些行业中不可缺少的加工手段。

CAXA 数控车 2013 软件具有如下加工功能。

1）轮廓粗车：用于实现对工件外轮廓表面、内轮廓表面和端面的粗车加工，用来快速清除毛坯的多余部分。

2）轮廓精车：用于实现对工件外轮廓表面、内轮廓表面和端面的精车加工。

3）切槽：用于在工件外轮廓表面、内轮廓表面和端面切槽。

4）钻中心孔：用于在工件的旋转中心钻中心孔。

5）高级加工功能：用于内、外轮廓及端面的粗、精车削，样条曲线的车削，自定义公式曲线的车削；提供加工轨迹自动干涉、排除功能，避免人为因素的判断失误；支持不具有循环指令的机床编程，解决这类机床手工编程的繁琐工作。

6）车螺纹：用于非固定循环方式时对螺纹的加工，可对螺纹加工中的各种工艺条件、加工方式进行灵活地控制；螺纹的起始点和终止点坐标通过用户的拾取自动计入加工参数中，不需要重新输入，减少出错环节。螺纹节距可以选择恒定节距或者变节距。螺纹加工方式可以选择粗加工、粗加工与精加工一起加工两种方式。

用 CAXA 数控车实现加工的过程为：首先，需配置好机床，这是正确输出代码的关键；其次，看懂图样，用曲线表达工件；然后，根据工件形状选择合适的加工方式，生成刀位轨迹；最后，生成 G 代码，传给机床。

6.3.2　数控车削参数设置

数控车削参数设置主要包括刀具管理、机床设置和轨迹设置，通过这三大部分详细介绍了各关键工艺参数设置的原则和技巧。在简要介绍数控加工工艺、数控自动编程流程的基础上，重点以车削加工系统的典型实例为主介绍参数设置技巧。

1. 刀具管理

该功能用于定义、确定刀具的有关数据，以便于用户从刀具库中获取刀具信息和对刀具库进行维护。刀具库管理功能包括轮廓车刀、切槽刀具、螺纹车刀、钻孔刀具四种刀具类型的管理。

刀具选择及参数修改过程如下。

1）在菜单区选择"数控车"→"刀具管理"系统弹出"刀具库管理"对话框，如图 6-58 所示，用户可按自己的需要添加新的刀具，对已有刀具的参数进行修改，更换使用的当前刀等。

2）当需要定义新的刀具时，按"增加刀具"按钮弹出"添加刀具"对话框。

3）在刀具列表中选择要删除的刀具名，按"删除刀具"按钮可从刀具库中删除所选择的刀具（注意：不能删除当前刀具）。

4）在刀具列表中选择要使用的当前刀具名，按"置当前刀"按钮可将选择的刀具设为当前刀具，也可在刀具列表中用鼠标双击所选的刀具。

需要指出的是，刀具库中的各种刀具只是同一类刀具的抽象描述，并非符合国标或其他标准的详细刀具库，所以刀具库只列出了对轨迹生成有影响的部分参数，其他与具体加工工艺相关的刀具参数并未列出。例如，将各种外轮廓、内轮廓、端面粗、精车刀均归为轮廓车刀，它们对轨迹生成没有影响，其他补充信息可在"备注"栏中输入。

（1）"轮廓车刀"参数说明

刀具名：指刀具的名称，用于刀具标识和列表。刀具名是唯一的。

刀具号：指刀具的系列号，用于后置处理的自动换刀指令。刀具号是唯一的，并对应机床的刀库。

刀具补偿号：指刀具补偿值的序列号，其值对应于机床的数据库。

刀柄长度：指刀具可夹持段的长度。

刀柄宽度：指刀具可夹持段的宽度。

刀角长度：指刀具可切削段的长度。

刀尖半径：指刀尖部分用于切削的圆弧的半径。

刀具前角：指刀具前刃与工件旋转轴的夹角。

当前轮廓车刀：显示当前使用刀具的刀具名。当前刀具就是在加工中要使用的刀具，在加工轨迹的生成中要使用当前刀具的刀具参数。

轮廓车刀列表：显示刀具库中所有同类型刀具的名称，可通过鼠标或键盘的上、下键选择不同的刀具名，刀具参数表中将显示所选刀具的参数。用鼠标双击所选的刀具还能将其置为当前刀具。

（2）"切槽刀具"参数说明（图6-59）

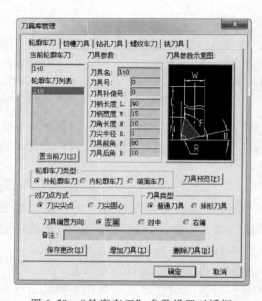

图6-58 "轮廓车刀"参数设置对话框

图6-59 "切槽刀具"参数设置对话框

刀具长度：指刀具的总体长度。

刀刃宽度：指刀具切削刃的宽度。

刀具引角：指刀具切削段两侧边与垂直于切削方向的夹角。

（3）"螺纹车刀"参数说明（图6-60）

刀刃长度：指刀头有效切削长度。

刀尖宽度：指螺纹齿底宽度。对于三角螺纹车刀，刀尖宽度等于0。

刀具角度：指刀具切削段两侧边与垂直于切削方向的夹角，该角度决定了车削出螺纹的螺纹角。

（4）"钻孔刀具"参数说明（图6-61）

刀具半径：指刀具的半径。

刀尖角度：指钻头前端尖部的角度。

刀刃长度：指刀具的刀杆可用于切削部分的长度。

刀杆长度：指刀尖到刀柄之间的距离。刀杆长度应大于刀刃有效长度。

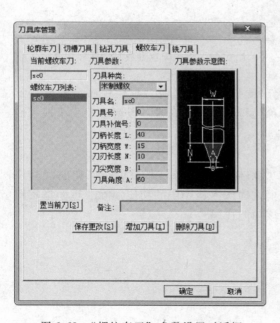

图6-60　"螺纹车刀"参数设置对话框

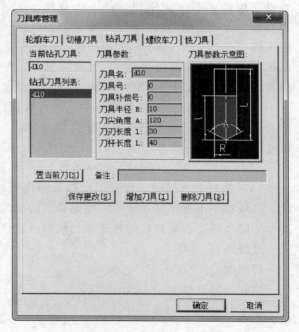

图6-61　"钻孔刀具"参数设置对话框

2. 机床设置

机床设置就是针对不同的机床、不同的数控系统，设置特定的数控代码、数控程序格式及参数，并生成配置文件。生成数控程序时，系统根据该配置文件的定义生成用户所需要的特定代码格式的加工指令。通过设置系统配置参数，后置处理所生成的数控程序可以直接输入数控机床或加工中心进行加工，而无需进行修改。如果已有的机床类型中没有所需的配置，可增加新的机床类型以满足使用需求，要对新增的机床进行设置。机床配置的各参数如图6-62所示。

在"数控车"子菜单区中选取"机床设置"功能项，系统弹出机床配置参数表，用户可根据自己的需求增加新的机床或更改已有的机床设置。按"确定"按钮可将用户的更改保存，按"取消"按钮则放弃已做的更改。机床参数配置包括主轴控制、数值插补方法、补偿方式、冷却控制、程序起停以及程序首尾控制符等。

图 6-62　机床配置参数对话框

在"机床名"一栏用鼠标选取一个已存在的机床并进行修改；单击"增加机床"按钮可增加系统没有的机床，按"删除机床"按钮可删除当前的机床；也可对机床的各种指令地址进行设置。

机床参数设置说明如下。

（1）行号地址 Nxxxx　一个完整的数控程序由许多程序段组成，每一个程序段前有一个程序段号，即行号地址。系统可以根据行号识别程序段，如 N0001、N0002、N0003 等；行号也可以间隔递增，如 N0001、N0005、N0010 等。

（2）行结束符　在数控程序中，一行数控代码就是一个程序段。数控程序一般以特定的符号，而不是以回车键作为程序段结束标志，称为行结束符，它是一段程序段不可缺少的组成部分，如：

N10　G92　X10.000　Y5.000；

（3）插补方式控制　插补指令都是模代码。所谓模代码就是只要指定一次功能代码格式，以后就不用指定，系统会以前面最近的功能模式确认本程序段的功能。除非重新指定同类型功能代码，否则以后的程序段仍然可以默认该功能代码。

直线插补：G01

顺圆插补：G02

逆圆插补：G03

（4）主轴控制指令

主轴转速：S

主轴正转：M03

主轴反转：M04

主轴停：M05

（5）冷却液开关控制指令

冷却液开：M08

冷却液关：M09

（6）坐标设定　用户可以根据需要设置坐标系，系统根据用户设置的参照系确定坐标值是绝对的还是相对的。

坐标设定：G54

绝对指令：G90

相对指令：G91

（7）补偿　补偿包括左补偿和右补偿及补偿关闭。有了补偿后，编程时可以直接根据曲线轮廓编程。

半径左补偿：G41

半径右补偿：G42

半径补偿关闭：G40

（8）延时控制

延时指令：G04

延时表示：X

程序停止：M02、M30

（9）主轴速度设置

恒线速度：G96

恒角速度：G97

最高转速：G50

（10）程序格式设置　程序格式设置是对 G 代码各程序段格式进行设置。常用宏指令表见表6-1。用户可以对程序起始符号、程序结束符号、程序说明、程序头、程序尾、换刀段等进行格式设置。

表 6-1　常用宏指令表

宏指令	含义	宏指令	含义
POST_NAME	后置文件名	COOL_ON	冷却液开
POST_DATE	当前日期	COOL_OFF	冷却液关
POST_TIME	当前时间	PRO_STOP	程序止
COORD_Y	当前 X 坐标值	DCMP_LFT	左补偿
COORD_X	当前 Z 坐标值	DCMP_RGH	右补偿
POST_CODE	当前程序号	DCMP_OFF	补偿关闭
LINE_NO_ADD	行号指令	@	换行标志
BLOCK_END	行结束符	$	输出空格

1）程序说明。

说明部分是对程序的名称、与此程序对应的零件名称编号、编制日期和时间等有关信息的记录。程序说明部分是为了管理的需要而设置的，有了这个功能项目，用户可以很方便地进行管理。如要加工某个零件时，只需要从管理程序中找到对应的程序编号即可，而不需要从复杂的程序中一个个地寻找需要的程序。

例如：（N126 – 60231，$ POST_ NAME，$ POST_ DATE，$ POST_ TIME），在生成的后置程序中程序说明部分输出如下说明：

（N126 – 60231，O1261，1996/9/2，15：30：30）

2）程序头。

针对特定的数控机床来说，其数控程序开头部分都是相对固定的，包括一些机床信息，如机床回零、工件零点设置、开走丝，以及冷却液开启等。

例如：$ COOL_ ON@ $ SPN_ CW@ $ G90 $ $ G0 $ COORD_ Y $ COORD_ X@ G41
在后置文件中的输出内容为：

M07；

M03；

G90 G00 X10.000 Z20.0000；

G41；

3. 后置设置

后置设置是针对特定的机床，结合已经设置好的机床配置，对后置输出的数控程序的格式，如程序段行号、程序大小、数据格式、编程方式、圆弧控制方式等进行设置。本功能可以设置默认机床及 G 代码输出选项。机床名选择已存在的机床名作为默认机床。

在"数控车"子菜单区中选取"后置设置"功能项，系统弹出"后置处理设置"对话框，如图 6-63 所示。用户可按自己的需要更改已有机床的后置设置参数。单击"确定"按钮可将用户的更改保存，按"取消"按钮则放弃已做的更改。

（1）机床名 数控程序必须针对特定的数控机床、特定的配置才具有加工的实际意义，所以后置设置必须先调用机床配置。在图 6-63 中，用鼠标拾取机床名一栏就可以很方便地从配置文件中调出机床的相关配置。图中调用的为 Lathe1 数控系统的相关配置。

（2）扩展文件名控制和后置程序号 后置文件扩展名是控制所生成的数控程序文件名的扩展名。有些机床对数控程序要求有扩展名，有些机床没有这个要求，应视不同的机床而定。后置程序号是记录后置设置的程序号，不同的机床其后置设置不同，所以采用程序号来记录这些设置，以便于用户日后使用。

图 6-63 "后置处理设置"对话框

（3）输出文件最大长度 输出文件长度可以对数控程序的大小进行控制，文件大小控制以 K（字节）为单位。当输出的代码文件长度大于规定长度时系统自动分割文件。例如：当输出的 G 代码文件 post. ISO 超过规定的长度时，就会自动分割为 post0001. ISO、post0002. ISO、post0003. ISO、post0004. ISO 等。

（4）行号设置 程序段行号设置包括行号的位数，行号是否输出，行号是否填满，起始行号以及行号递增数值等。是否输出行号：选中行号输出，则在数控程序中的每一个程序段前面输出行号，反之亦然。行号是否填满指行号不足规定的行号位数时是否用 0 填充，行号填满是在不满足所要求的行号位数的前面补零，如 N0028；反之亦然，如 N28。行号递增数值是程序段行号之间的间隔，如 N0020 与 N0025 之间的间隔为 5，建议用户选取比较适中的递增数值，这样有利于程序的管理。

（5）编程方式设置　包括绝对编程 G90 和相对编程 G91 两种方式。

（6）坐标输出格式设置　决定数控程序中数值的格式：小数输出还是整数输出。机床分辨率是机床的加工精度，如果机床精度为 0.001mm，则分辨率设置为 1000，以此类推。输出小数位数可以控制加工精度，但不能超过机床精度，否则是没有实际意义的。

优化坐标值指输出的 G 代码中，若坐标值的某分量与上一次相同，则此分量在 G 代码中不出现。如下是没有经过优化的 G 代码：

X0.0　　Y0.0　　Z0.0；

X100　　Y0.0　　Z0.0；

X100　　Y100　　Z0.0；

X0.0　　Y100　　Z0.0；

X0.0　　Y0.0　　Z0.0；

经过坐标优化，结果如下：

X0.0　　Y0.0　　Z0.0；

X100.；

Y100.；

X0.0 ；

Y0.0 ；

（7）圆弧控制设置　主要设置控制圆弧的编程方式，即是采用圆心编程方式还是半径编程方式。

当采用圆心编程方式时，圆心坐标（I，J，K）有三种含义。

1）绝对坐标：采用绝对编程方式，圆心坐标（I，J，K）的坐标值为相对于工件零点绝对坐标系的绝对值。

2）相对起点：圆心坐标以圆弧起点为参考点取值。

3）起点相对圆心：圆弧起点坐标以圆心坐标为参考点取值。

按圆心坐标编程时，圆心坐标的各种含义是针对不同的数控机床而言。不同机床之间其圆心坐标编程的含义不同，但对于特定的机床其含义只有一种。当采用半径编程时，采用半径正负区别的方法来控制圆弧是劣圆弧还是优圆弧。圆弧半径 R 的含义即表现为以下两种：

优圆弧：圆弧大于 180°，R 为负值。

劣圆弧：圆弧小于 180°，R 为正值。

（8）X 值表示直径　软件系统采用直径编程。

（9）X 值表示半径　软件系统采用半径编程。

（10）显示生成的代码　选中时系统调用 Windows 记事本显示生成代码，如代码太长，则提示用写字板打开。

6.3.3　加工功能及轨迹生成

1. 粗加工

该功能用于实现对工件外轮廓表面、内轮廓表面和端面的粗车加工，用来快速清除毛坯

CAD/CAM技术应用（CAXA）

的多余部分。

　　做轮廓粗车时要确定被加工轮廓和毛坯轮廓，被加工轮廓是加工结束后的工件表面轮廓，毛坯轮廓是加工前毛坯的表面轮廓。被加工轮廓和毛坯轮廓两端点相连，两轮廓共同构成一个封闭的加工区域，在此区域的材料将被加工去除。被加工轮廓和毛坯轮廓不能单独闭合或自相交。下面以图6-64为例介绍粗车加工中各项加工参数，各参数表中的参数值均以该零件设定。

　　操作步骤如下。

　　1）在菜单区中选择"数控车"→"轮廓粗车"，系统弹出"粗车参数表"对话框，如图6-65所示。在参数表中首先要确定零件被加工的是外轮廓表面还是内轮廓表面或端面，接着按加工要求确定其他各加工参数。

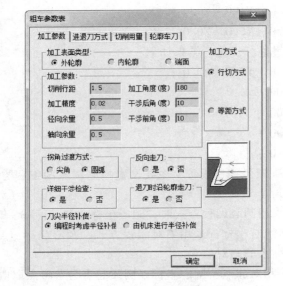

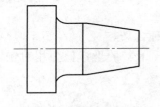

图6-64　粗车加工零件　　　　　图6-65　"粗车参数表"对话框

　　"加工参数"选项卡说明如下。

　　① 加工表面类型：

　　外轮廓：采用外轮廓车刀加工外轮廓，此时默认加工方向角度为180°。

　　内轮廓：采用内轮廓车刀加工内轮廓，此时默认加工方向角度为180°。

　　车端面：此时默认加工方向应垂直于系统 X 轴，即加工角度为 −90°或270°。

　　② 加工参数

　　干涉后角：做底切干涉检查时，确定干涉检查的角度。

　　干涉前角：做前角干涉检查时，确定干涉检查的角度。

　　加工角度：指刀具切削方向与机床 Z 轴（软件系统 X 正方向）正方向的夹角。

　　切削行距：指行间切入深度，两相邻切削行之间的距离。

　　加工余量：指加工结束后，被加工表面没有加工部分的剩余量（与最终加工结果比较）。

　　加工精度：指用户可按需要来控制加工的精度。对轮廓中的直线和圆弧，机床可以精确地加工；对由样条曲线组成的轮廓，系统将按给定的精度把样条转化成直线段来满足用户所需的加工精度。

③ 拐角过渡方式

圆弧：在切削过程遇到拐角时刀具从轮廓的一边到另一边的过程中，以圆弧的方式过渡。

尖角：在切削过程遇到拐角时刀具从轮廓的一边到另一边的过程中，以尖角的方式过渡。

④ 反向走刀

否：刀具按默认方向走刀，即刀具从机床 Z 轴正向向着 Z 轴负向移动。

是：刀具按与默认方向相反的方向走刀。

⑤ 详细干涉检查

否：假定刀具前后干涉角均为 0，对凹槽部分不做加工，以保证切削轨迹无前角及底切干涉。

是：加工凹槽时，用定义的干涉角度检查加工中是否有刀具前角及底切干涉，并按定义的干涉角度生成无干涉的切削轨迹。

⑥ 退刀时沿轮廓走刀

否：刀位行首末直接进退刀，不加工行与行之间的轮廓。

是：两刀位行之间如果有一段轮廓，在后一刀位行之前、之后增加对行间轮廓的加工。

⑦ 刀尖半径补偿

编程时考虑半径补偿：在生成加工轨迹时，系统根据当前所用刀具的刀尖半径进行补偿计算（按假想刀尖点编程）。所生成代码即为已考虑半径补偿的代码，无需机床再进行刀尖半径补偿。

由机床进行半径补偿：在生成加工轨迹时，假设刀尖半径为 0，按轮廓编程，不进行刀尖半径补偿计算。所生成代码用于实际加工时，应根据实际刀尖半径由机床指定补偿值。

"进退刀方式"选项卡说明如下（图6-66）。

进刀方式：相对毛坯进刀方式用于指定对毛坯部分进行切削时的进刀方式。相对加工表面进刀方式用于指定对加工表面部分进行切削时的进/退刀方式。

与加工表面成定角：指在每一切削行前加入一段与轨迹切削方向成一定角度的进刀段，刀具垂直进刀到该进刀段的起点，再沿该进刀段进刀至切削行。角度定义该进刀段与轨迹切削方向的夹角，长度定义该进刀段的长度。

垂直进刀：指刀具直接进刀到每一切削行的起始点。

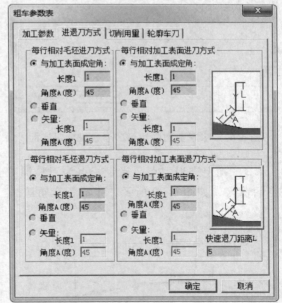

图 6-66 进退刀方式参数表

矢量进刀：指在每一切削行前加入一段与系统 X 轴（机床 Z 轴）正方向成一定夹角的进刀段，刀具进刀到该进刀段的起点，再沿该进刀段进刀至切削行。角度定义矢量（进刀段）与系统 X 轴正方向的夹角，长度定义矢量（进刀段）的长度。

快速退刀距离：以给定的退刀速度回退的距离（相对值），在此距离上以机床允许的最大进给速度 G0 退刀。

2）如图 6-67、图 6-68 所示，确定参数后拾取被加工工件的轮廓和毛坯轮廓，此时可使用系统提供的轮廓拾取工具，对于多段曲线组成的轮廓使用"限制链拾取"功能将极大地方便拾取。采用"链拾取"和"限制链拾取"时的拾取箭头方向与实际加工方向无关。如图 6-69 所示，所有参数确定完毕，拾取被加工轮廓时，选取 L1、L2，限制链方向拾取指向 L2 的方向；拾取毛坯轮廓 L3、L4，方向指向 L4。

图 6-67　粗车"切削用量"参数设置对话框

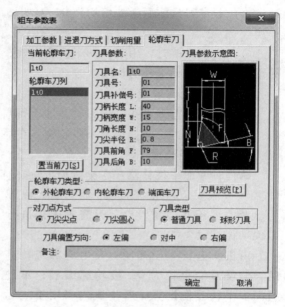

图 6-68　粗车"轮廓车刀"参数设置对话框

3）确定进退刀点。指定一点为刀具加工前和加工后所在的位置。按鼠标右键可忽略该点的输入，如图 6-70 所示，生成粗车轨迹。

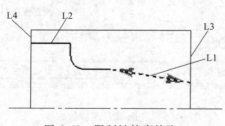

图 6-69　限制链轮廓拾取

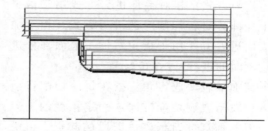

图 6-70　粗加工轨迹

完成上述步骤后即可生成加工轨迹。在菜单区中选取"数控车"→"生成代码"，拾取刚生成的刀具轨迹，即可生成加工指令。

注：由于篇幅所限，工件外轮廓表面、内轮廓表面和端面的精车加工参数与轮廓粗车加工参数基本一样，不再详细介绍，精加工时注意被加工轮廓不能闭合或自相交。

2. 切槽

该功能用于在工件外轮廓表面、内轮廓表面和端面切槽。切槽时要确定被加工轮廓，被加工轮廓是加工结束后的工件表面轮廓，被加工轮廓不能闭合或自相交。后面"切槽参数表"对话框中的参数值均以图6-71所示零件尺寸来设定。

操作步骤如下。

1）在菜单区中选择"数控车"→"车槽"，系统弹出"切槽加工参数表"对话框，如图6-72所示。在参数表中首先要确定工件被加工的是外轮廓表面还是内轮廓表面或端面，接着按加工要求确定其他各项加工参数。

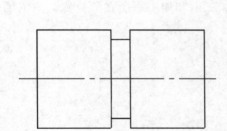

图 6-71 槽加工零件图

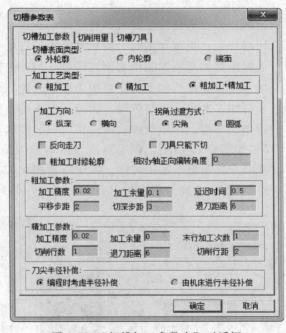

图 6-72 "切槽加工参数表"对话框

各加工参数说明如下。

① 加工轮廓类型

外轮廓：指外轮廓切槽，或用切槽刀加工外轮廓。

内轮廓：指内轮廓切槽，或用切槽刀加工内轮廓。

端面：指端面切槽，或用切槽刀加工端面。

② 加工工艺类型

粗加工：对槽只进行粗加工。

精加工：对槽只进行精加工。

粗加工 + 精加工：对槽进行粗加工之后接着做精加工。

③ 拐角过渡方式

圆角：在切削过程遇到拐角时，刀具从轮廓的一边到另一边的过程中，以圆弧的方式过渡。

尖角：在切削过程遇到拐角时，刀具从轮廓的一边到另一边的过程中，以尖角的方式过渡。

④ 粗加工参数

延迟时间：指粗车槽时，刀具在槽的底部停留的时间。

切深平移量：指粗车槽时，刀具每一次纵向切槽的切入量（机床 X 向）。

水平平移量：指粗车槽时，刀具切到指定的切深平移量后进行下一次切削前的水平平移量（机床 Z 向）。

退刀距离：指粗车槽时进行下一行切削前退刀到槽外的距离。

加工余量：指粗加工时，被加工表面未加工部分的预留量。

⑤ 精加工参数

切削行距：指精加工时行与行之间的距离。

切削行数：指精加工时刀位轨迹的加工行数，不包括最后一行的重复次数。

退刀距离：指精加工中切削完一行之后，进行下一行切削前退刀的距离。

加工余量：指精加工时，被加工表面未加工部分的预留量。

末行加工次数：精车槽时，为提高加工的表面质量，最后一行常常在相同进给量的情况下进行多次车削，这里指该处定义多次切削的次数。

2）如图 6-73 所示，确定参数后拾取被加工轮廓，此时可使用系统提供的轮廓拾取工具。拾取方法与粗车加工相同，图中槽轮廓从 L1 至 L2。如图 6-74 所示。

3）拾取完轮廓后确定进退刀点，指定一点为刀具加工前和加工后所在的位置。按鼠标

图 6-73 "切槽刀具"选项卡参数表

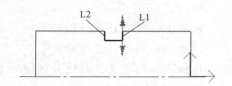

图 6-74 槽轮廓拾取

右键可忽略该点的输入，结果如图 6-75 所示。

3. 车螺纹

该功能为非固定循环方式加工螺纹，可对螺纹加工中的各种工艺条件、加工方式进行更为灵活地控制。螺纹加工各参数表中的参数值均以图 6-76 所示零件设定。

操作步骤如下。

1）在菜单区中选取 "数控车"→"螺纹固定循环"，根据状态栏提示依次拾取螺纹起点和终点。在拾取螺纹起、终点时必须考虑到螺纹的引入长度和超越长度，图 6-77 所示螺纹起终点为 1 点和 2 点。

2）拾取完毕后，弹出 "螺纹参数表" 对话框，如图 6-78 所示。前面拾取点的坐标也将显示在该参数表中，用户可在该参数表对话框中确定各加工参数。

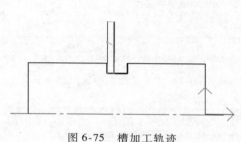

图 6-75　槽加工轨迹

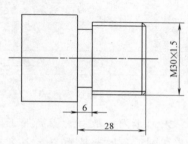

图 6-76　螺纹加工零件

各加工参数说明如下。

① 螺纹参数

起点坐标：指车螺纹的起始点坐标，单位为 mm。

终点坐标：指车螺纹的终止点坐标，单位为 mm。

螺纹长度：指螺纹起始点到终止点的距离。

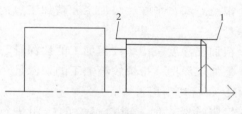

图 6-77　螺纹起终点的设定

螺纹牙高：指螺纹牙的高度。

螺纹头数：指螺纹起始点到终止点之间的牙数。

② 螺纹节距

恒定节距：指两个相邻螺纹轮廓上对应点之间的距离为恒定值。

节距：指恒定节距值。

变节距：指两个相邻螺纹轮廓上对应点之间的距离为变化的值。

始节距：指起始端螺纹的节距。

末节距：指终止端螺纹的节距。

③ 加工工艺（图 6-79）

粗加工：指直接采用粗切方式加工螺纹。

粗加工 + 精加工方式：指根据指定的粗加工深度进行粗切后，再采用精切方式（如采用更小的行距）切除剩余余量（精加工深度）。

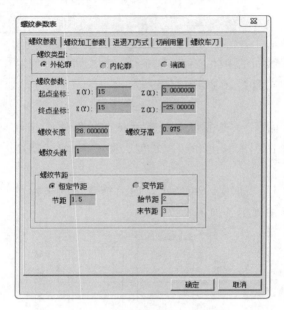

图 6-78 "螺纹参数表"对话框

图 6-79 "螺纹加工参数"选项卡

末刀走刀次数：为提高加工质量，最后一个切削行有时需要重复走刀多次，此时需要指定重复走刀次数。

螺纹总深：指螺纹粗加工和精加工总的切深量。

粗加工深度：指螺纹粗加工的切深量。

精加工深度：指螺纹精加工的切深量。

④ 每行切削用量

恒定行距：加工时沿恒定的行距进行加工。

恒定切削面积：为保证每次切削时的切削面积恒定，各次切削深度将逐步减小，直至等于最小行距。用户需指定第一刀行距及最小行距。吃刀深度规定如下：第 n 刀的吃刀深度应为第一刀吃刀深度的 $\sqrt{n}$ 倍。

⑤ 每行切入方式：指刀具在螺纹始端切入时的切入方式。刀具在螺纹末端的退出方式与切入方式相同。

沿牙槽中心线：指刀具切入时沿牙槽中心线。

沿牙槽右侧：指刀具切入时沿牙槽右侧。

左右交替：指刀具切入时沿牙槽左右交替。

螺纹进退刀方式参数的填写如图 6-80 所示。

3）参数填写完毕后，选择"确认"按钮，即生成螺纹加工轨迹，如图 6-81 所示。

图 6-80 "进退刀方式"选项卡

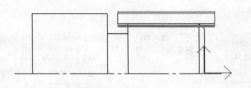

图 6-81　螺纹加工轨迹

6.4　数控加工应用案例

案例一　阶梯轴的加工

1. 工艺分析

图 6-82 所示阶梯轴零件包括外形面加工、切槽、螺纹加工和切断等典型工序。根据车削加工的工艺特点和该零件的加工要求，宜先完成外轮廓的粗、精车加工，接着切退刀槽，再车螺纹，最后切断。下面详细介绍加工过程参数设置及编制加工程序。

2. 编制加工程序

（1）粗加工

1）轮廓建模。绘制粗加工部分的外轮廓和毛坯轮廓，如图 6-83 所示。

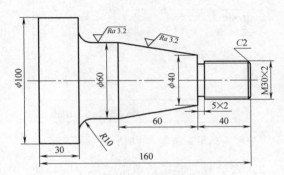

图 6-82　阶梯轴

2）确定粗车参数。单击 CAXA 数控车主菜单中的"数控车"→"轮廓粗车"，系统会弹出"粗车参数表"对话框。填写"粗车参数表"中的"加工参数""进退刀方式""切削用量""轮廓车刀"选项卡。以下各选项卡（图 6-84 ~ 图 6-86）中的参数值均以图 6-82 所示

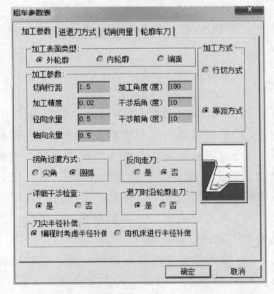

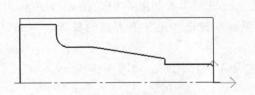

图 6-83　粗加工外轮廓和毛坯轮廓

图 6-84　粗车参数表"加工参数"选项卡

零件的加工工艺参数进行选择。

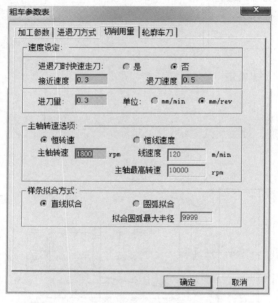

图 6-85　粗车参数表"切削用量"选项卡

图 6-86　粗车参数表"轮廓车刀"选项卡

3）参数修改完毕后单击"确定"按钮，以"限制链"方式分别拾取加工轮廓和毛坯轮廓；拾取轮廓后，系统提示输入进、退刀点，单击鼠标左键选择进、退刀位置；生成刀具粗加工轨迹如图 6-87 所示。

4）利用系统提供的模拟仿真功能进行刀具轨迹模拟仿真，验证刀具路径是否正确。

5）后置处理设置。单击主菜单中"数控车"→"后置处理设置"，系统弹出"后置处理设置"对话框，如图 6-88 所示，修改参数后单击"确定"按钮。

6）代码生成。单击主菜单中"数控车"→"代码生成"，系统弹出"生成后置代码"对话框，根据所使用的数控车床的数控系统程序文件格式，填入相应的文件名，如图 6-89 所示。

7）选择需要生成代码的刀具轨迹，单击"确定"按钮，即可生成所选轮廓的粗加工程序代码，如图 6-90 所示。

（2）精加工　精加工编程的主要步骤如下。

1）轮廓建模。编制精加工程序时只需要被加工零件的表面轮廓。

2）确定精车参数。在主菜单中选择"数控车"→"轮廓精车"，或单击数控车功能工具条的图标，系统弹出"精车参数表"对话框，填写"精车参数表"对话框中的"加工参数""进退刀方式""切削用量""轮廓车刀"选项卡，填写参数如图 6-91、图 6-92 所示。

3）以"链拾取"方式拾取精加工轮廓，单击鼠标左键选择进、退刀点的位置，生成刀具精加工轨迹，如图 6-93 所示。

4）模拟仿真并进行后处理设置，生成轮廓的精加工程序代码，如图 6-94 所示。

（3）切槽　切槽加工的主要步骤如下。

1）轮廓建模：在粗精加工过后的轮廓上绘制出 $5mm \times 2mm$ 的退刀槽。

2）确定切槽加工参数：在主菜单中选择"数控车"→"切槽"，或单击数控车功能工具条的图标，系统弹出"切槽参数表"对话框，填写"切槽参数表"对话框中的"加工参数""切削用量""切槽刀具"选项卡，填写参数如图6-95、图6-96所示。

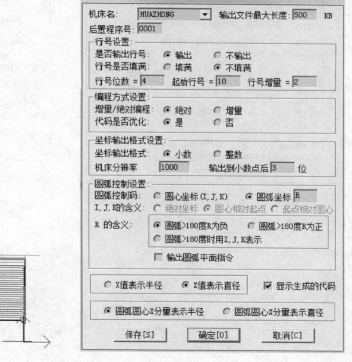

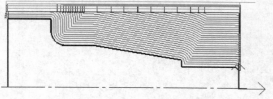

图6-87　刀具粗加工轨迹

图6-88　"后置处理设置"对话框

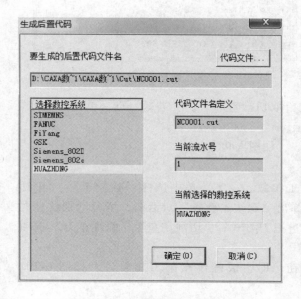

图6-89　"生成后置代码"对话框

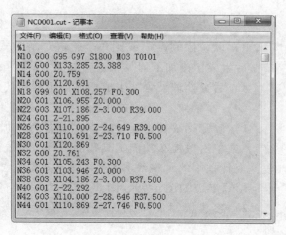

图6-90　粗加工程序代码

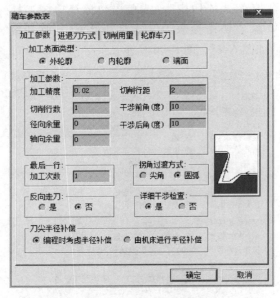

图 6-91　精车参数表"加工参数"选项卡

图 6-92　精车参数表"切削用量"选项卡

图 6-93　刀具精加工轨迹

图 6-94　精加工程序代码

3）以"限制链"或"单个拾取"的方式拾取切槽轮廓，设置进退刀点，单击"确定"按钮后生成切槽加工刀具轨迹，如图 6-97 所示。

4）后置处理设置并生成切槽加工程序代码，如图 6-98 所示。

（4）车螺纹　车螺纹加工的主要步骤如下。

1）确定螺纹加工起、终点，设置螺纹加工参数。在主菜单中选择"数控车"→"车螺纹"，或单击数控车功能工具条的图标，系统弹出"螺纹参数表"对话框，填写"螺纹参数表"对话框中的"螺纹参数""加工参数""进退刀方式""切削用量""螺纹车刀"选项卡，填写参数如图 6-99、图 6-100 所示。

2）参数填写完毕后，单击"确定"按钮，即生成螺纹车削刀具轨迹，如图 6-101所示。

3）模拟仿真并生成螺纹加工程序代码，如图 6-102 所示。

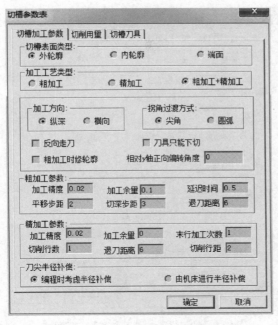

图 6-95　"切槽加工参数"选项卡

图 6-96　"切槽刀具"选项卡

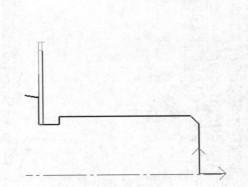

图 6-97　切槽加工刀具轨迹

图 6-98　切槽加工程序代码

案例二　轴套的加工

1. 工艺分析

图 6-103 所示轴套零件包括内轮廓面加工、内沟槽加工和切断等工序。根据车削加工的工艺特点和该零件的加工要求，宜先完成内轮廓的粗、精车加工，接着切槽，最后切断。下面详细介绍加工过程参数设置及编制加工程序。

2. 编制加工程序

（1）粗加工

1）轮廓建模。绘制粗加工部分的轮廓和毛坯轮廓，如图 6-104 所示。

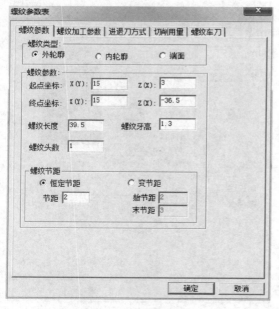

图 6-99　"螺纹参数"选项卡

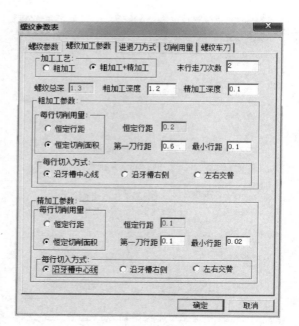

图 6-100　"螺纹加工参数"选项卡

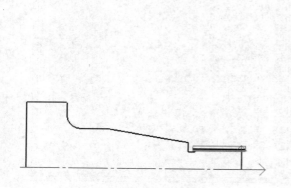

图 6-101　螺纹车削刀具轨迹

图 6-102　螺纹加工程序代码

2）确定粗车参数。单击 CAXA 数控车主菜单中"数控车"→"轮廓粗车"，系统会弹出"粗车参数表"对话框。填写"粗车参数表"中的"加工参数""进退刀方式""切削用量""轮廓车刀"选项卡如图 6-105 所示。

3）参数修改完毕后单击"确定"按钮，以"限制链"方式分别拾取加工轮廓和毛坯轮廓；拾取轮廓后，系统提示输入进、退刀点，单击鼠标左键选择进、退刀位置；生成内轮廓粗车轨迹，如图 6-106 所示。模拟仿真、后置处理设置和轨迹生成过程与上例相同，以下不再介绍。

（2）精加工　精加工编程的主要步骤如下。

1）轮廓建模。编制精加工程序时只需要被加工零件的表面轮廓。

2）确定精车参数。在主菜单中选择"数控车"→"轮廓精车"，或单击数控车功能工具条的图标，系统弹出"精车参数表"对话框，填写"精车参数表"对话框的"加工参数""进退刀方式""切削用量""轮廓车刀"选项卡，拾取轮廓后选择进、退刀位置，生成内轮廓精车轨迹，如图6-107所示。

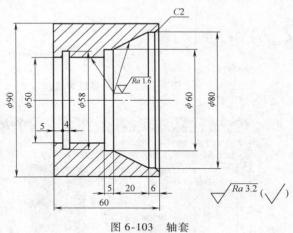

图6-103 轴套

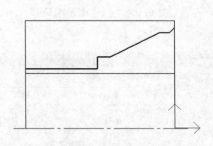

图6-104 粗加工轮廓和毛坯轮廓

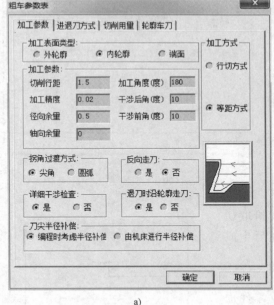

a)

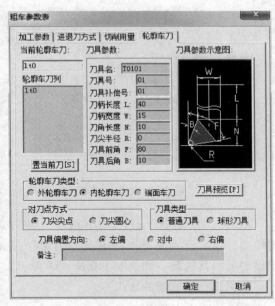

b)

图6-105 "粗车参数表"对话框

（3）切槽 切槽加工的主要步骤如下。

1）轮廓建模。在粗、精加工过后的轮廓上绘制出4mm宽的内沟槽。

2）确定切槽加工参数。在主菜单中选择"数控车"→"切槽"，或单击数控车功能工具条的图标，系统弹出"切槽参数表"对话框，填写"切槽参数表"对话框中的"加工参数""切削用量""切槽刀具"选项卡，如图 6-108、图 6-109 所示。

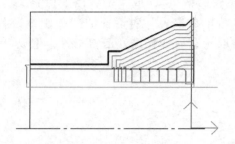

图 6-106　内轮廓粗车轨迹

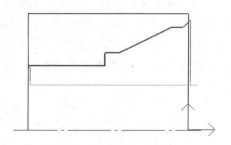

图 6-107　内轮廓精车轨迹

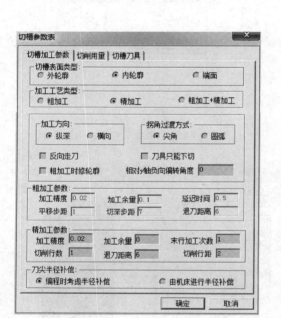

图 6-108　"切槽加工参数"选项卡

图 6-109　"切槽刀具"选项卡

3）以"限制链"或"单个拾取"的方式拾取切槽轮廓，设置进、退刀点，单击"确定"按钮后生成切槽加工刀具轨迹，如图 6-110 所示。

案例三　端面槽的加工

按照图 6-111 所示端面槽零件尺寸，生成零件加工端面及端面槽的加工轨迹。

1. 工艺分析

该零件主要包括右端台阶端面加工和端面槽加工等典型工序。根据车削加工的工艺特点和该零件的加工要求，宜先完成台阶面的加工，再加工端面槽。下面详细介绍加工过程参数设置及编制加工程序。

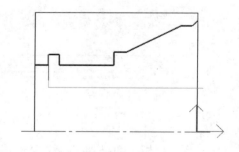

图 6-110　切槽加工刀具轨迹

2. 编制加工程序

（1）端面加工

1）轮廓建模。绘制端面加工部分的轮廓和毛坯轮廓，如图 6-112 所示。其中粗实线表示要加工的轮廓，和该线紧挨的右侧细实线表示毛坯轮廓。

2）确定端面加工参数。单击 CAXA 数控车主菜单中"数控车"→"轮廓粗车"，系统会弹出"粗车参数表"对话框。"加工参数"选项卡中的参数值均以图 6-113 所示加工工艺参数进行选择。"轮廓车刀"选项卡中的刀具相关参数值均按图 6-114 所示填写。其余选项卡中参数的选择方法同前述外轮廓相关参数的选择。

3）参数选择完毕后单击"确定"按钮，以"限制链"方式分别拾取加工轮廓和毛坯轮廓；拾取轮廓后，系统提示输入进、退刀点，单击鼠标左键选择进、退刀位置；生成的粗加工刀具轨迹如图 6-115 所示。

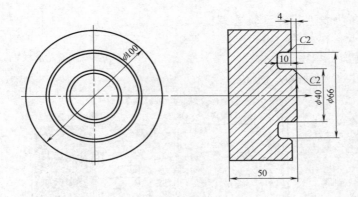

图 6-111　端面槽

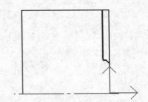

图 6-112　端面轮廓线框

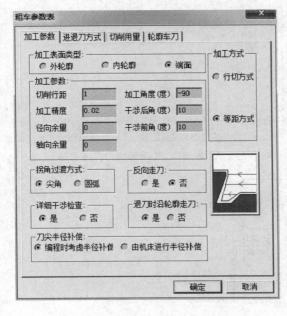

图 6-113　端面加工参数表

图 6-114　端面车刀参数表

4）利用系统提供的模拟仿真功能进行刀具轨迹模拟，验证刀具路径是否正确。

5）后置处理设置、生成加工代码过程（略）。

（2）切端面槽 切端面槽的主要步骤如下。

1）轮廓建模。在台阶端面加工过后的轮廓上绘制出端面槽轮廓及其毛坯轮廓，如图6-116所示。

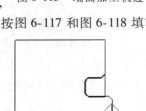

图6-115 端面加工轨迹

2）确定切槽加工参数：在主菜单中选择"数控车"→"切槽"，或单击数控车功能工具条的图标，系统弹出"切槽参数表"对话框，按图6-117和图6-118填写"切槽参数表"对话框中的"加工参数"和"切槽刀具"选项卡。

3）以"限制链"或"单个拾取"的方式拾取切槽轮廓，设置进、退刀点，单击"确定"按钮后生成切槽加工刀具轨迹，如图6-119所示。

4）利用系统提供的模拟仿真功能进行刀具轨迹模拟，验证刀具路径是否正确。

5）后置处理设置并生成切槽加工程序代码过程（略）。

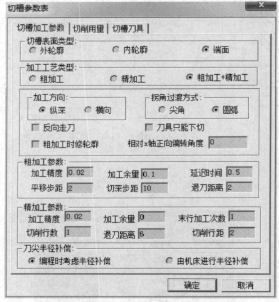

图6-116 端面槽轮廓线框

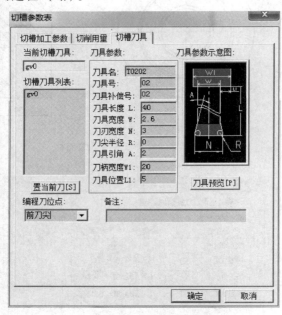

图6-117 端面切槽加工参数表　　　图6-118 端面切槽刀具参数表

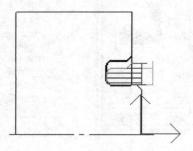

图6-119 端面槽加工轨迹

思 考 与 练 习 题

6-1　绘制图 6-120 所示法兰盘零件的二维图，选择图纸幅面并添加标题栏。

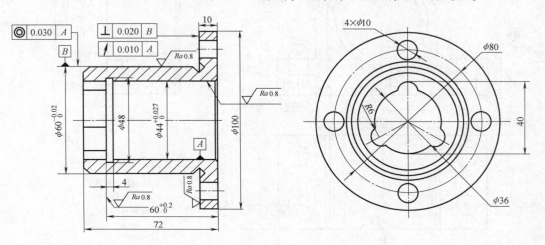

图 6-120　法兰盘

6-2　绘制图 6-121 所示曲柄零件的二维图，选择图纸幅面并添加标题栏。

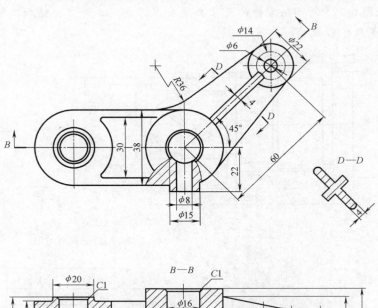

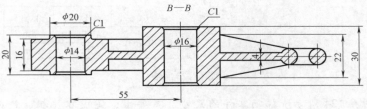

图 6-121　曲柄

6-3 绘制图 6-122 所示轴承座零件的二维图，选择图纸幅面并添加标题栏。

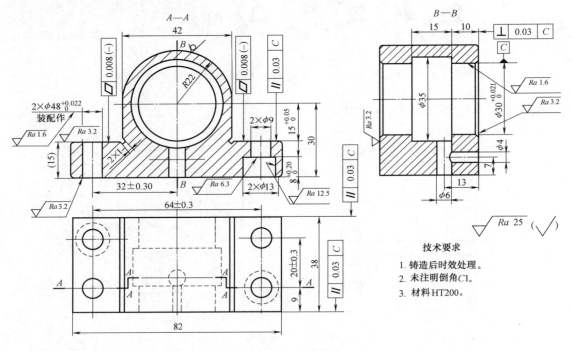

图 6-122 轴承座

技术要求

1. 铸造后时效处理。
2. 未注明倒角 C1。
3. 材料 HT200。

6-4 按照图 6-123 所示轴零件的尺寸公差要求，完成零件粗、精加工轨迹的生成和轨迹仿真，并生成程序 G 代码。

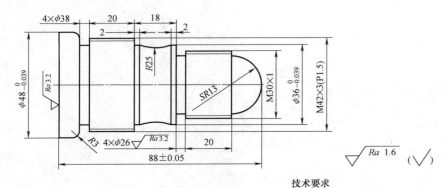

技术要求

SR13 圆弧涂色检验达到 65% 以上。

毛坯材料	45钢
毛坯尺寸	φ50
加工时	300min

A(16, -16.753)

图 6-123 轴

6-5 按照图 6-124 所示阶梯轴零件的尺寸公差要求，完成零件粗、精加工轨迹的生成和轨迹仿真，并生成程序 G 代码。

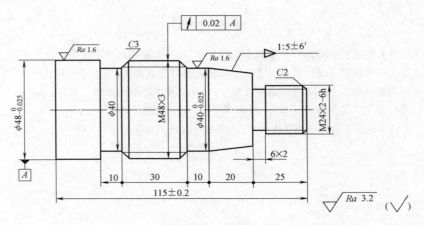

图 6-124　阶梯轴

6-6　按照图 6-125 所示轴套零件的尺寸公差要求，完成零件外、内轮廓粗、精加工轨迹的生成和轨迹仿真，并生成程序 G 代码。

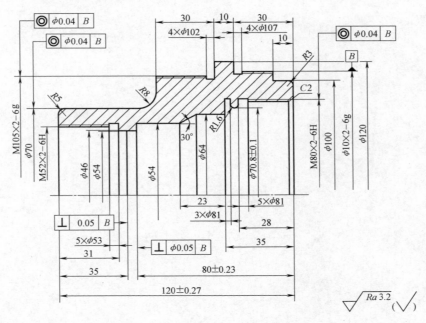

图 6-125　轴套

参 考 文 献

[1] 关雄飞. CAXA 制造工程师 2013r2 实用案例教程 [M]. 北京：机械工业出版社，2014.

[2] 杨伟群. 加工中心操作 [M]. 2 版. 北京：中国劳动社会保障出版社，2008.

[3] 邓爱国，李海霞. 数控工艺员考试指南 [M]. 北京：清华大学出版社，2008.

[4] 关雄飞. 数控加工工艺与编程 [M]. 北京：机械工业出版社，2011.

[5] 关雄飞. CAXA 制造工程师应用技术 [M]. 北京：机械工业出版社，2008.

CAD/CAM 技术应用
（CAXA）习题册

主编　张　倩
参编　张燕荣　王荪馨　董永亨　呼刚义
主审　关雄飞

机械工业出版社

目　　录

第 1 章　CAXA 制造工程师 2013r2 概述

[1-1]　填空题。

（1）_____是用户进行绘图设计的工作区域。在它的中央设置了一个三维直角坐标系，该坐标系称为_____。它的坐标原点为_____。用户在操作过程中的所有坐标均以此坐标系的原点为基准。

（2）用窗口拾取元素时，由左上角向右下角拉开窗口要_____才能被拾取，相反从右下角向左上角拉时只要_____就能被拾取。

（3）为了方便操作，系统提供了功能热键，例如按 < Ctrl + _____ > 键显示放大或缩小；按 < Shift + _____ > 键显示旋转；按_____键显示平移。

（4）创立新的坐标系有五种方式，分别是_____，_____，_____，_____，_____。

（5）CAXA 制造工程师是_____一体化的在_____环境下运行的数控加工编程软件。

（6）实体模型的生成可以用_____方式或曲面加厚来实现；也可以通过_____方式从实体中减掉实体或用_____来实现。

（7）_____记录了零件生成的操作步骤；_____记录了生成刀具轨迹的刀具、几何参数等信息。

（8）工具点是在操作过程中具有_____的点，如_____、_____、_____等。

（9）矢量工具主要用来选择_____，在曲面生成时经常要用到。

（10）输出设置是对输出视图的_____、_____、_____和_____进行设置。

（11）保存图片是将制造工程师的_____导出为_____类型的图像。

（12）恢复已取消的操作命令不能恢复取消的_____和_____命令。

（13）曲线编辑包括_____、_____、_____、_____和_____五种功能。

（14）曲线过渡共有三种方式：_____、_____和_____。

（15）曲线裁剪共有四种方式：_____、_____、_____、_____。

（16）线裁剪的方式有_____和投影裁剪，投影裁剪的功能是曲线在当前坐标平面上施行投影后，进行_____裁剪。

（17）平面镜像是曲线以平面上一直线为_____复制。

（18）显示效果有三种，分为_____、_____和_____。

（19）为了方便用户作图，坐标系功能有创建坐标系、_____、_____、_____和显示所有坐标系五种。

（20）等距线的生成方式有_____和_____两种。

（21）有多个坐标系时，激活某一坐标系就是将这一坐标系设为_____，而且此坐标系和世界坐标系不可删除。

（22）CAXA 直线功能提供了_____、_____、角度线、_____／_____、_____和水平/铅垂线六种方式。

（23）正交指所画直线与_____平行。

（24）圆弧功能提供了六种方式：_____、_____、圆心／半径／起终角、_____、起点／终点／圆心角和_____。

（25）在 CAXA 制造工程师中，扫描曲面实际上是_____的一种，它是一条空间曲线沿指定方向从给定的起始位置开始以一定锥度扫描生成曲面。

（26）边界面指在已知边界线围成的_____生成曲面。

（27）平行导动指截面线沿导动线趋势始终平行它自身的_____生成的特征实体。

（28）使用_____特征可生成薄壁特征。

（29）球头铣刀和圆角铣刀刀位点分_____和_____两种。

（30）拐角过渡就是在切削过程遇到拐角时的处理方式，CAXA 软件提供_____和_____两种。

（31）铣削加工方向分_____和_____两种，数控铣削优先选用_____。

（32）平面轮廓精加工属于_____轴加工，等高线粗加工是_____轴加工。

（33）加工精度越小，模型形状的误差也_____，模型表面越_____。

（34）系列面过渡中支持给定半径的_____过渡和给定半径_____过渡两种方式。

（35）曲面过渡共有七种方式：_____、_____、系列面过渡、_____、参考线过渡、_____和两线过渡。

（36）CAXA 制造工程师的"轨迹再生成"功能可实现_____轨迹编辑。

（37）移动是对拾取到的曲线相对原址进行_____或_____。

（38）在 CAXA 制造工程师中提供了三种定义毛坯的方法，_____、_____和_____。

（39）刀具在_____高度上任何位置，均不会碰伤工件和夹具。

（40）慢速下刀距离指由_____转为_____时的位置长度。

（41）在切削被加工表面时，倘若刀具切到了不应该切削的部分，则称为出现_____现象或者_____现象。

（42）CAXA 制造工程师提供的后置处理器，无需生成_____就可以直接输出 G 代码控制指令。

（43）拉伸增料是将一个轮廓曲线_____，用以生成一个_____材料的特征。

（44）曲面加厚是对一个指定的曲面按照给定的_____和_____进行生成实体。

（45）面间干涉是指在加工一个或系列表面时，可能对其他表面产生的_____现象。

（46）两轴到两轴半加工方式可以直接利用零件的轮廓曲线生成刀位轨迹而无需建立_____。

（47）所谓"线架造型"就是直接使用空间点、直线、圆、圆弧等来表达_____造型方法。

（48）模型指系统存在的_____和_____的总和。

（49）CAXA 制造工程师提供了轨迹仿真手段以检验_____的正确性。

（50）_____是系统按给定工艺要求生成对给定加工图形进行切削时刀具行进的路线。

[1-2] 选择题。

（1）计算机辅助工艺规划的英文缩写是（　　）。

A. CAD　　　　　　B. CAM　　　　　　C. CAE　　　　　　D. CAPP

（2）柔性制造系统的英文缩写是（　　）。

A. FMS　　　　　　B. FMC　　　　　　C. CIMS　　　　　　D. CAPP

（3）在 CAXA 制造工程师"导动特征"功能中，截面线与导动线保持固接关系，该方式称为（　　）。

A. 单向导动　　　　B. 双向导动　　　　C. 平行导动　　　　D. 固接导动

（4）清根加工属于（　　）加工。

A. 粗加工　　　　　B. 半精加工　　　　C. 精加工　　　　　D. 其他

（5）CAXA 制造工程师中参数线精加工一般用于（　　）。

A. 轮廓加工　　　　B. 平面加工　　　　C. 曲面加工

（6）CAXA 制造工程师中提供了（　　）种绘圆的方法。

A. 2　　　　　　　　B. 3　　　　　　　　C. 4　　　　　　　　D. 5

（7）修剪是用拾取一条曲线或多条曲线作为（　　），对一系列被裁剪曲线进行裁剪。

A. 裁剪点　　　　　B. 裁剪面　　　　　C. 裁剪体　　　　　D. 剪刀线

（8）曲面缝合指将（　　）光滑连接为一张曲面。

A. 两张曲面　　　　B. 多张曲面　　　　C. 三张曲面　　　　D. 四张曲面

（9）CAXA 制造工程师平面区域粗加工属于（　　）轴加工。

A. 2　　　　　　　　B. 2.5　　　　　　　C. 3　　　　　　　　D. 多轴

（10）轨迹生成时，铣削刀具轨迹的行距一般是立铣刀直径的（　　）。

A. 60%　　　　　　B. 65%　　　　　　C. 70%　　　　　　D. 75%

（11）进入编辑草图或退出草图状态的命令按钮是（　　）。

A. [图标]　　　　　B. [图标]　　　　　C. [图标]　　　　　D. [图标]

（12）下列说法错误的是（　　）。

A. 确定"视图平面"，就是决定向哪个平面看图

B. 确定"作图平面"，就是决定在哪个平面作图

C. "当前面"就是在"当前工作坐标系"下的作图平面

D. 在绘制平面草图时，可以通过按 <F9> 键，来调整当前面

（13）绘制投影线的命令按钮是（　　）。

A. [图标]　　　　　B. [图标]　　　　　C. [图标]　　　　　D. [图标]

（14）将图形投影到平面 XZ 进行显示，就按（　　）键。

A. F5　　　　　　　B. F6　　　　　　　C. F7　　　　　　　D. F8

（15）利用草图生成特征时，草图可以不是封闭的命令只能是（　　）。

A. 拉伸　　　　　　B. 旋转　　　　　　C. 放样　　　　　　D. 筋板

（16）下图中通过中心方式绘制外切正六边形的是（　　　）。

　　　　A.　　　　　　　　　　B.　　　　　　　　　　C.

（17）线 OA 与 X、Y、Z 三轴夹角均为 45°，现要将其绕 Y 轴均布，则应选择（　　　）。

A. 作图面为 XY，命令按钮为 　　　　B. 作图面为 XZ，命令按钮为

C. 作图面为 XY，命令按钮为 　　　　D. 作图面为 XZ，命令按钮为

（18）终止当前命令按钮是（　　　）。

A. 　　　　B. 　　　　C. 　　　　D.

（19）拉伸到面时，特征成功生成的条件之一是（　　　）。

A. 草图必须全部能投影到指定面上

B. 草图不必投影到指定面上

C. 草图只要能投影到指定面上

（20）绘制导动面的命令按钮是（　　　）。

A. 　　　　B. 　　　　C. 　　　　D.

（21）下列组合中包含有默认点、圆心点、切点快捷键的是（　　　）。

A. S、E、M、I、C　　　B. S、E、M、C、P　　　C. S、E、M、C、T

（22）下列命令按钮中，可对实体特征进行环形阵列的是（　　　）。

A. 　　　　B. 　　　　C. 　　　　D.

（23）下列命令按钮中，需要选择确定两个方向的是（　　　）。

A. 拉伸增料薄壁　　　B. 曲面增厚　　　C. 旋转增料　　　D. 导动增料

（24）进入草图编辑状态的快捷键是（　　　）。

A. F1　　　　B. F2　　　　C. F3　　　　D. F4

（25）放样特征的生成必须要有（　　　）。

A. 二个及以上封闭的平面草图，且在相同的平面上

B. 二个及以上封闭的平面草图，且在不同的平面上

C. 二个及以上封闭的非平面草图，且在相同的平面上

D. 二个及以上封闭的非平面草图，且在不同的平面上

（26）绘制相关线的命令按钮是（　　　）。

A. 　　　　B. 　　　　C. 　　　　D.

（27）下列关于拉伸增料的说法错误的是（　　　）。

A. 拉伸增料草图必须是封闭而且无重复线

B. 薄壁是拉伸增料中的一种，操作时要先后两次确定方向

C. 拉伸增料时，一次可以生产两个相互独立的实体

4

（28）以轴测图方式显示图形，应按（　　　）。

A. F5　　　　　　　　B. F6　　　　　　　　C. F7　　　　　　　　D. F8

（29）生成曲面的各曲线一定是（　　　）。

A. 平面草图曲线　　　　　　　　　　B. 非草图平面曲线

C. 平面草图曲线和非平面草图曲线

（30）生成螺纹曲线的公式为 $X = 25\sin(t)$，$Z = 8 \times t/6.28$ 其中表示导程的是（　　　）。

A. 25　　　　　　　　B. t　　　　　　　　C. 8　　　　　　　　D. 6.28

（31）旋转特征的生成必须要有（　　　）。

A. 封闭的平面草图、一条垂直草图平面且不穿过草图的空间直线

B. 封闭的平面草图、一条在草图平面且不穿过草图的直线

C. 封闭的平面草图、一条不在草图平面且不穿过草图的空间直线

（32）在特征草图状态下，草图轮廓应为（　　　）。

A. 实体轮廓　　　　B. 封闭轮廓　　　　C. 边界轮廓　　　　D. 自由轮廓

（33）计算机辅助制造的英文缩写是（　　　）。

A. CAD　　　　　　B. CAM　　　　　　C. CAE　　　　　　D. CAPP

（34）从理论上讲，数控机床刀具运动的轨迹是（　　　）。

A. 直线　　　　　　B. 圆弧　　　　　　C. 折线　　　　　　D. 曲线

（35）数控加工时，轨迹控制参数中安全高度和起止高度的关系是（　　　）。

A. 安全高度应大于起止高度　　　　　　B. 起止高度应大于安全高度

C. 根据零件类型确定　　　　　　　　　D. 由速度值参数确定

[1-3]　简答题。

（1）简述 CAXA 制造工程师提供的特征造型方式。

（2）简述 CAXA 制造工程师曲面过渡的概念及其种类。

（3）简述 CAXA 制造工程师的型腔分模功能。

（4）利用 CAXA 软件进行数控加工一般包括哪几个内容？

（5）数控自动编程都有哪些优点？

（6）两轴半加工的概念是什么？在 CAXA 的加工方式中列举一两个实例说明。

（7）刀具轨迹生成时接近方式和返回方式设定为直线和圆弧的优点是什么？

（8）什么是顺铣和逆铣？它们分别适合于哪些加工场合？

（9）数控加工工序顺序的安排原则是什么？

（10）简述 CAXA 制造工程师中参数化轨迹的编辑功能。

第2章 线框造型

本章是针对 CAXA 软件设计的二维图形的练习，读者在学习了一些基本绘图命令后，通过本章提供的二维图形和线架图形的练习，可以更深入地掌握所学的命令，提高绘图技巧，为实体模型的绘制打下坚实的基础。

［2-1］ 根据图 2-1 ~ 图 2-35 所给尺寸，绘制二维图形。

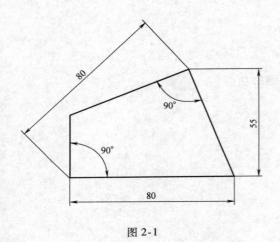

图 2-1

图 2-2

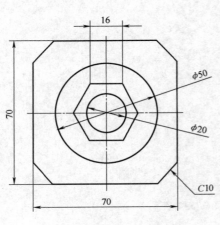

图 2-3

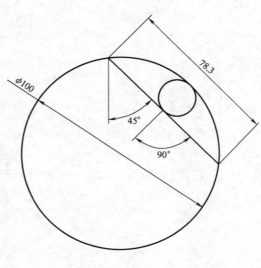

图 2-4

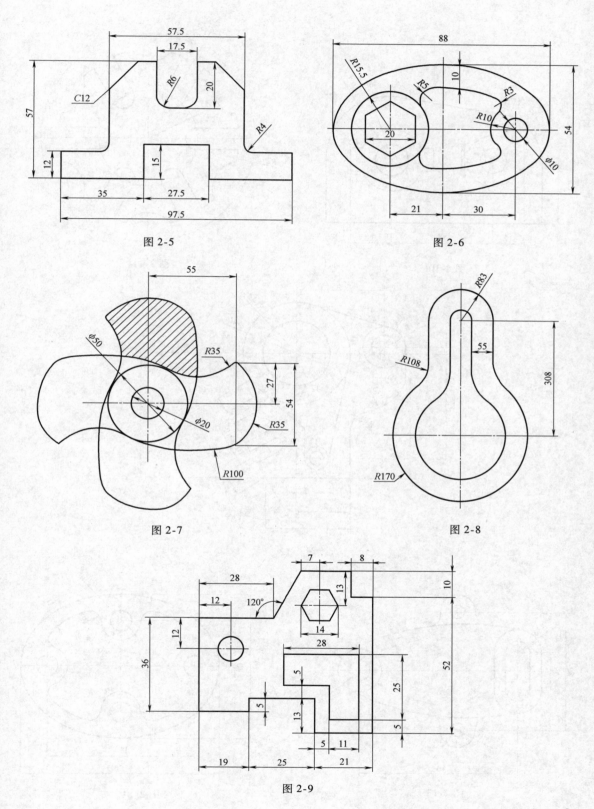

图 2-5

图 2-6

图 2-7

图 2-8

图 2-9

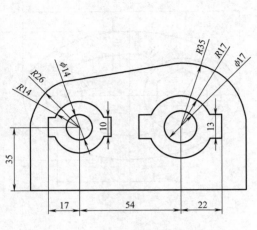

图 2-10

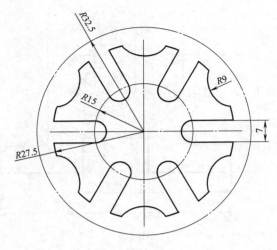

图 2-11

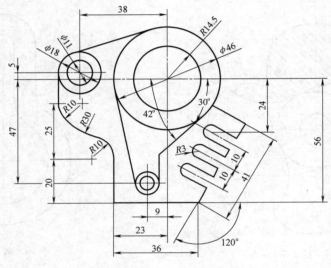

图 2-12

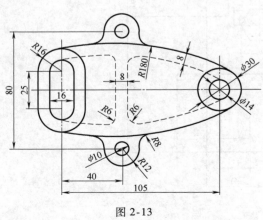

图 2-13

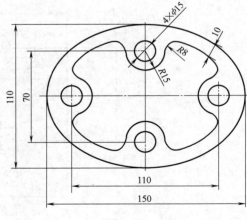

图 2-14

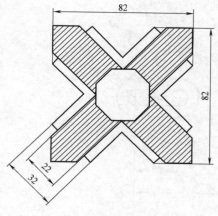

图 2-15

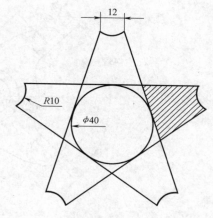

图 2-16

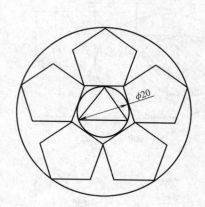

图 2-17

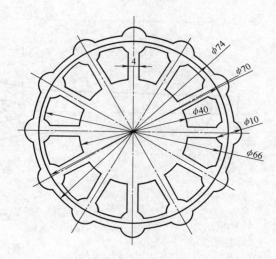

图 2-18

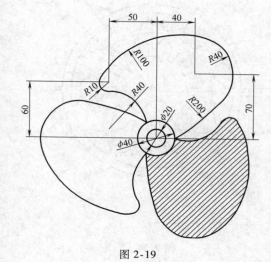

图 2-19

图 2-20

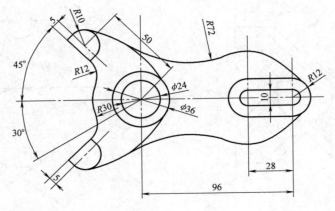

图 2-21

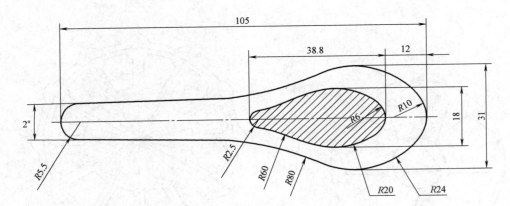

图 2-22

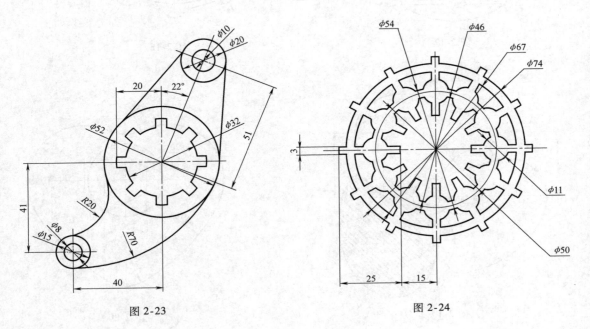

图 2-23

图 2-24

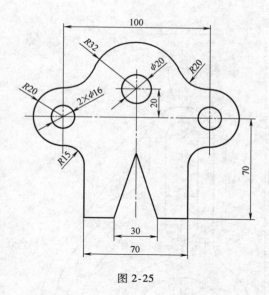

图 2-25

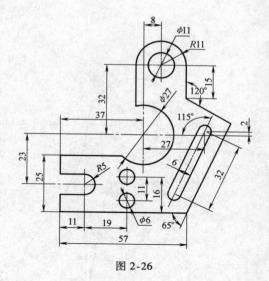

图 2-26

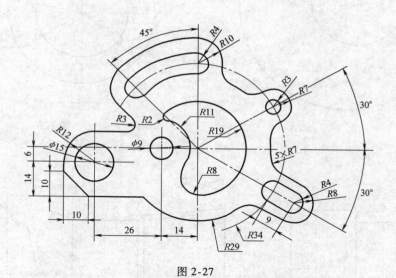

图 2-27

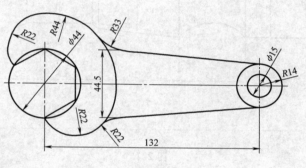

图 2-28

13

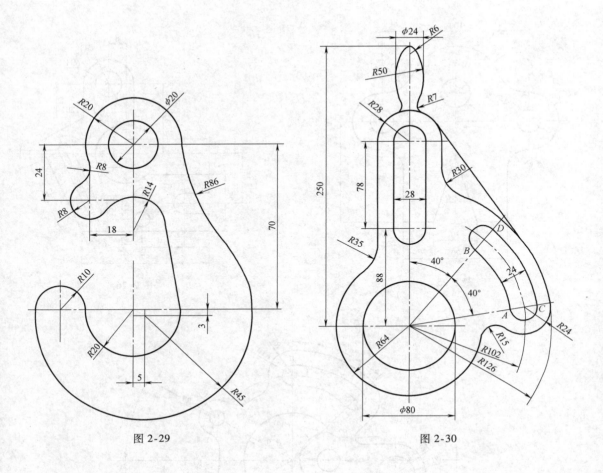

图 2-29

图 2-30

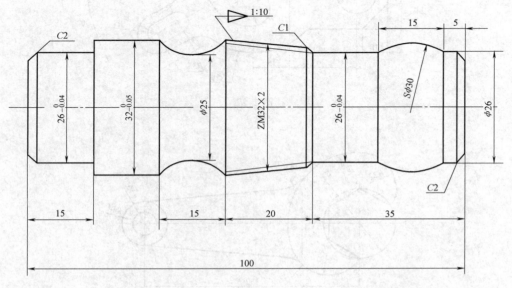

图 2-31

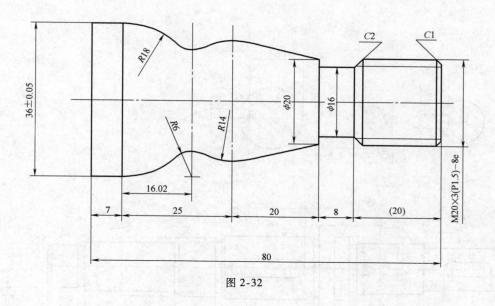

图 2-32

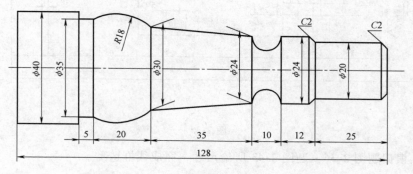

图 2-33

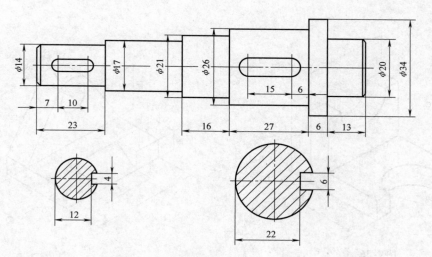

图 2-34

15

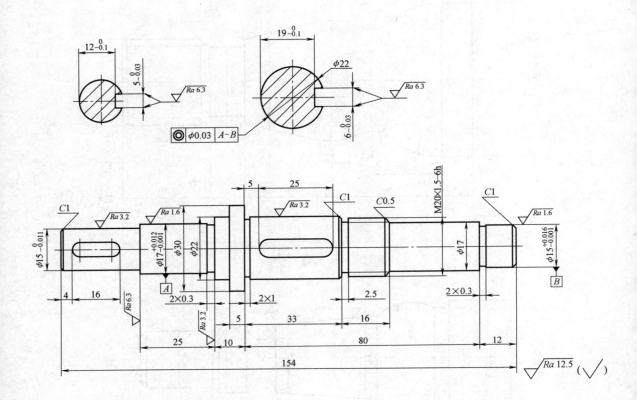

图 2-35

[2-2] 根据题图 2-36 ~ 题图 2-43 所给尺寸，完成线框造型。

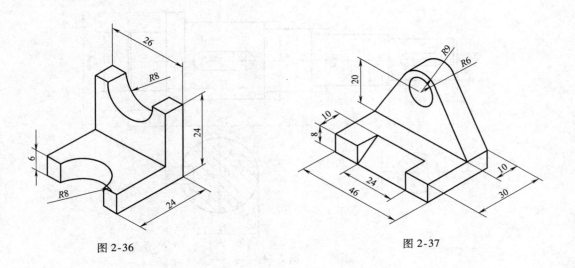

图 2-36

图 2-37

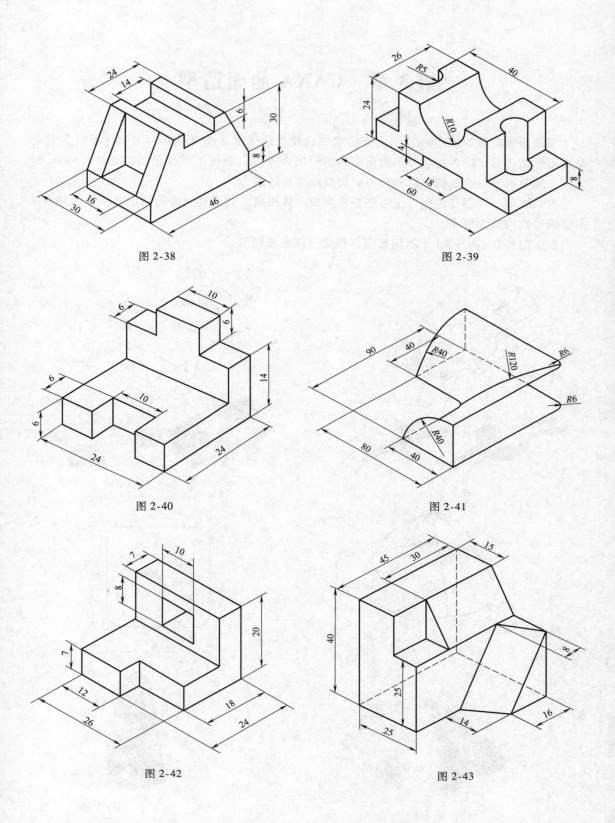

图 2-38

图 2-39

图 2-40

图 2-41

图 2-42

图 2-43

第3章　CAXA 曲面造型

　　三维曲面模型的创建是实体模型技术中比较难的一类，本章是针对 CAXA 软件设计的曲面图形的练习，读者在学习了曲面图形的绘制命令后，通过本章提供的曲面图形的练习，掌握三维曲面图形绘制的手法和技巧，提高曲面设计能力。

　　本章练习可只创建曲面，也可进一步生成实体模型，如果有兴趣的话还可继续试着为练习题编写数控加工程序。

　　根据图 3-1 ~ 图 3-10 所示构架图，创建三维曲面图形。

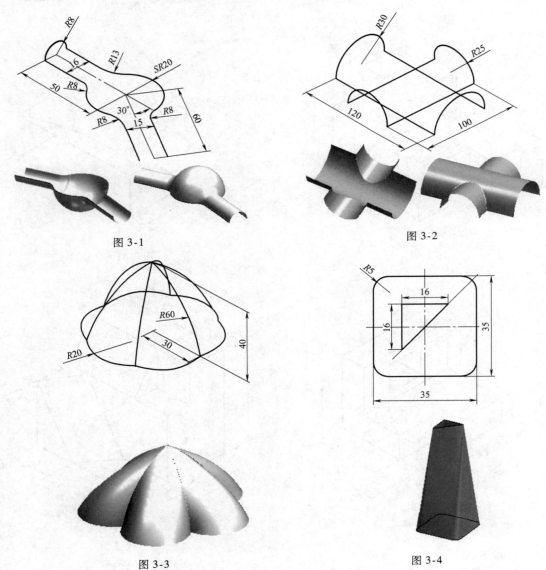

图 3-1

图 3-2

图 3-3

图 3-4

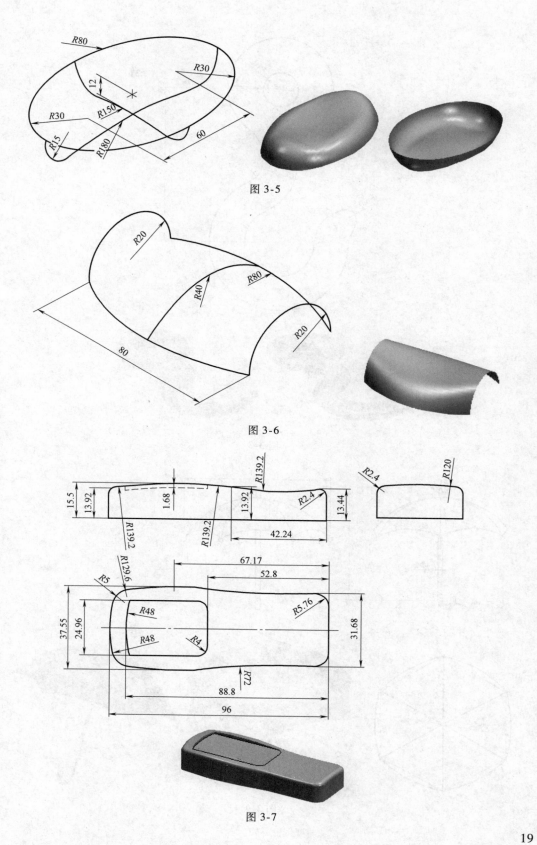

图 3-5

图 3-6

图 3-7

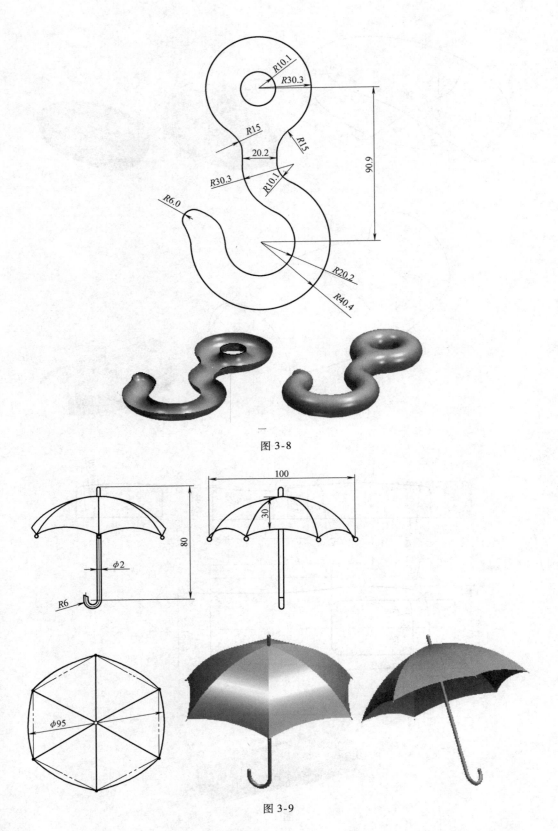

图 3-8

图 3-9

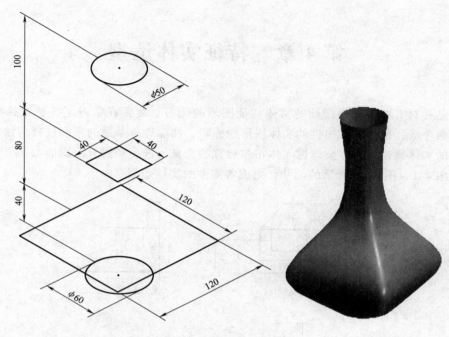

图 3-10

第4章 特征实体造型

本章是针对 CAXA 软件设计的实体特征图形的练习，读者在学习了各种特征增料和除料的绘制命令后，通过本章提供的实体图形的练习，加深理解草图的平面选择与绘制，选择正确简单的实体造型方法以及掌握实体布尔运算的工具，进一步提升绘图能力。

根据图 4-1～图 4-26 所示的尺寸，完成各零件的实体造型。

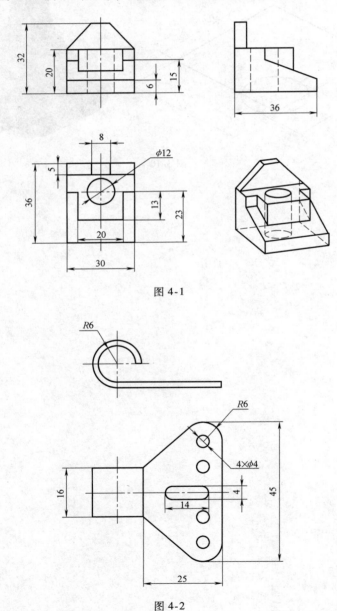

图 4-1

图 4-2

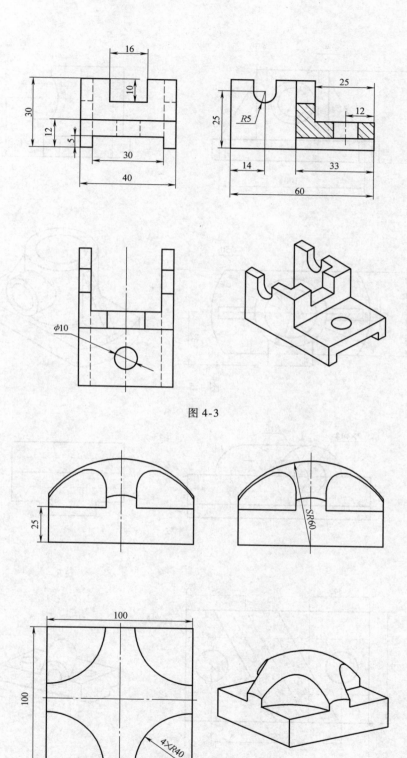

图 4-3

图 4-4

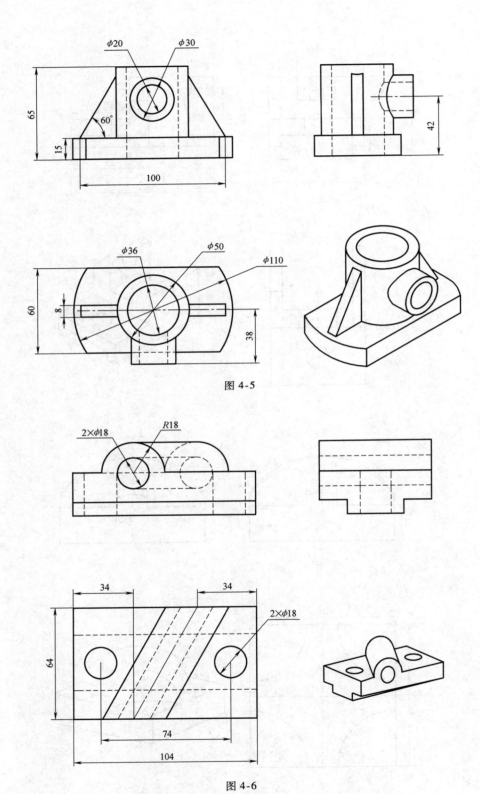

$\phi20$ $\phi30$

65

60°

15

100

42

$\phi36$ $\phi50$ $\phi110$

60

8

38

图 4-5

2×$\phi18$ R18

34 34

2×$\phi18$

64

74

104

图 4-6

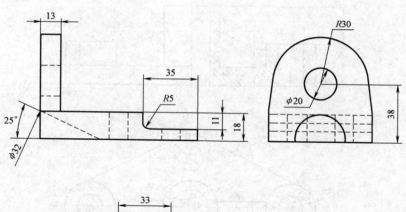

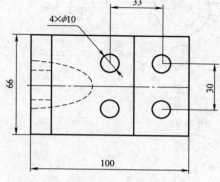

图 4-7

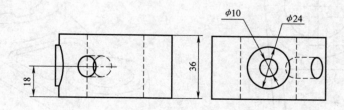

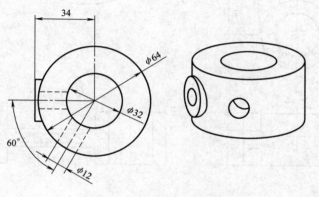

图 4-8

25

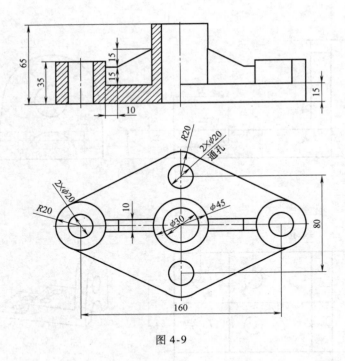

图 4-9

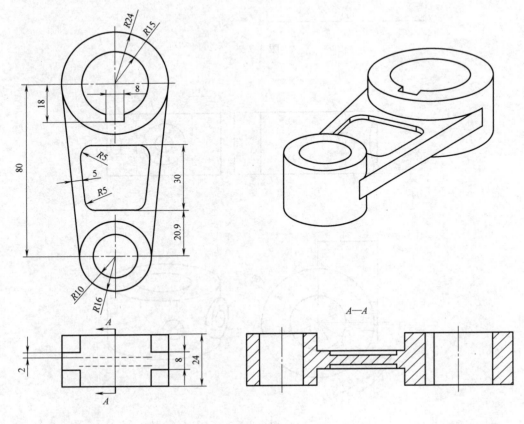

图 4-10

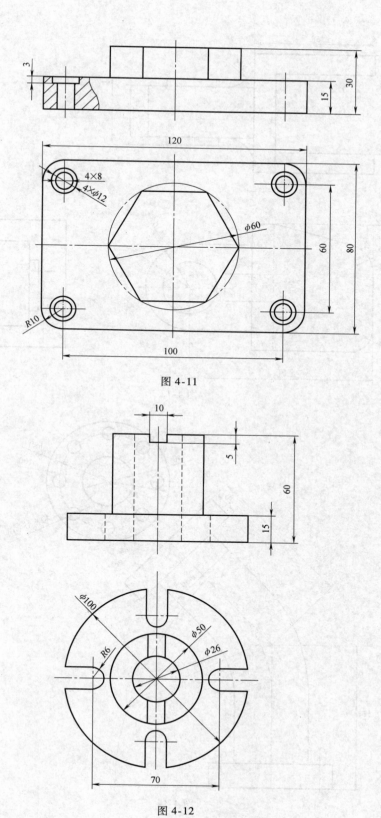

图 4-11

图 4-12

27

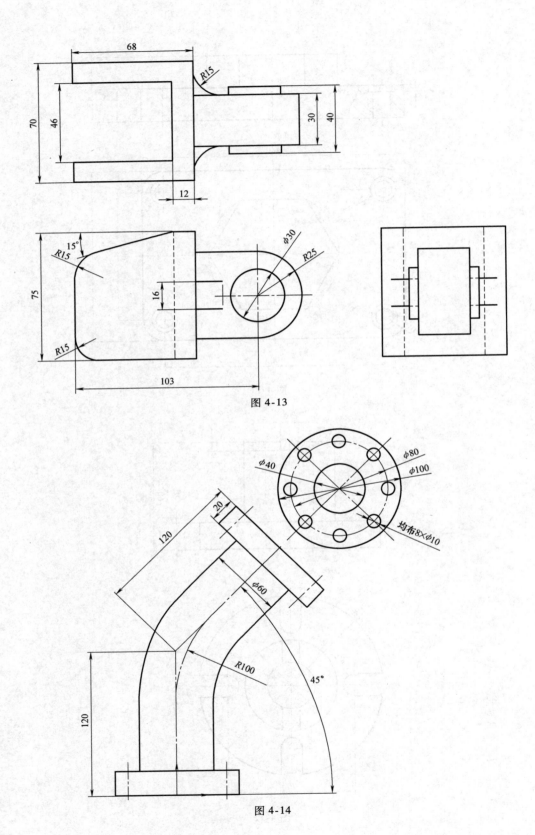

图 4-13

图 4-14

28

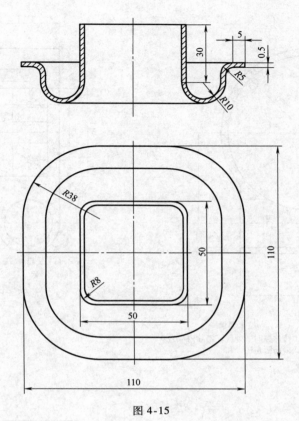

图 4-15

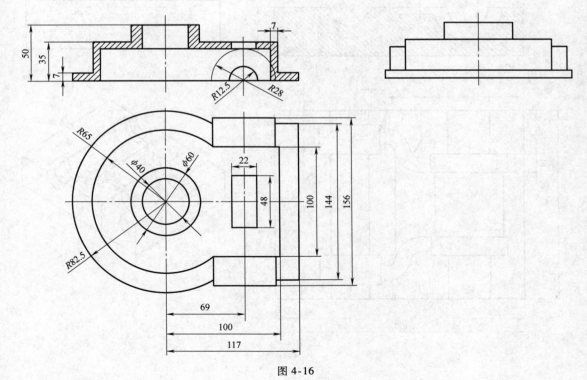

图 4-16

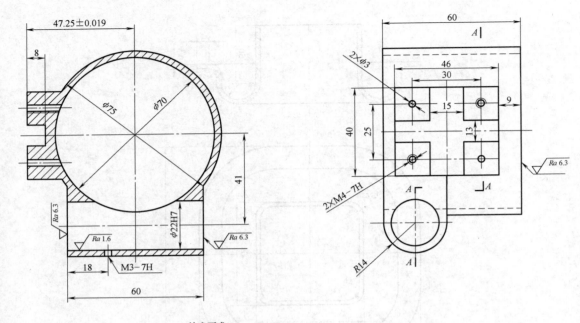

技术要求
1.铸件应时效处理，消除内应力。
2.未注圆角R1～R3。

图 4-17

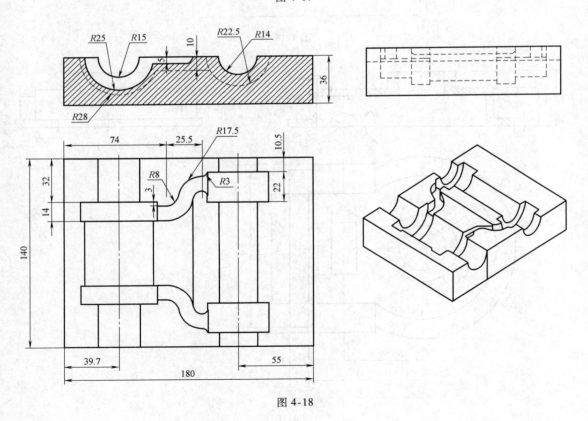

图 4-18

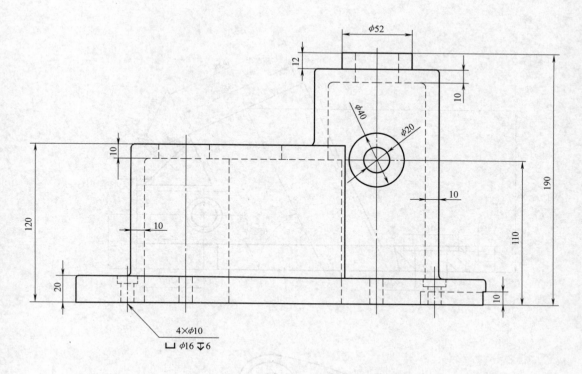

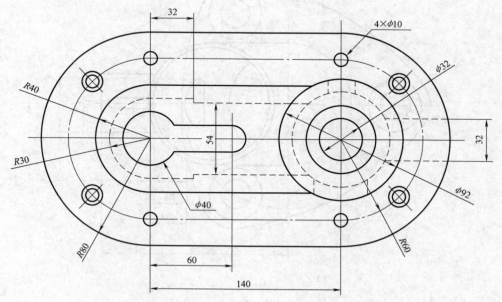

图 4-19

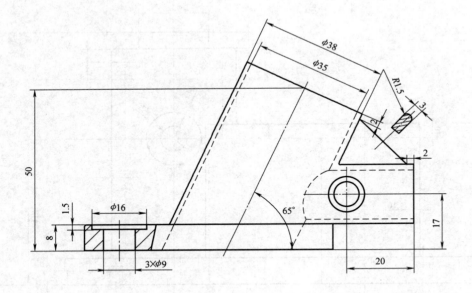

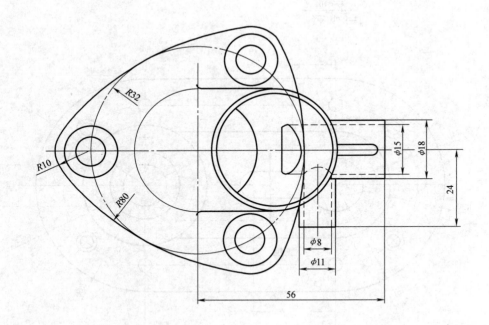

图 4-20

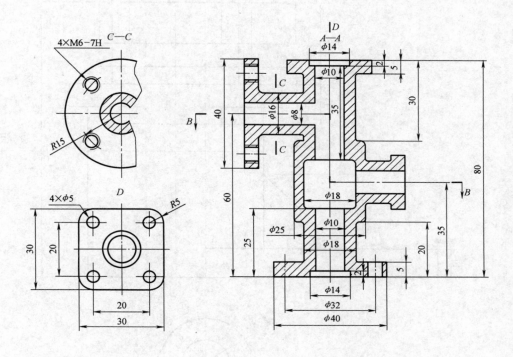

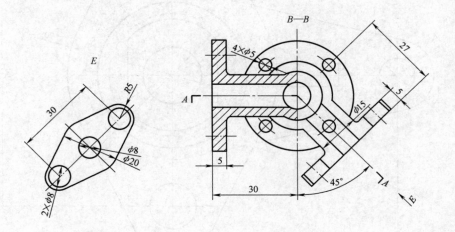

图 4-21

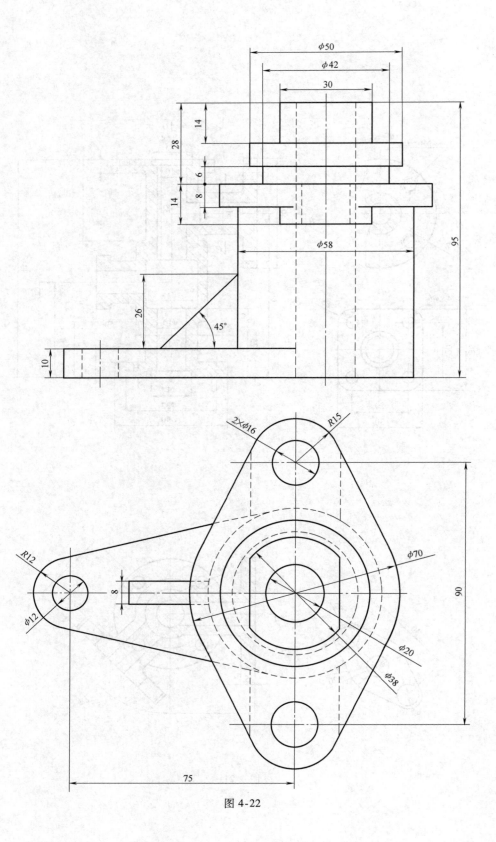

图 4-22

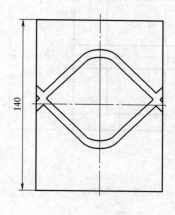

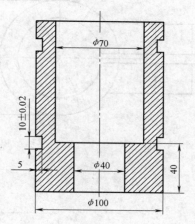

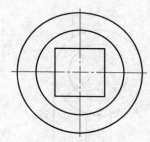

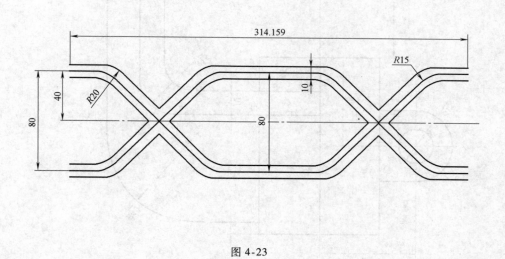

图 4-23

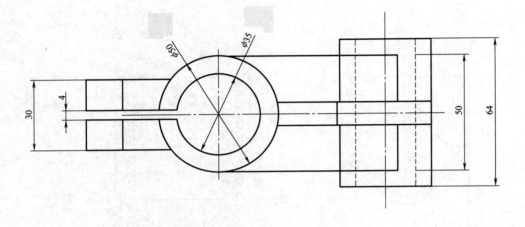

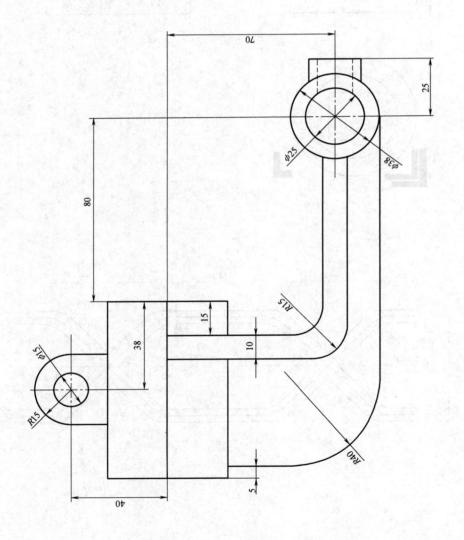

图 4-24

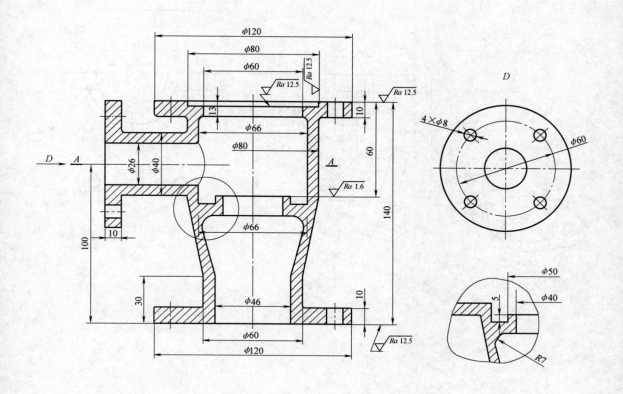

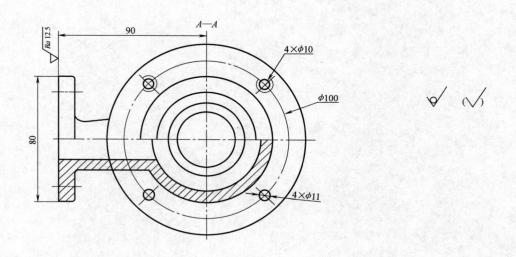

图 4-25

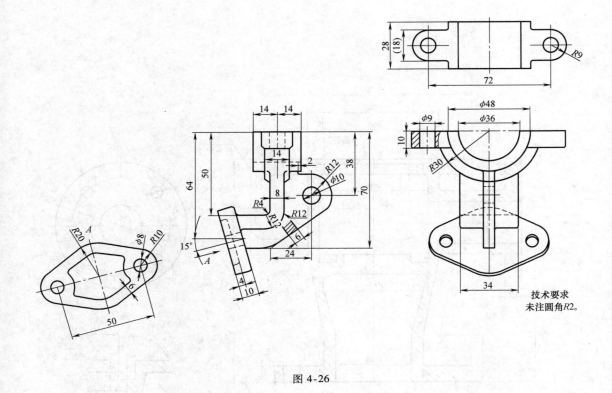

图 4-26

技术要求
未注圆角R2。

第5章 数控加工自动编程

本章是针对各种 CAD/CAM 软件数控加工自动编程功能的练习,读者在学习了 CAD/CAM 软件的草图绘制、曲面绘制、实体设计等功能,掌握了 CAD/CAM 软件的二维、三维图形绘制的技巧后,通过本章提供的习题练习,可达到巩固所学知识和技能,并深入学习用 CAD/CAM 软件进行数控加工自动编程的方法、步骤及技巧,掌握规划加工刀具路径、设置刀具参数的方法,全面提高综合应用 CAD/CAM 软件的能力。

[5-1] 按图 5-1 要求,利用 CAXA 软件完成零件的造型,设定工件坐标系,制订正确的工艺方案,选择合理的刀具和切削工艺参数,编制数控加工程序,填写加工程序单。零件毛坯尺寸为 $100\text{mm} \times 100\text{mm} \times 25\text{mm}$。

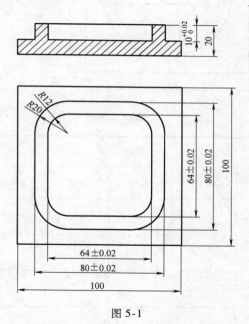

图 5-1

序号	程序名	刀具						加工余量
		类型	材质	直径	转速	进给量	刃长	

[5-2]　按图 5-2 要求，利用 CAXA 软件完成零件的造型，设定工件坐标系，制订正确的工艺方案，选择合理的刀具和切削工艺参数，编制数控加工程序，填写加工程序单。零件毛坯尺寸为 100mm × 100mm × 20mm。

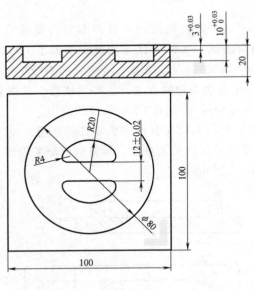

图 5-2

| 序号 | 程序名 | 刀具 | | | | | | 加工余量 |
		类型	材质	直径	转速	进给量	刃长	

[5-3] 按图5-3要求，利用CAXA软件完成零件的造型，设定工件坐标系，制订正确的工艺方案，选择合理的刀具和切削工艺参数，编制数控加工程序，填写加工程序单。零件毛坯尺寸为 100mm × 50mm × 42mm。

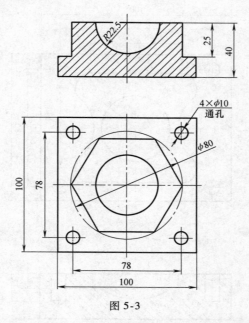

图 5-3

序号	程序名	刀具						加工余量
		类型	材质	直径	转速	进给量	刃长	

[5-4] 按图5-4要求，利用CAXA软件完成零件的造型，设定工件坐标系，制订正确的工艺方案，选择合理的刀具和切削工艺参数，编制数控加工程序，填写加工程序单。

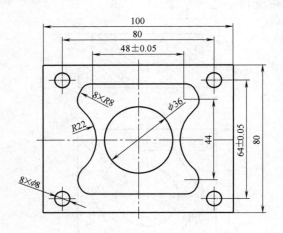

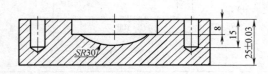

图 5-4

序号	程序名	刀具						加工余量
		类型	材质	直径	转速	进给量	刃长	

[5-5] 按图 5-5 要求，利用 CAXA 软件完成零件的造型，设定工件坐标系，制订正确的工艺方案，选择合理的刀具和切削工艺参数，编制数控加工程序，填写加工程序单。

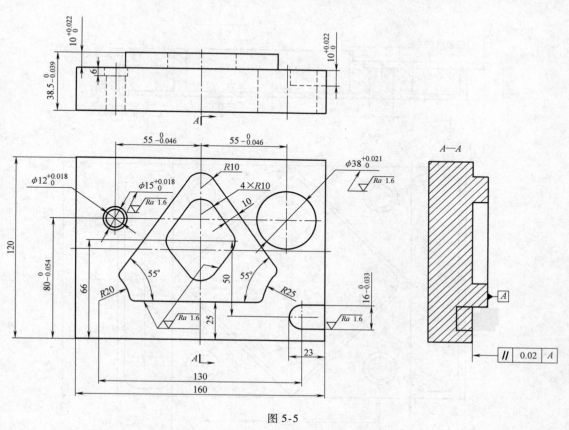

图 5-5

序号	程序名	刀具						加工余量
		类型	材质	直径	转速	进给量	刃长	

[5-6]　按图 5-6 要求，利用 CAXA 软件完成零件的造型，设定工件坐标系，制订正确的工艺方案，选择合理的刀具和切削工艺参数，编制数控加工程序，填写加工程序单。

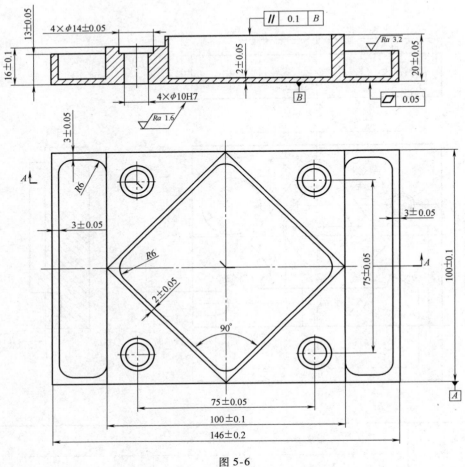

图 5-6

序号	程序名	刀具						加工余量
		类型	材质	直径	转速	进给量	刃长	

[5-7]　按图 5-7 要求，利用 CAXA 软件完成零件的造型，设定工件坐标系，制订正确的工艺方案，选择合理的刀具和切削工艺参数，编制数控加工程序，填写加工程序单。

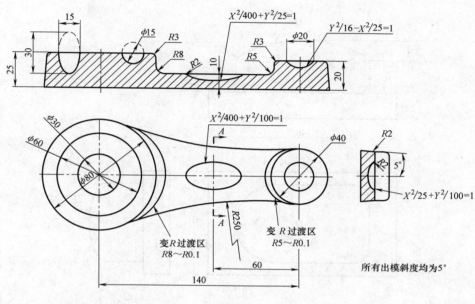

图 5-7

序号	程序名	刀具						加工余量
		类型	材质	直径	转速	进给量	刃长	

[5-8]　按图 5-8 要求，利用 CAXA 软件完成零件的造型，设定工件坐标系，制订正确的工艺方案，选择合理的刀具和切削工艺参数，编制数控加工程序，填写加工程序单。

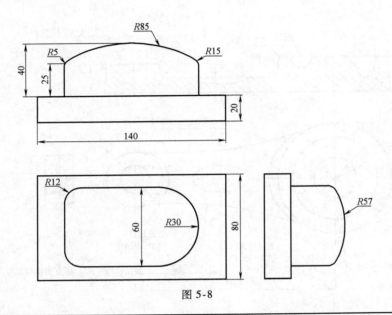

图 5-8

序号	程序名	刀具						加工余量
		类型	材质	直径	转速	进给量	刃长	

［5-9］ 按图 5-9 要求，利用 CAXA 软件完成零件的造型，设定工件坐标系，制订正确的工艺方案，选择合理的刀具和切削工艺参数，编制数控加工程序，填写加工程序单。

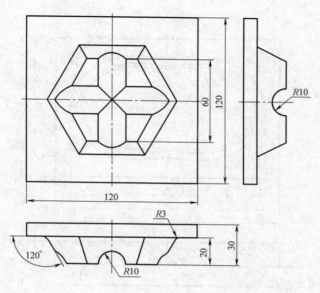

图 5-9

序号	程序名	刀具						加工余量
		类型	材质	直径	转速	进给量	刃长	

[5-10]　按图 5-10 要求，利用 CAXA 软件完成零件的造型，设定工件坐标系，制订正确的工艺方案，选择合理的刀具和切削工艺参数，编制数控加工程序，填写加工程序单。

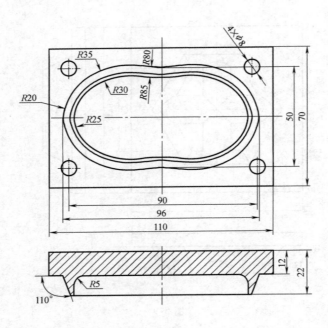

图 5-10

序号	程序名	刀具						加工余量
		类型	材质	直径	转速	进给量	刃长	

[5-11] 按图 5-11 要求，利用 CAXA 软件完成零件的造型，设定工件坐标系，制订正确的工艺方案，选择合理的刀具和切削工艺参数，编制数控加工程序，填写加工程序单。

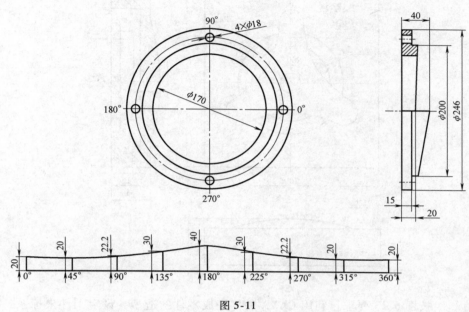

图 5-11

序号	程序名	刀具						加工余量
		类型	材质	直径	转速	进给量	刃长	

[5-12] 按图 5-12 要求，利用 CAXA 软件完成零件的造型，设定工件坐标系，制订正确的工艺方案，选择合理的刀具和切削工艺参数，编制数控加工程序，填写加工程序单。

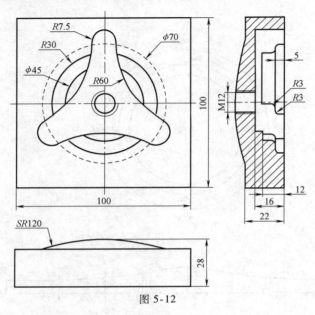

图 5-12

[5-13] 按图 5-13 要求，利用 CAXA 软件完成零件的造型，设定工件坐标系，制订正确的工艺方案，选择合理的刀具和切削工艺参数，编制数控加工程序，填写加工程序单。

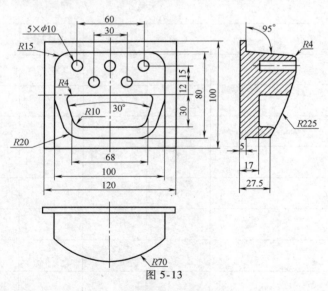

图 5-13

序号	程序名	刀具						加工余量
		类型	材质	直径	转速	进给量	刃长	

[5-14] 按图 5-14 要求,利用 CAXA 软件完成零件的造型,设定工件坐标系,制订正确的工艺方案,选择合理的刀具和切削工艺参数,编制数控加工程序,填写加工程序单。

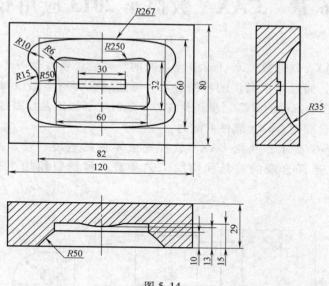

图 5-14

序号	程序名	刀具						加工余量
		类型	材质	直径	转速	进给量	刃长	

第6章　CAXA 数控车 2013 应用技术

本章是针对 CAXA 软件数控车自动编程功能的练习，读者在学习了 CAXA 数控车软件的二维轮廓绘制后，通过本章提供的习题练习，可达到巩固所学知识和技能，并深入学习 CAXA 软件数控车自动编程的方法、步骤及技巧，掌握规划加工刀具路径、设置刀具参数的方法，全面提高综合应用 CAXA 软件的能力。

[6-1]　按图 6-1 要求，利用 CAXA 软件完成零件的造型，设定工件坐标系，制订正确的工艺方案，选择合理的刀具和切削工艺参数，编制数控加工程序，填写加工程序单。

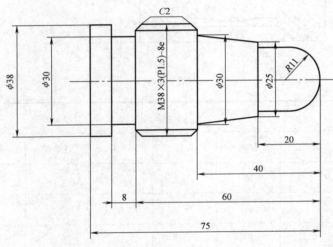

图 6-1

序号	程序名	刀具						加工余量
		类型	材质	直径	转速	进给量	刃长	

[6-2] 按图 6-2 要求，利用 CAXA 软件完成零件的造型，设定工件坐标系，制订正确的工艺方案，选择合理的刀具和切削工艺参数，编制数控加工程序，填写加工程序单。

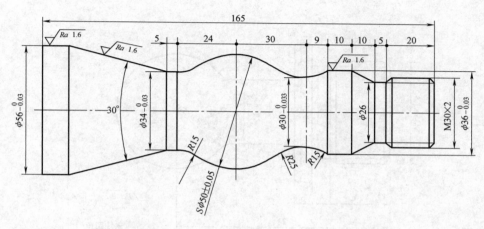

图 6-2

序号	程序名	刀具						加工余量
		类型	材质	直径	转速	进给量	刃长	

[6-3] 按图 6-3 要求，利用 CAXA 软件完成零件的造型，设定工件坐标系，制订正确的工艺方案，选择合理的刀具和切削工艺参数，编制数控加工程序，填写加工程序单。

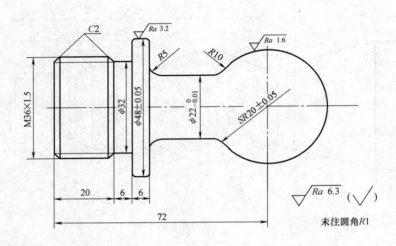

图 6-3

序号	程序名	刀具						加工余量
		类型	材质	直径	转速	进给量	刃长	

[6-4] 按图 6-4 要求，利用 CAXA 软件完成零件的造型，设定工件坐标系，制订正确的工艺方案，选择合理的刀具和切削工艺参数，编制数控加工程序，填写加工程序单。

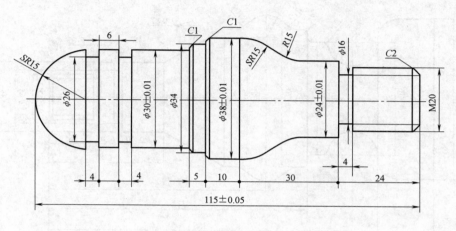

图 6-4

序号	程序名	刀具						加工余量
		类型	材质	直径	转速	进给量	刃长	

[6-5] 按图 6-5 要求，利用 CAXA 软件完成零件的造型，设定工件坐标系，制订正确的工艺方案，选择合理的刀具和切削工艺参数，编制数控加工程序，填写加工程序单。

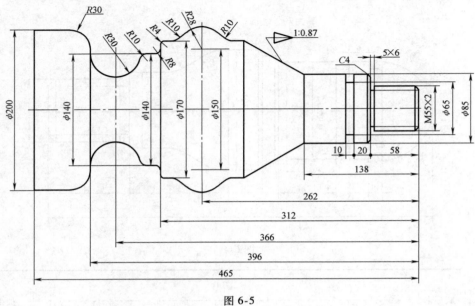

图 6-5

序号	程序名	刀具						加工余量
		类型	材质	直径	转速	进给量	刃长	

附录 参考答案

第1章

[1-1] 填空题。

(1) 绘图区 世界坐标系 (0.0000 0.0000 0.0000)

(2) 完全包围在窗口内 部分包围在窗口内

(3) 方向键 方向键或鼠标左键 方向键

(4) 单点 三点 两相交直线 圆或圆弧 曲线切法线

(5) CAD/CAM Windows

(6) 增料 除料 曲面裁剪除料或曲面加厚除料

(7) 特征管理器 轨迹管理器

(8) 几何特征 圆心 端点 切点

(9) 方向

(10) 隐藏线 过渡线 剖面线 轴测图

(11) 实体图形 bmp

(12) 草图 实体特征

(13) 裁剪 打断 组合 延伸 倒角

(14) 圆弧过渡 倒角 尖角

(15) 快速裁剪 修剪 线裁剪 点裁剪

(16) 正常裁剪 求交点

(17) 镜像轴

(18) 线架显示 消隐显示 真实感显示

(19) 激活坐标系 删除坐标系 隐藏坐标系

(20) 等距 变距

(21) 当前坐标系

(22) 两点线 平行线 切线/法线 角等分线

(23) 坐标轴

(24) 三点圆弧 圆心—起点—圆心角 两点—半径 起点—半径—起终角

(25) 直纹面

(26) 边界区域内

(27) 平动

(28) 抽壳特征

(29) 刀尖 刀心

(30) 尖角 圆弧

(31) 顺铣 逆铣 顺铣

(32) 两轴 三轴

（33）越小　光滑

（34）等半径　变半径

（35）两面过渡　三面过渡　曲线曲面过渡　曲面上线过渡

（36）参数化

（37）移动　复制

（38）矩形　柱面　三角片

（39）安全高度

（40）快速下刀　切削进给

（41）过切　干涉

（42）中间文件

（43）根据指定距离作拉伸操作　增加

（44）厚度　方向

（45）过切

（46）实体特征

（47）三维零件形状

（48）曲面　实体

（49）数控代码

（50）刀位轨迹

[1-2]　选择题。

（1）D　　（2）A　　（3）D　　（4）C　　（5）C

（6）B　　（7）D　　（8）B　　（9）A　　（10）D

（11）C　　（12）B　　（13）D　　（14）C　　（15）B

（16）C　　（17）D　　（18）A　　（19）A　　（20）B

（21）C　　（22）B　　（23）A　　（24）B　　（25）B

（26）A　　（27）C　　（28）D　　（29）B　　（30）C

（31）B　　（32）B　　（33）B　　（34）C　　（35）B

[1-3]　简答题。

（1）答：线架造型、曲面造型、实体造型。

线架造型是利用空间点和空间曲线来描述零件轮廓形状的造型方法；曲面造型是直接使用各种数学方式表达零件形状的造型方法；实体造型是以立方体、圆柱体、球体、椎体、和环状体等多种基本体素为基本单位元素，通过集合运算生成所需要的几何形体。

（2）答：曲面过渡是在给定的曲面之间以一定的方式做给定半径或半径规律的圆弧过渡面，以实现曲面之间的光滑过渡，曲面过渡就是用截面是圆弧的曲面将两张曲面光滑连接起来，过渡面不一定过原曲面的边界。

种类：两面过渡、三面过渡、系列面过渡、曲线曲面过渡、参考线过渡、去面上线过渡以及两线过渡。

（3）型腔功能：以零件为型腔生成包围此零件的模具。

分模：型腔生成后，通过分模使模具按照给定的方式分成几个部分。分模形式包括两种：草图分模和曲面分模。草图分模是指通过所绘制的草图进行分模。曲面分模是指通过曲

58

面进行分模，参与分模的曲面可以是多张边界相连的曲面。

（4）答：数控加工一般包括以下内容：

1）对图样进行分析，确定需要数控加工的部分。

2）利用图形软件对需要数控加工的部分造型。

3）根据加工条件，选择合适的加工参数，生成加工轨迹（包括粗加工、半精加工、精加工轨迹）。

4）轨迹的仿真检验。

5）生成 G 代码。

6）传送给机床加工。

（5）答：自动编程有以下优点：

1）零件一致性好，质量稳定。因为数控机床的定位精度和重复定位精度都很高，很容易保证零件尺寸的一致性，而且大大减少了人为因素的影响。

2）可加工任何复杂的产品，且精度不受复杂程度的影响。

3）降低工人的体力劳动强度，从而节省出时间，专心工作。

（6）答：两轴半加工在两轴的基础上增加了 Z 轴的移动，当机床坐标系的 X 和 Y 轴固定时，Z 轴可以有上下的移动。利用两轴半加工可以实现分层加工，每层在同一高度（指 Z 向高度）上进行两轴加工、层间有 Z 向的移动。例如 CAXA 的等高加工、导动加工都属于两轴半加工。

（7）答：刀具轨迹生成时接近方式和返回方式设定为直线和圆弧主要有以下几个优点：保证刀具光滑地切入工件，光滑地切出工件，防止刀具轨迹生成时产生过切、少切现象，防止产生刀痕，提高工件的加工质量。

（8）答：顺铣时，铣刀旋转方向与工件前进方向一致，其特点：①每齿铣削厚度从最大到最小，刀具易切入工件；②平均切削厚度大；③顺铣时刀具寿命高，机床动力消耗较低；④刀齿对工件的切削分为 F_1 向下，有利于夹紧工件，加工过程平稳；⑤其切削分力 F_2 大于工作台的摩擦阻力进给时，工作台窜动，工作台丝杠间隙引起切削不稳定。

逆铣时，铣刀旋转方向与工件前进方向相反，其特点：①其水平切削分力 F_2 的方向与工件进给方向相反，切削进给平稳，有利于提高加工表面质量和防止扎刀现象；②其垂直切削分力 F_1 向上，不利于工件夹紧；③平均切削厚度较小；④切削刃切入工件时，是从已加工表面开始进刀，切削厚度从零开始，切削刃受挤压，磨损严重，加工表面粗糙，有严重的加工硬化层。

两种铣削方式适用的场合：工件表面有硬皮或机床进给机构有间隙时采用逆铣，只有机床进给机构没有间隙且工件表面没有硬皮时，才可以采用顺铣。

（9）答：数控加工工序顺序的安排原则是：①上道工序的加工不能影响下道工序的定位与夹紧；②以相同的安装方式或使用同一把刀具加工的工序，最好连续进行，以减少重新定位或换刀所引起的误差；③在同一次安装中，应先进行对工件刚性影响比较小的工序，确保工件在足够刚性条件下逐步加工完毕。

（10）答：CAXA 制造工程师中参数化轨迹的编辑功能有轨迹裁剪、轨迹反向、插入刀位点、删除刀位点、两刀位点间抬刀、清除抬刀、轨迹打断、轨迹连接等。